本书部分精彩案例

五色板

泊车标记

啤酒瓶

小礼花

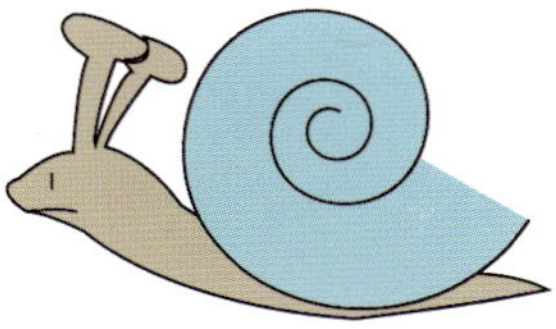
蜗牛壳

花朵

瓢虫

苹果标志

可爱小熊

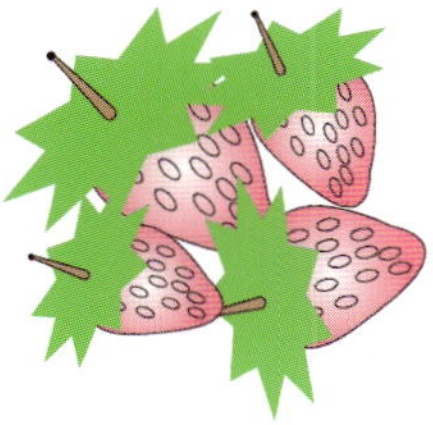
草莓

翠竹

麦穗徽标

本书部分精彩案例

宠物杂志封面

足球

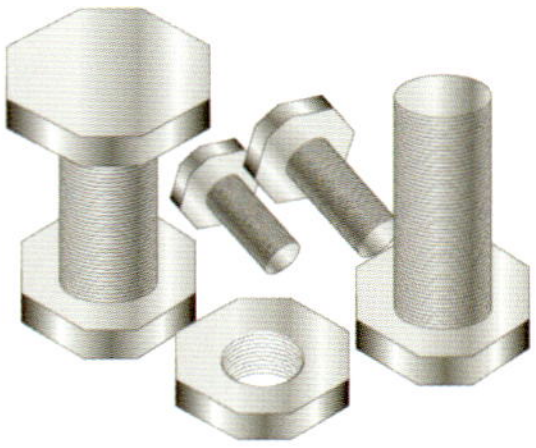

机械零件

海底世界

迷路的麋鹿

章鱼

可爱女孩

北极光

苹果

金属字

荷花碧莲

透视字

本书部分精彩案例

彩色边框字

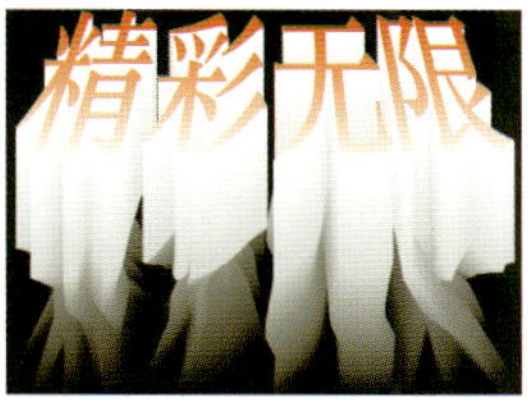

三维立体字

蒸汽文字

百货招贴

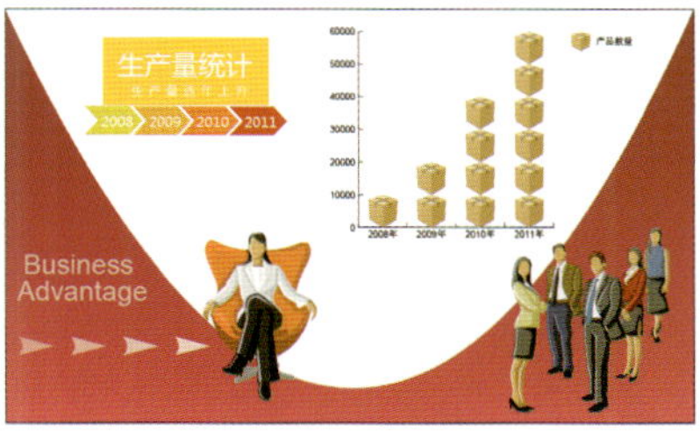

图案图表

醉美云台山

菜谱单页

特产包装封面

跑步海报

艺术字

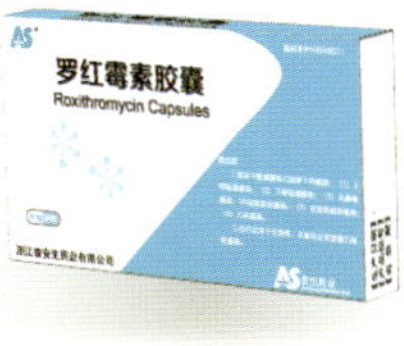

药品包装盒

邮票

本书部分精彩案例

酒店菜单封面

水粉画

面膜包装盒

矢量图标

手机皮肤

移动硬盘

香水瓶平面图

球状卡通兔

七夕卡

端午节海报

四联卡通

唯美插画

“十四五”职业教育国家规划教材

Illustrator 项目实践教程

微课版

（第五版）

主 编 葛洪央 谢 礼

副主编 杜玉合 陈军章 赵 飞 孙 鑫

参 编 马宇飞 时军艳

大连理工大学出版社

图书在版编目(CIP)数据

Illustrator 项目实践教程 ：高等职业教育数字媒体技术专业系列规划教材 / 葛洪央，谢礼主编. -- 5 版. 大连 ：大连理工大学出版社，2024. 8. -- ISBN 978-7-5685-5144-1

Ⅰ. TP391.412

中国国家版本馆 CIP 数据核字第 2024LW5862 号

大连理工大学出版社出版

地址:大连市软件园路 80 号　邮政编码:116023

发行:0411-84708842　邮购:0411-84708943　传真:0411-84701466

E-mail:dutp@dutp.cn　URL:https://www.dutp.cn

辽宁虎驰科技传媒有限公司印刷　　大连理工大学出版社发行

幅面尺寸:185mm×260mm　印张:16　字数:370 千字　插页:2

2010 年 1 月第 1 版　　2024 年 8 月第 5 版

2024 年 8 月第 1 次印刷

责任编辑:李　红　　责任校对:马　双

封面设计:张　莹

ISBN 978-7-5685-5144-1　　定　价:52.80 元

前言

Preface

《Illustrator 项目实践教程》(第五版)是“十四五”职业教育国家规划教材、“十三五”职业教育国家规划教材、“十二五”职业教育国家规划教材，也是高等职业教育数字媒体技术专业系列规划教材之一。

本教材对接企业用人素养需求，根据人才培养要求，将思政元素融入学习目标，将党的二十大报告中提到的社会主义法治精神、劳动精神、奋斗精神、奉献精神、创造精神、勤俭节约精神等思政元素有机融入教材内容，教师可在教学中，引导学生重视素养，鼓励学生在“学做”中加强修炼，全面提升学生的职业素养。

通过改进和调整，本书与同类教材及软件相比有如下几点不同：

1. 突出教材的实用特色

本书在编写过程中充分考虑到高职学生的特点及各学科的互通和交叉性，尽可能多地采用了项目教学的模式，体现了该教材及软件作为印刷出版、海报书籍排版、专业插画等制作的必要性。

2. 突出教材的结构创新

本书作为制图类基础教材，脉络清晰，知识由浅入深，将基础工具、基本编辑方法、工具高级应用、排版等贯穿于每一个模块的始终，便于教师讲授，更有利于学生理解。

3. 突出软件的特点

本书所选用的软件为 Illustrator CC 版，作为矢量图软件，它具有强大的功能和体贴用户的界面，有强大的插画、互联网排版、线稿设计等功能，受到很多专业设计者的喜爱。

该软件最大的特征在于钢笔工具的实用性，使操作简单、功能强大的矢量绘图成为可能。它还集成了文字处理、上色等功能，不仅是在插图制作，在印刷制品设计制作方面也广泛使用，目前已经成为桌面出版业界的默认标准。

该软件同时是一款专业图形设计软件，提供了丰富的像素描绘功能及顺畅灵活的矢量图编辑及处理功能，能够快速创建设计工作流程，是一款实用、灵活、功能强大的软件。

4. 突出教材的适用性

为了配合教师讲解,我们编制了详细、生动的绘图步骤及相应的视频文件。

为了便于学生学习,我们为每个项目配备了电子活页视频与图解,将每个工具进行详细解说,同时配备难易适中的课后实训,以便学生巩固和加深所学知识。

5. 体现基础课为专业课服务的原则

根据专业特点,贯彻落实基础课以够用为原则,适应高职高专基础课教学改革的需要,突出技能性和应用性,通过不同的项目实例的引入,引导学生从实际的角度理解和使用工具,解决实际问题,使学生多掌握一些现代化实用技巧,为就业打下一定的基础。

本教材以“理论够用,突出实用,达到会用”为原则,着眼素质教育,突出职教特色,重视实践教学和能力培养,体现时代要求;试图解决当前高职教育普遍存在的“课程内容多、学时少,基础理论多、实际应用少”等矛盾;坚持以服务为宗旨,以就业为导向,走工学结合发展道路,侧重案例教学和技能培养,为社会主义现代化建设培养高素质技能型专门人才。本教材可作为高职高专院校艺术设计类、计算机类等专业平面设计课程的教材,也可供其他大专院校、培训机构相关专业的学生及相关行业爱好者作为学习 Adobe Illustrator 的参考书。

本教材共分 6 个模块,每个模块由若干实训项目组成,每个项目由知识准备和若干具体实践任务组成,通过完成不同的任务,达到学习知识、熟练操作、举一反三的效果。模块 1 主要学习基本绘图工具、简单的造型设计与填色。模块 2 主要学习曲线造型设计、渐变网格和封套扭曲等。模块 3 主要学习文字特效与图表等。模块 4 主要学习位图的处理方法。模块 5 主要学习各种滤镜的使用方法。模块 6 是综合项目实训。

本教材以当前流行使用的 Adobe Illustrator CC 2018 为讲解版本,软件操作全部采用实例教学模式,易学易用。每个模块均有上机实训,使学生能够举一反三,利于知识的巩固和提高。

本教材由许昌职业技术学院葛洪央,谢礼任主编,许昌职业技术学院杜玉合、陈军章、赵飞,牡丹江大学孙鑫任副主编,石家庄职业技术学院马宇飞、许昌市云洋广告有限公司时军艳参与编写。具体编写分工如下:模块 1 的项目 1、项目 2 由孙鑫编写,模块 1 的项目 3 由马宇飞编写,模块 1 的项目 4～项目 5 由谢礼编写,模块 1 的项目 6 由时军艳编写,模块 2 由赵飞编写,模块 3、模块 4 由谢礼和杜玉合编写,模块 5 和模块 6 由葛洪央编写。全书由葛洪央负责总体规划和统稿,全书微课由谢礼制作。

由于编者学识和经验有限,书中难免有各种疏漏,甚至错误,不足之处恳请广大读者批评指正。

编　者

2024 年 8 月

所有意见和建议请发往:dutpgz@163.com
欢迎访问职教数字化服务平台:https://www.dutp.cn/sve/
联系电话:0411-84707492　84706104

目录

模块1 造型设计与填色

模块2 造型与高级填色

模块3 文字特效与图表

模块4 位图处理

模块 5 滤镜特效应用

模块 6 综合项目实训

本书案例视频列表

序号	名称	页码	序号	名称	页码
1	绘制泊车标记	12	28	制作百货招贴	129
2	绘制啤酒瓶	13	29	制作图案图表	141
3	绘制小礼花	19	30	制作醉美云台山	149
4	绘制花朵	21	31	制作菜谱单页	152
5	绘制瓢虫	28	32	制作地产广告	156
6	绘制苹果标志	30	33	制作特产包装封面	161
7	绘制可爱小熊	32	34	制作跑步海报	166
8	绘制草莓	34	35	制作邮票	172
9	绘制翠竹	43	36	绘制药品包装盒	184
10	制作麦穗徽标	45	37	制作艺术字	189
11	制作宠物杂志封面	55	38	制作酒店菜单封面	195
12	制作节日卡片	57	39	制作水粉画	198
13	绘制足球	60	40	设计医圣面膜包装盒	206
14	制作美丽光盘	73	41	制作书籍封面	211
15	制作机械零件	76	42	绘制移动硬盘	213
16	绘制海底世界	79	43	绘制手机皮肤	216
17	绘制迷路的麋鹿	90	44	绘制矢量图标	217
18	绘制章鱼	93	45	绘制球状卡通兔	218
19	绘制北极光	104	46	绘制香水瓶平面图	220
20	绘制荷花碧莲	106	47	制作音乐季广告	229
21	绘制苹果	110	48	绘制七夕卡	230
22	制作电影广告	112	49	绘制四联卡通	232
23	制作金属字	120	50	绘制唯美插图	239
24	制作透视字	122	51	绘制端午节海报	241
25	制作彩色边框字	123	52	制作音乐节海报	245
26	制作三维立体字	125	53	制作香水海报	245
27	制作蒸汽文字	127			

电子活页—视频

选择工具

直接选择工具

基本绘图工具—多边形、星形

基本绘图工具—矩形、椭圆

渐变工具

钢笔工具

橡皮擦工具、剪刀工具、刻刀工具

曲率工具

画笔工具、斑点画笔工具

Shaper工具等

文字工具、直排文字工具

区域文字工具、直排区域文字工具

路径文字工具、修饰文字工具

抓手工具、缩放工具

直线段工具

操控变形工具

自由变形工具

魔棒工具、套索工具

旋转工具、镜像工具

抓手工具、缩放工具

形状生成器工具

实时上色工具

实时上色选择工具

宽度工具、变形工具、旋转工具

缩拢、膨胀、扇贝、晶格、皱褶工具

网格工具

透视网络

画板

切片工具

符号工具

图表工具

电子活页—图解

选择工具和直接选择工具	基本图形工具—星形工具	基本图形工具—椭圆工具	渐变工具	钢笔工具和锚点工具
橡皮擦工具、剪刀工具、刻刀工具	曲率工具	画笔工具、斑点画笔工具、铅笔工具1	画笔工具、斑点画笔工具、铅笔工具2	文字工具1
文字工具2	特殊图形工具	操控变形工具、自由变形工具	套索工具、魔棒工具、旋转工具、镜像工具	抓手工具、缩放工具
形状生成器工具	实时选择工具	变形工具1	变形工具2	网格工具
透视网格工具	画板、切片工具	符号喷枪	图表工具1	图表工具2

模块1

造型设计与填色

Illustrator 具有强大的图形绘制功能，其中包含多种基本图形的绘制工具，可以直接绘制出矩形、圆角矩形、多边形等，通过上色和变形，即可完成图形的创建。另外，“画笔工具”可以创建多种画笔类型，配合图形绘制工具可使图形的绘制更加方便、随心所欲。

项目 1 图形造型设计

能力目标

会使用图形绘制工具；会进行纯色颜色填充；会进行描边设置；会创建和编辑图形。

知识目标

了解操作界面；掌握描边设置；掌握“颜色”面板的使用；掌握绘制图形技巧。

职业素养

图形绘制工具是绘图的基础，熟练地掌握图形工具的操作方法，是打开 Illustrator 强大功能的第一把钥匙。本任务的学习，可以提高学生细心、稳重的良好品质。

知识准备

图形图像处理软件是被广泛应用于广告制作、平面设计、影视后期制作等领域的软件。目前主流的图形图像处理软件主要有 Adobe 公司开发的 Photoshop、Illustrator 和 Corel 公司开发的 CorelDRAW。

Photoshop 是一款功能非常强大的图形和图像处理软件，一直占据着图像处理软件的领先地位，其拥有全面的色彩模式、丰富的色彩调整和选取工具，以及 GIF 动画、简易 3D 建模渲染、视频制作等附加功能，是平面设计、建筑装饰设计、三维动画制作和网页设计的必备软件。

Adobe Illustrator 是一款应用于出版、多媒体和在线图像的工业标准矢量插画软件。该软件主要应用于印刷出版、海报书籍排版、专业插画、多媒体图像处理和互联网页面的制作等，具有较高的精度和控制力，既适合小型设计又适用于大型的复杂项目。它虽然与

Photoshop 有些相似，但它是一款专业的矢量图形处理软件，为用户提供丰富的像素渲染功能、流畅灵活的矢量图形编辑功能，并能快速创建设计工作流程。

CorelDraw 是一款专业的图形设计软件，专门用于矢量图形的编辑和排版。凭借其丰富的内容和专业的图形设计、照片编辑和网站设计软件，它可以让用户随心所欲地表达风格和创意，并轻松创建徽标、广告标志、网络图形或任何原创项目。

本教材以目前较主流的 Adobe Illustrator CC 版为主体软件，介绍图形图像处理的基本操作方法及应用。

Illustrator CC 2018 的绘图功能非常强大，它提供了两组基本绘图工具，第一组(图 1-1-1)包括“直线段工具”、“弧形工具”、“螺旋线工具”、“矩形网格工具”和“极坐标网格工具”；第二组(图 1-1-2)包括“矩形工具”、“圆角矩形工具”、“椭圆工具”、“多边形工具”、“星形工具”、“光晕工具”，为绘制规则图形提供了很大的便利。

图 1-1-1　第一组工具

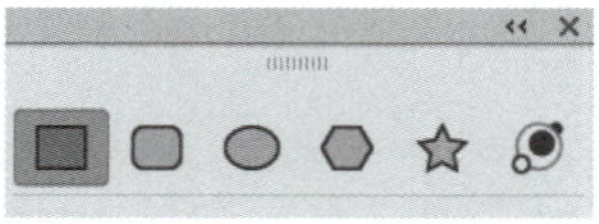

图 1-1-2　第二组工具

1. 绘制直线段

单击工具箱中的“直线段工具”，在画板合适的位置单击并拖曳至合适的长度和角度后松开鼠标，一条直线便绘制完成了，如图 1-1-3 所示。如果需要绘制水平线、垂直线或 45°的倍数方向的直线，只需要在绘制的同时按住 Shift 键。当需要精确绘制直线时，方法如下：

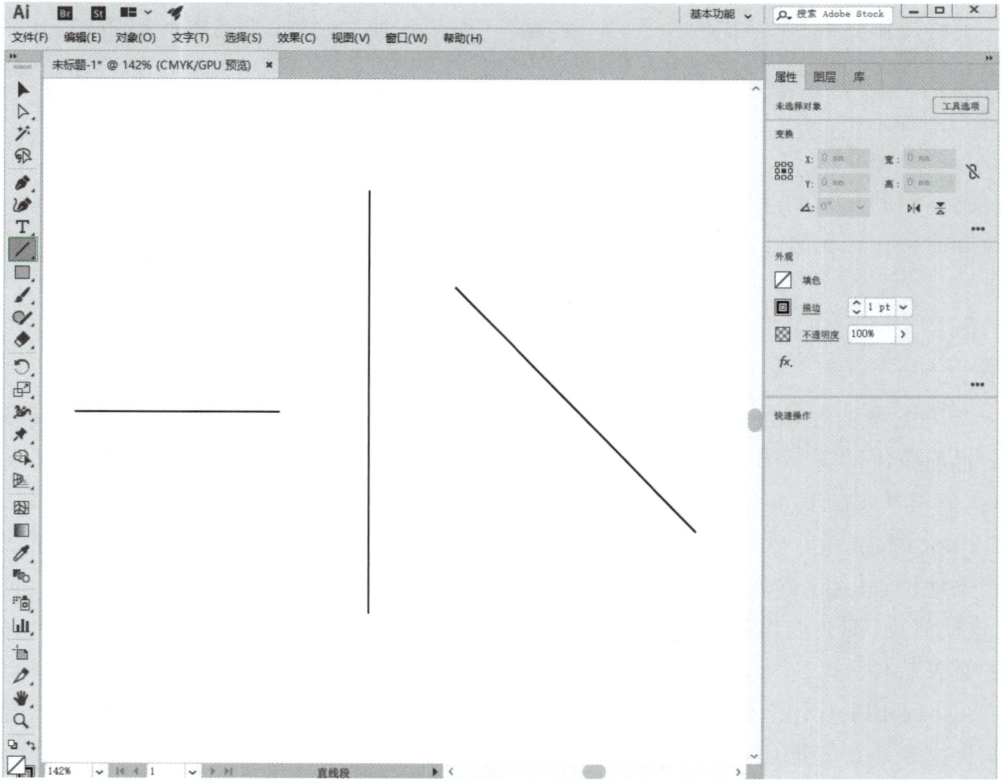

图 1-1-3　直线的绘制

（1）选择工具箱中的“直线段工具”。

（2）在画板上任意位置单击，弹出如图 1-1-4 所示的对话框。

（3）在对话框中输入长度和角度的数值，单击“确定”按钮完成直线的绘制。

当选中“线段填色”复选框时，所绘制的直线段将用系统默认颜色填充。

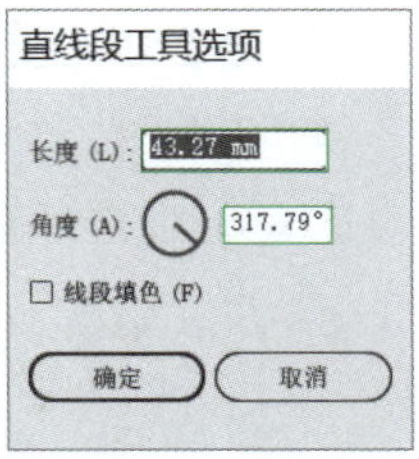

图 1-1-4 “直线段工具选项”对话框

2. 绘制弧线

单击工具箱中的“弧形工具”，在画板合适的位置单击并拖曳至合适的长度和角度后松开鼠标，一条弧线便绘制完成了，如图 1-1-5 所示。当需要精确绘制弧线时，方法如下：

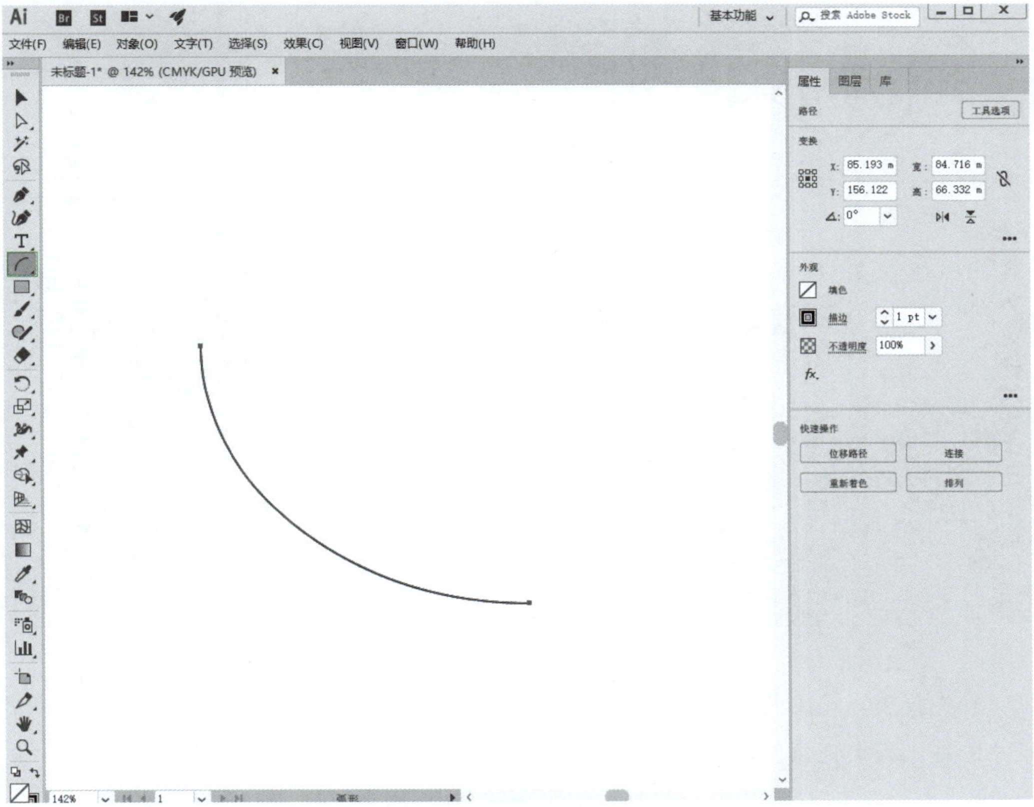

图 1-1-5 弧线的绘制

（1）选择工具箱中的“弧形工具”。

（2）在画板上任意位置单击，弹出如图 1-1-6 所示的对话框。

（3）“X 轴长度”“Y 轴长度”指形成弧线基于 *X* 轴、*Y* 轴的长度，可以通过对话框右侧的 ⌗ 图标选择基准点的位置；“类型”表示弧线的类型，包括“开放”弧线和“闭合”弧线；“基线轴”用来设定弧线是以 *X* 轴还是 *Y* 轴为中心；“斜率”是指曲率的设定，数值越大则越凸，数值越小则越凹；当选中“弧线填色”选项时，所绘制的弧线将用系统默认颜色填充。

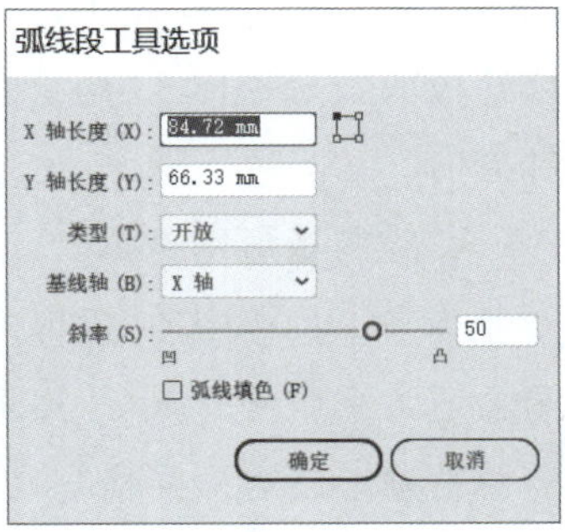

图 1-1-6 “弧线段工具选项”对话框

3. 绘制螺旋线

单击工具箱中的“螺旋线工具”，在画板合适的位置单击，作为螺旋线的中心并拖曳至合适大小后松开鼠标，一条螺旋线便绘制完成了，如图 1-1-7 所示。当需要精确绘制螺旋线时，方法如下：

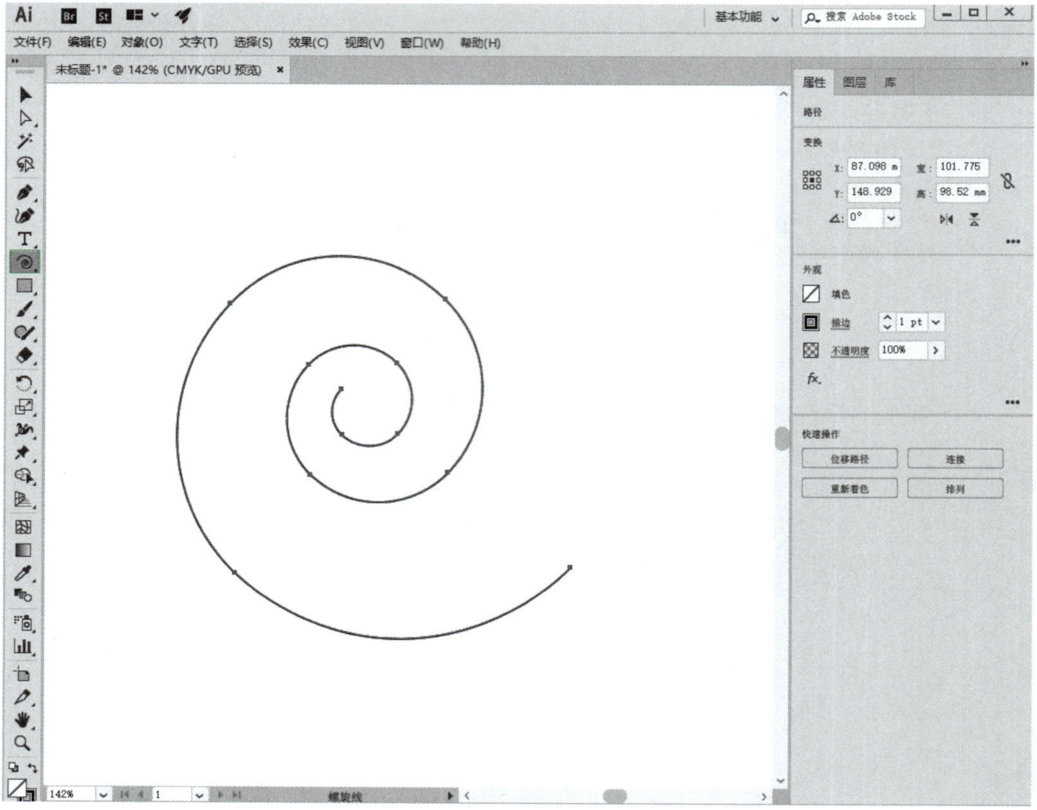

图 1-1-7　螺旋线的绘制

（1）选择工具箱中的“螺旋线工具”。

（2）在画板上任意位置单击，弹出如图 1-1-8 所示的对话框。

（3）“半径”指的是由中心至最外侧的距离；“衰减”用来控制螺旋线的紧密程度，百分比越小，螺旋线之间就越紧密；“段数”用来调节螺旋线片段的数量；“样式”确定螺旋线的旋转方向是逆时针方向还是顺时针方向。

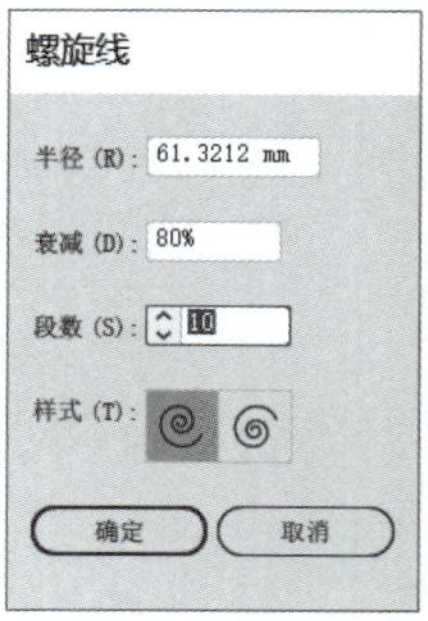

图 1-1-8　“螺旋线”对话框

4. 绘制矩形网格

单击工具箱中的“矩形网格工具”，在画板合适的位置单击并拖曳至合适大小后松开鼠标，矩形网格便绘制完成了，如图 1-1-9 所示。当需要精确绘制矩形网格时，方法如下：

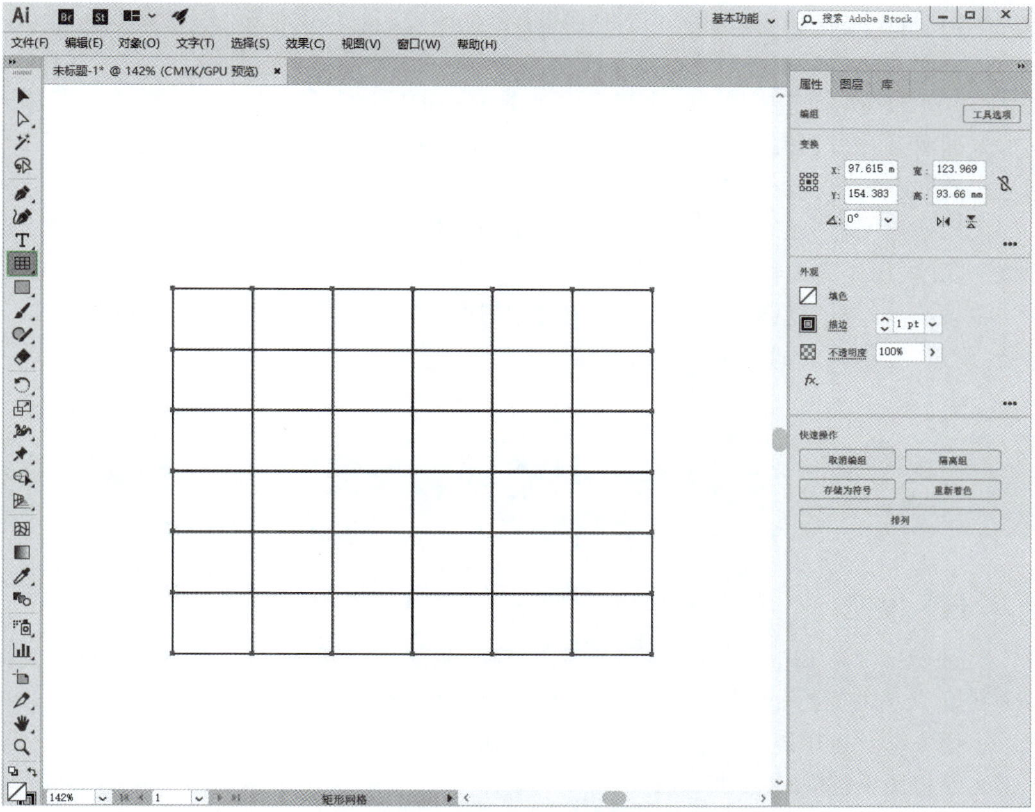

图 1-1-9　矩形网格的绘制

(1)选择工具箱中的“矩形网格工具”。

(2)在画板上任意位置单击,弹出如图 1-1-10 所示的对话框。

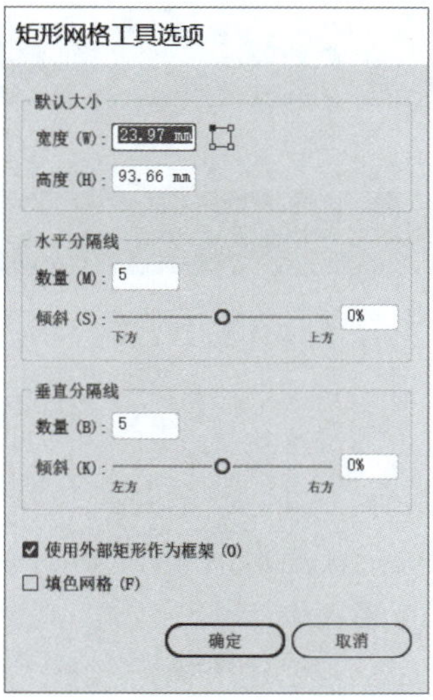

图 1-1-10　“矩形网格工具选项”对话框

(3)“默认大小”栏中,“宽度”和“高度”指的是矩形网格的宽度和高度,可以通过对话框右侧的图标来选择基准点的位置。

(4)“水平分隔线”栏中,“数量”表示矩形网格内的横线数量,也就是行数;“倾斜”指行的位置偏离量。当数值大于0%时，网格由下向上的行间距逐渐变窄；当数值小于0%时，网格由上向下的行间距逐渐变窄。

(5)“垂直分隔线”栏中，“数量”表示矩形网格内的竖线数量，也就是列数；“倾斜”指列的位置偏离量。当数值大于0%时，网格由左向右的列间距逐渐变窄；当数值小于0%时，网格由右向左的列间距逐渐变窄。

(6)“使用外部矩形作为框架”复选框表示颜色模式中的填色和描边会被应用到矩形和线上，并被用作其他物件的外轮廓。

(7)“填色网格”复选框表示填色描边应用到网格线上。在对话框中输入相应的数值，单击“确定”按钮完成矩形网格的绘制。

任务1　绘制五色板

任务描述

“矩形工具”是 Illustrator 的基本绘图工具，选择该工具后，直接拖曳鼠标可以绘制出一个任意大小的矩形；单击鼠标则会弹出“矩形”对话框，通过它可以创建精确大小的矩形。本任务综合运用矩形创建的两种方法，并通过使用“变换”面板和“属性”面板绘制出一个五色板图形，如图1-1-11所示。

图1-1-11　五色板

设计要点

1. 板面矩形的制作。选择“矩形工具”后，通过拖曳鼠标绘制一个矩形，然后使用“变换”面板中的“宽”和“高”选项精确定义矩形的大小。

2. 五色矩形的制作。选择“矩形工具”后，在画板上单击鼠标，通过“矩形”对话框的“宽度”和“高度”选项定义矩形的大小，创建出横向的五个小矩形，通过“对齐”面板调整好位置，得到五色矩形的效果。

任务实施

步骤1　启动 Illustrator CC 2018，执行“文件”→“新建”命令，打开“新建文档”对话框框，选择任意类型，单击“更多设置”，打开“更多设置”对话框。设置文档的名称、大小、单位、颜色模式等参数，如图 1-1-12 所示。单击“确定”按钮，即可新建一个文件。也可单击“编辑”→“首选项”命令，选择“常规”，打开“首选项”对话框，选择“使用旧版‘新建文件’界面”(图 1-1-13)，单击“确定”按钮，继续执行“文件”→“新建”命令，也可以新建一个文件。

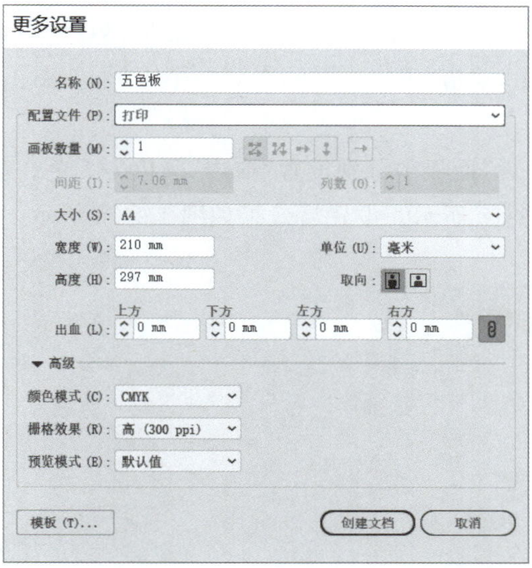

图 1-1-12 “更多设置”对话框

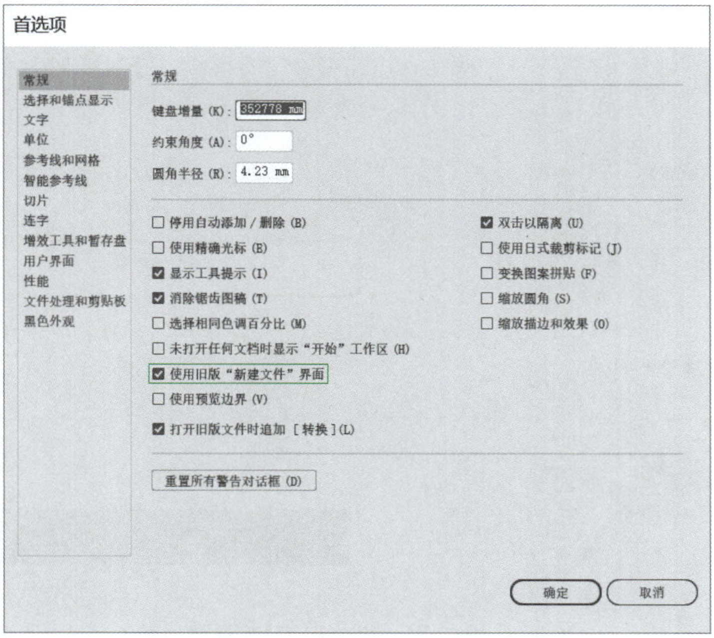

图 1-1-13 “首选项”对话框

步骤 2　在“工具”面板中单击“矩形工具”，将光标移动到绘图区，按下鼠标左键不放，向右下方拖曳鼠标，则出现表示矩形大小的蓝色预览框，释放鼠标，即可得到一个完整的矩形。

步骤 3　单击“选择工具”，选中该矩形，执行“窗口”→“变换”命令，打开“变换”面板，重新设置“宽”和“高”的值以更改矩形的大小，如图 1-1-14 所示。设置完毕后关闭该面板。

步骤 4　确保矩形为选中状态，在右侧“属性”面板中设置“描边”的值为 2 pt，以设置矩形的描边宽度，如图 1-1-15 所示。

步骤 5　单击“矩形工具”，在绘图区单击鼠标，弹出“矩形”对话框，设置“宽度”和“高度”的值如图 1-1-16 所示，单击“确定”按钮，得到一个矩形，如图 1-1-17 所示。单击“选择工具”，调整矩形的位置。

步骤 6　在右侧“外观”面板中分别设置“描边”颜色为无色、“填色”颜色为红色(C15，M96，Y96，K0)，如图 1-1-18 所示。设置后效果如图 1-1-19 所示。

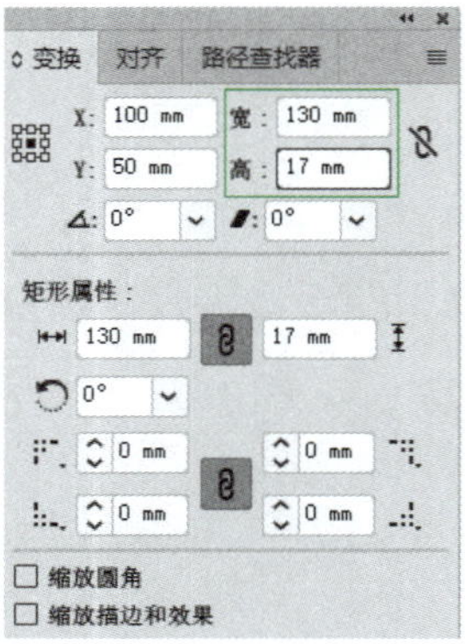

图 1-1-14　“变换”面板

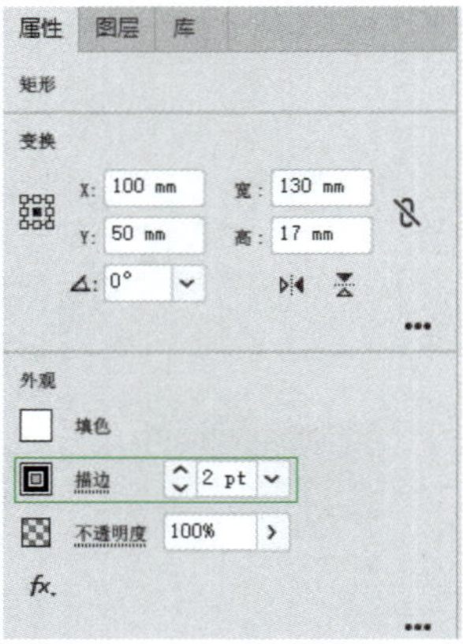

图 1-1-15　“属性”面板(1)

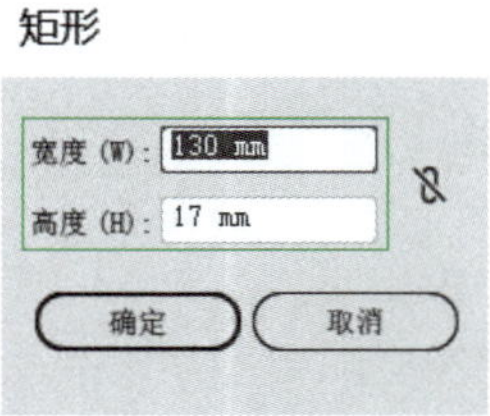

图 1-1-16　“矩形”对话框

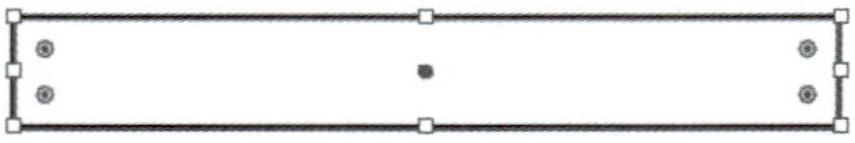

图 1-1-17　绘制矩形

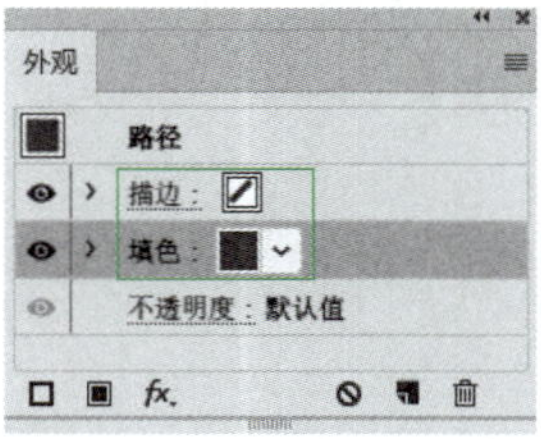

图 1-1-18　“外观”面板

图 1-1-19　矩形效果

步骤 7　重复第 5 步和第 6 步四次，宽度和高度不变，颜色值分别改为黄色(C40，M30，Y89，K0)、蓝色(C90，M61，Y22，K0)、白色(C0，M0，Y0，K0)、黑色(C100，M100，Y100，K100)，得到五色板的其他四色矩形，选中所有图形，应用“对齐”面板中的“水平居中对齐”，得到五色板最终效果，如图 1-1-11 所示。

步骤 8　执行“文件”→“存储”命令，打开“存储为”对话框，如图 1-1-20 所示。选择合适的保存路径，“文件名”为“五色板”，选择“保存类型”为“Adobe Illustrator(*. AI)”格式，单击“保存”按钮，打开“Illustrator 选项”对话框，单击“确定”按钮，完成该文件的保存。

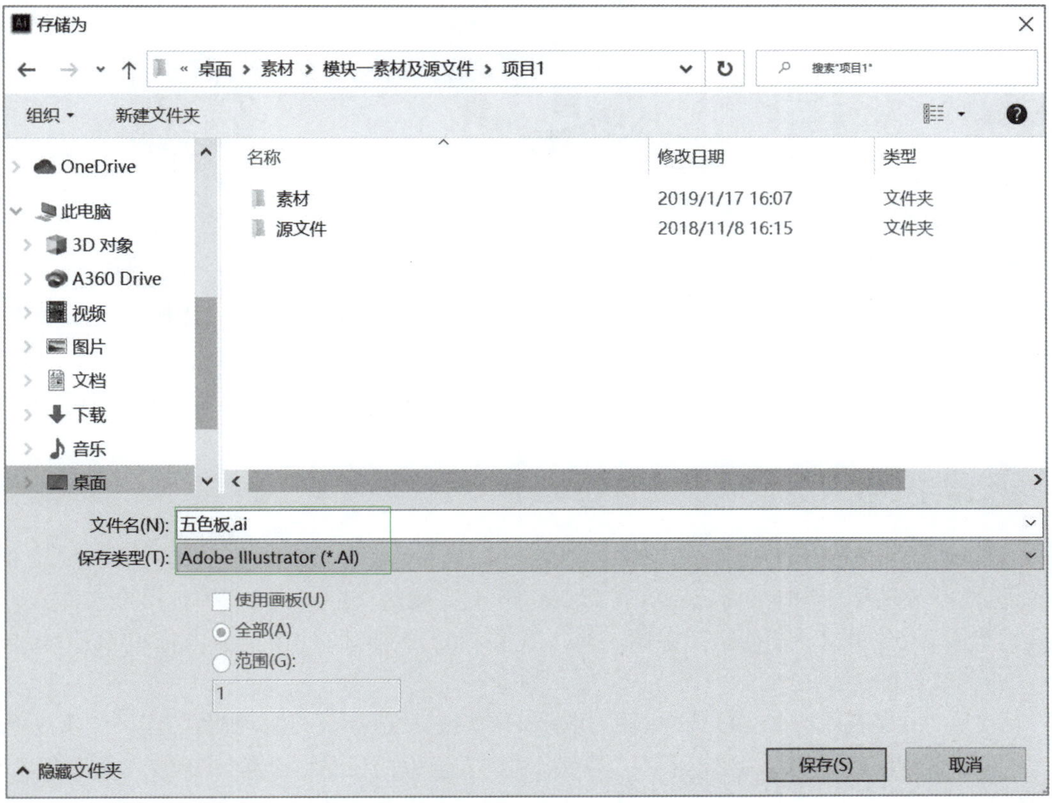

图 1-1-20　“存储为”对话框

步骤 9　执行“文件”→“导出”命令，打开“导出”对话框，在此可以将文件导出为其他应用程序可打开的文件格式，如 AutoCAD(DWG 和 DXF)，BMP，JPEG，Flash(SWF)，Photoshop(PSD)，Targa(TGA)等。

注意：只能将多个画板导出为以下格式：SWF，JPEG，PSD，PNG 和 TIFF。

任务 2　绘制泊车标记

任务描述

交通标记是道路交通中不可或缺的组成部分，交通标记要求醒目、直观、一目了然。本例使用三个圆形构成了一个泊车标记，效果如图 1-1-21 所示。

图 1-1-21　泊车标记效果

设计要点

1. 同心圆的制作。首先绘制一个圆形，然后依次按下“Ctrl＋C”快捷键和“Ctrl＋F”快捷键，在原位置复制圆形，再等比例缩小复制的圆形，即可得到同心圆。

2. 圆环的制作。再复制和缩小一个圆形，选中里面的两个圆形，右键单击，选择“复合路径”命令，得到圆环效果。

任务实施

步骤 1　启动 Illustrator CC 2018，执行“文件”→“新建”命令，打开“新建文档”对话框，新建一个名称为“泊车标记”，宽度为 200 mm、高度为 200 mm 的 RGB 图形文件。

步骤 2　选择工具箱里的“椭圆工具”，按住 Shift 键的同时在页面内拖曳鼠标，绘制一个圆形，如图 1-1-22 所示。

步骤 3　使用“选择工具”选中画好的圆形，依次按下“Ctrl＋C”快捷键和“Ctrl＋F”快捷键，在原位置复制圆形，如图 1-1-23 所示。将光标移到变换框的任意一个角，出现一个缩放箭头，按住“Shift＋Alt”快捷键向圆心拖曳鼠标，将圆形的副本等比例缩小，结果如图 1-1-24 所示。

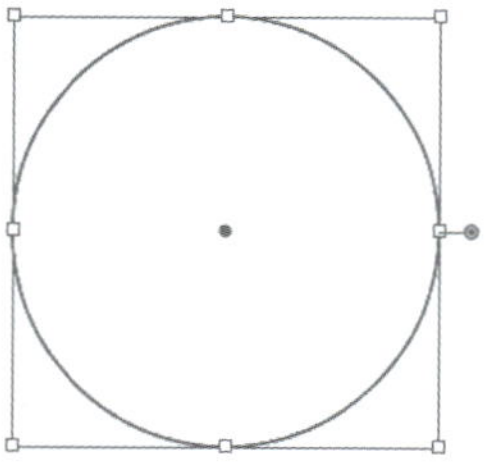

图 1-1-22　绘制的圆形

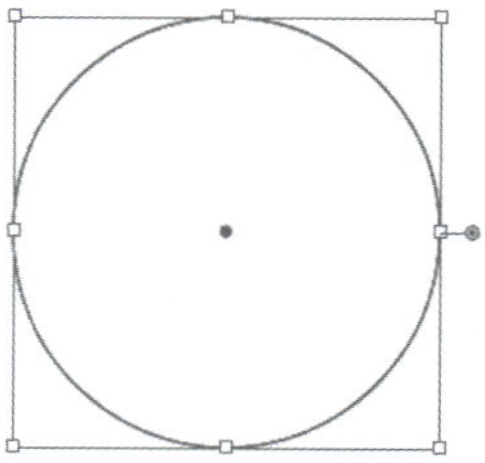

图 1-1-23　复制圆形

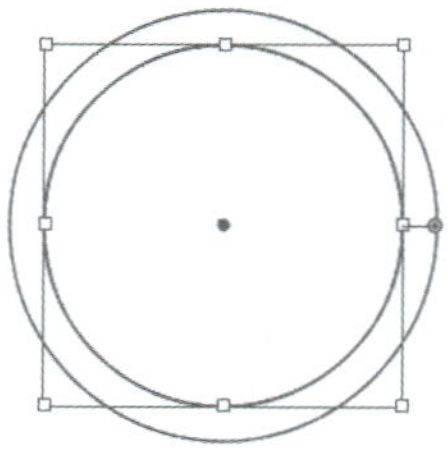

图 1-1-24　等比例缩小圆形(1)

步骤 4　用同样的方法，再复制一个圆形并适当缩小，如图 1-1-25 所示。

步骤 5　使用“选择工具”，在按住 Shift 键的同时选取内侧的两个圆形，如图 1-1-26 所示。

步骤 6　单击鼠标右键，在快捷菜单中选择“建立复合路径”命令，即可得到圆环。

步骤 7　在右侧“属性”面板中找到“外观”，将颜色填充为红色(R231，G30，B33)，得到如图 1-1-27 所示的效果。

步骤 8　选取所有图形，打开“属性”面板，设置“描边”为 2 pt，如图 1-1-28 所示，图形效果如图 1-1-29 所示。

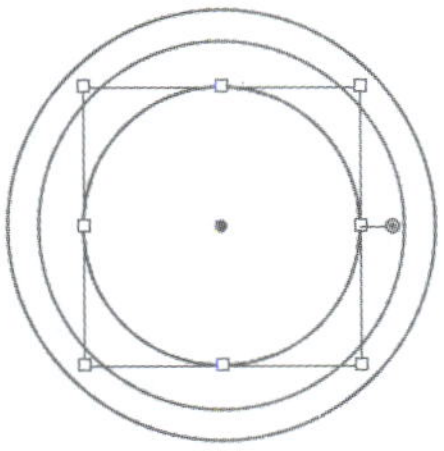
图 1-1-25 等比例缩小圆形(2)

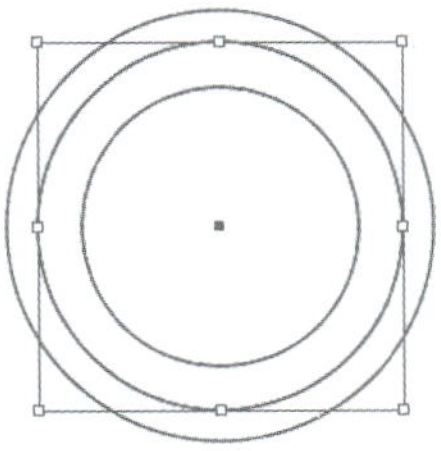
图 1-1-26 同时选取两个圆形

图 1-1-27 图形填充效果

图 1-1-28 “属性”面板(2)

图 1-1-29 图形描边效果

步骤 9 选择工具箱中的“文字工具”T，输入英文字母“P”(黑体，180 pt)，则完成了泊车标记的制作，效果如图 1-1-21 所示。

任务 3 绘制啤酒瓶

任务描述

“圆角矩形工具”和“椭圆工具”是 Illustrator 的基本绘图工具，使用这些工具进行任意组合或拼接，可以得到意想不到的效果。本任务综合运用以上工具绘制出一个啤酒瓶，效果如图 1-1-30 所示。

图 1-1-30 啤酒瓶效果

微课
绘制啤酒瓶

设计要点

1. 啤酒瓶的制作。选择“圆角矩形工具”后，通过拖曳鼠标绘制一大一小两个圆角矩形，通过“椭圆工具”绘制直径与大圆角矩形宽度一样的椭圆形，摆放成型并对齐后使用“路径查找器”面板中的“联集”按钮组合。

2. 标签的制作。将椭圆形和圆角矩形组合成标签，用“星形工具”绘制一个五角星，使用“文字工具”输入“红星啤酒”，通过“对齐”面板调整好位置，即可得到完整的啤酒瓶效果。

任务实施

步骤 1　启动 Illustrator CC 2018，执行“文件”→“新建”命令，新建一个名称为“啤酒瓶”，宽度为 180 mm、高度为 220 mm 的 RGB 图形文件。

步骤 2　在工具箱里选取“圆角矩形工具”，绘制宽度为 90 pt、高度为 170 pt、圆角半径为 12 pt，以及宽度为 40 pt、高度为 100 pt、圆角半径为 4 pt 的两个圆角矩形，然后使用“椭圆工具”绘制一个宽度和高度均为 90 pt 的正圆形，如图 1-1-31 所示。

步骤 3　用“直接选择工具”选中圆形的顶点，向上垂直拖动一定的距离，将以上三个图形按如图 1-1-32 所示进行组合，并应用“水平居中对齐”按钮对齐。

步骤 4　用“选择工具”选定所有图形，单击“路径查找器”面板中的“联集”按钮，将三个对象按外轮廓合为一体，再用绿色(R51，G204，B51)填充图形，效果如图 1-1-33 所示。

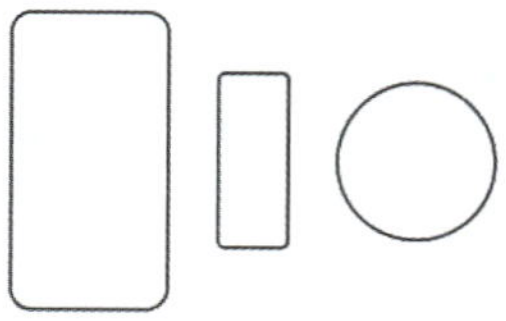

图 1-1-31　绘制图形

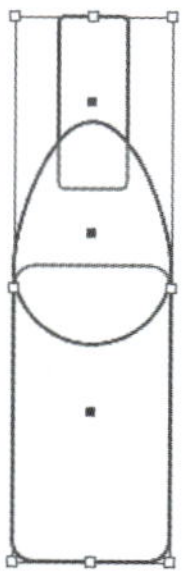

图 1-1-32　组合所有图形

图 1-1-33　填充图形

步骤 5　使用“圆角矩形工具”绘制一个宽度为 50 pt、高度为 12 pt、圆角半径为 4 pt 的圆角矩形，用深灰色、浅灰色渐变色填充，以此作为啤酒瓶的瓶盖，将其拖至啤酒瓶上方，在“对齐”面板中单击“水平居中对齐”按钮，并单击鼠标右键，在快捷菜单中选择“编组”命令将它们组合，效果如图 1-1-34 所示。

步骤 6　使用“圆角矩形工具”绘制宽度为 80 pt、高度为 100 pt、圆角半径为 4 pt 的两个圆角矩形，再使用“椭圆工具”绘制一个宽度为 80 pt、高度为 100 pt 的椭圆形，然后将它们按上下顺序叠放，单击“路径查找器”面板中的“联集”按钮，将两个对象按外轮廓合为一体，再用浅蓝色(R204，G204，B255)将其填充，效果如图 1-1-35 所示。

步骤 7　选择“文字工具”，在画板上输入“红星啤酒”，并设置字体为“方正美黑简体”、字号为 19 pt，颜色为褐色(R153，G51，B0)，然后选取“星形工具”，绘制一个五角星，填充为红色(R230，G0，B18)，将文字和五角星拖至绘制好的标签页上，完成标签的制作，效果如图 1-1-36 所示。

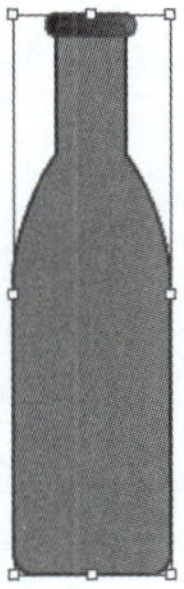

图 1-1-34　绘制啤酒瓶盖

图 1-1-35　标签页面

图 1-1-36　标签效果

步骤 8　使用“选择工具”选定标签及其上的所有图形，单击鼠标右键，在快捷菜单中选择“编组”命令，将其拖至绘制好的啤酒瓶上，最终效果如图 1-1-30 所示。也可用此方法绘制比较规则的其他器皿，如烧瓶、酒杯等。

项目 2 线条造型设计

能力目标

会使用线条绘图工具；会使用“选择工具”；会进行渐变色设置；会进行对象操作。

知识目标

了解“线条工具”并设置参数；掌握选择、复制技巧；掌握渐变色设置方法；掌握线形绘制技巧。

职业素养

在 Illustrator 中，丰富的线条造型可以美化图形的呈现形态。本任务的学习，既可以提高学生的审美能力，又能培养学生吃苦耐劳、精益求精的良好品质。

知识准备

关于对象的基本操作有很多种，例如选取、组合、隐藏、锁定等。针对这些操作，在 Illustrator CC 2018 中有很多工具和命令，下面进行详细的讲解。

1. 选择工具

“选择工具”在工具箱的左上角，用于对整个对象进行选择和移动。当对象被选中时，周围会出现 8 个空心正方形的控制点，如图 1-2-1 所示，用鼠标拖动控制点可以对对象进行移动、缩放和旋转等操作。当按住 Shift 键拖动边界框的角点时可以等比例缩放对象，按住 Alt 键拖动对象时则会复制所选对象至放开鼠标后的位置。

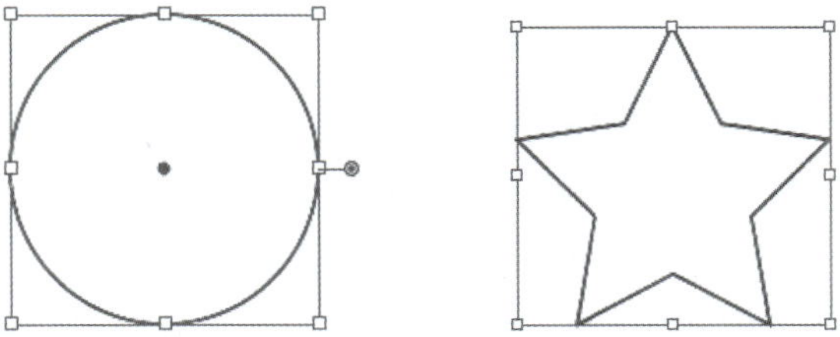

(a)　　　　(b)

图 1-2-1　用“选择工具”选择对象

利用鼠标单击可以选择单个对象，按住 Shift 键还可以同时选择其他对象。另外，还可以通过拖曳出矩形框的方法来选择一个或多个对象。

2. 直接选择工具

“直接选择工具”可以选取成组对象中的单一对象、路径上的某个锚点或者路径上的某一段。当单独选中路径上某个锚点时，还会显示出该点的方向控制杆，以便进行调整，通常情况下该工具多用来修改路径的形状。

通过鼠标单击可以选择对象或锚点，按住 Shift 键还可以同时选择其他对象或锚点。另外还可以通过拖曳出矩形框的方法来选择对象或锚点。

当用“直接选择工具”选取一个锚点时，该锚点会以实心的正方形显示，未选中的锚点为空心的正方形，如图 1-2-2 所示。

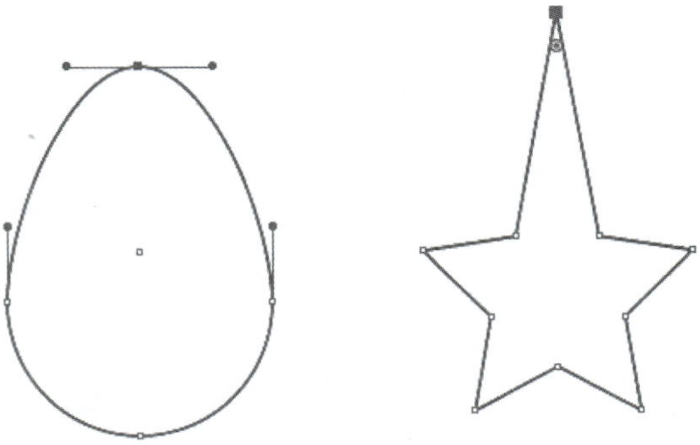

(a)　　　　(b)

图 1-2-2　用“直接选择工具”选择对象

3. 编组选择工具

在 Illustrator CC 2018 中，经常需要把几个相关的对象通过群组的方式组合在一起，这时往往需要选中复杂的组合元素，可以使用“编组选择工具”。用“编组选择工具”可以快捷方便地选取群组内的对象进行再次编辑。

“编组选择工具”的使用非常简单，步骤如下：

(1)在工具箱中选择“编组选择工具”。

(2)单击群组内容可以选择群组内的对象，双击则选取群组本身。如果群组对象是由多个组合构成，单击则是选择一个子组合。

4. 魔棒工具

“魔棒工具”用来选择具有相似属性的对象。当用“魔棒工具”在图形对象上单击时，所有与单击的位置具有相同属性的路径和图形都会显示出来，如图 1-2-3 所示。

5. 套索工具

“套索工具”与“直接选择工具”相似，都是为了选择某些对象或路径，不同的是，“套索工具”所绘制的选择区域是自由的。使用时，鼠标拖曳的区域中的对象都会被选中。“套索工具”弥补了“直接选择工具”只能选择矩形区域的不足。

在使用“套索工具”的同时按住 Shift 键，可以同时选择其他的对象或路径；同时按住 Alt 键，可以取消不必要的对象或路径；如果同时按住 Ctrl 键，可以暂时转化为“编组选择工具”。

6. 锁定对象

锁定对象可以避免对暂时不需要编辑的对象进行误删或编辑。锁定对象有三种形式：“所选对象”、“上方所有图稿”和“其他图层”。取消锁定只需要在选择锁定对象后执行“对象”菜单，选择“全部解锁”即可。

7. 隐藏对象

隐藏对象可以避免对某些暂时不需要编辑的对象进行误删和编辑，使画板更加清晰整洁，并且可以加快计算机的刷新速度，提高工作效率。与锁定对象不同的是，隐藏对象是将对象隐藏起来，而锁定对象则保留了对象的可视性，两者的使用视实际情况而定。

隐藏对象有三种形式：“所选对象”、“上方所有图稿”和“其他图层”。取消隐藏只需要在选择隐藏对象后执行“对象”菜单，选择“显示全部”即可。

8. 对象的层次

在默认情况下，先创建的图形位于下层，后创建的图形位于上层。如果要对图形进行层次上的调整，可以先选择需要调整的图形，然后执行“对象”→“排列”命令，在下拉菜单中选择适当的命令；或者在需要调整的图形上单击鼠标右键，在弹出的菜单中选择“排列”选项。有四种调整的情况，分别是“置于顶层”、“前移一层”、“后移一层”和“置于底层”，如图 1-2-4 所示。

图 1-2-3　用“魔棒工具”选择对象

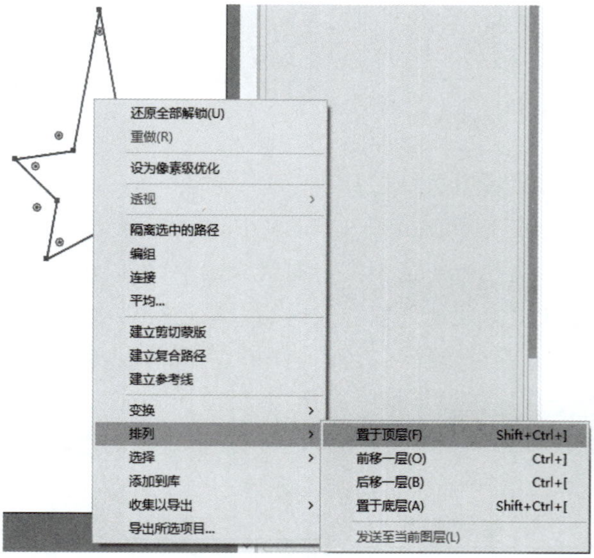

图 1-2-4　“排列”菜单选项

任务 1　绘制小礼花

任务描述

“直线段工具”可帮助用户创建任何角度和长度的直线段，“弧形工具”则可创建适当弧度的弧形，本任务使用这两个工具绘制出一簇落地小礼花，效果如图 1-2-5 所示。

图 1-2-5　小礼花效果

微课

绘制小礼花

设计要点

1. 爆竹的制作。选择“矩形工具”和“椭圆工具”绘制爆竹的主体和边缘，并通过“路径查找器”面板的“联集”按钮进行路径合并，绘制出爆竹，使用“属性”面板和“外观”面板为其加粗和上色。

2. 礼花的制作。使用“弧形工具”绘制多条曲线，通过调整弧度和分布实现礼花喷射的效果，然后分别上色，形成彩色礼花。

任务实施

步骤 1　启动 Illustrator CC 2018，执行“文件”→“新建”命令，新建一个名称为“小礼花”，宽度为 180 mm、高度为 200 mm 的 CMYK 图形文件。

步骤 2　在工具箱里选取“矩形工具”，绘制一个宽度为 20 mm、高度为 40 mm 的矩形，然后使用“椭圆工具”绘制两个“宽度”为 20 mm、“高度”为 10 mm 的椭圆形，如图 1-2-6 所示。

步骤 3　将椭圆形和矩形按图 1-2-7(a)所示进行摆放，选中矩形和下方的椭圆形，选择“窗口”→“路径查找器”命令，在“路径查找器”面板“形状模式”中单击“联集”按钮，如图 1-2-7-(b)，将两个对象按外轮廓合为一体，上方的椭圆形用深灰色(K69.41%)到浅灰色(K18.82%)的线性渐变填充，如图 1-2-8 所示。

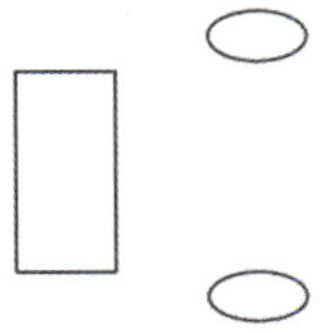

图 1-2-6　绘制图形

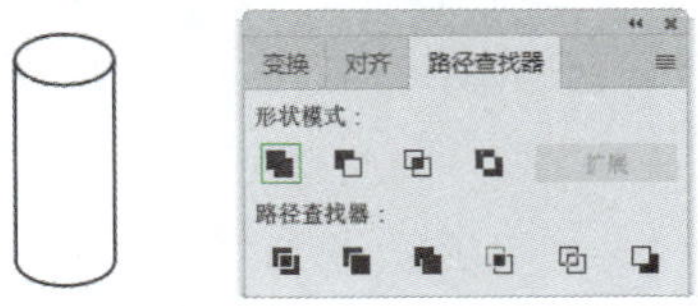

(a)　　(b)

图 1-2-7　组合图形

图 1-2-8　填充图形

步骤 4　选择“弧形工具”，在画板上任意位置单击鼠标，弹出如图 1-2-9 所示的对话框。

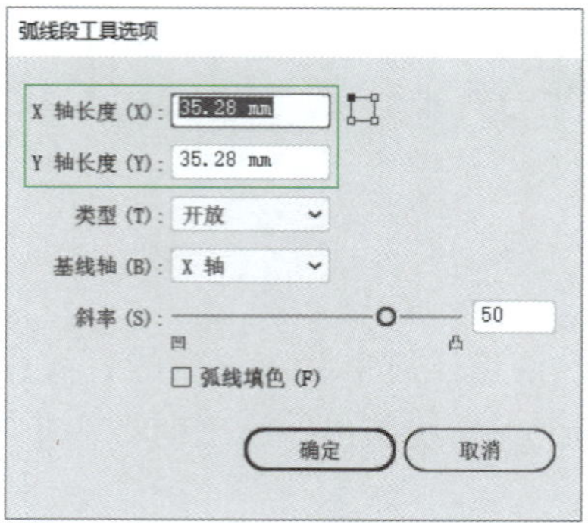

图 1-2-9 “弧线段工具选项”对话框

步骤 5　分别以 X 轴和 Y 轴为基线轴绘制若干条对称弧线，并为弧线填充各种颜色，与爆竹组合调整后，最终效果如图 1-2-5 所示。

任务 2　绘制蜗牛壳

任务描述

“螺旋线工具”可以绘制出像漩涡一样的图形对象，同时生成螺旋线的始、末点是不相连的。本任务就是使用“螺旋线工具”绘制一个蜗牛壳，效果如图 1-2-10 所示。

图 1-2-10　蜗牛壳效果

设计要点

螺旋线属性的设置。选择“螺旋线工具”并拖曳鼠标，将创建出默认圈数和默认开口方向的螺旋线，在拖曳过程中按上、下方向键可以增加和减少螺旋线的圈数，按 R 键可以改变螺旋线的开口方向。

任务实施

步骤 1　打开本书配套资源“模块 1\项目 2\素材”文件夹中的“蜗牛身体. ai”文件。

步骤 2　选择工具箱中的“螺旋线工具”，拖曳鼠标绘制一个螺旋线，如图 1-2-11 所示。同时按下方向键“↓”减少螺旋线的圈数，如图 1-2-12 所示。

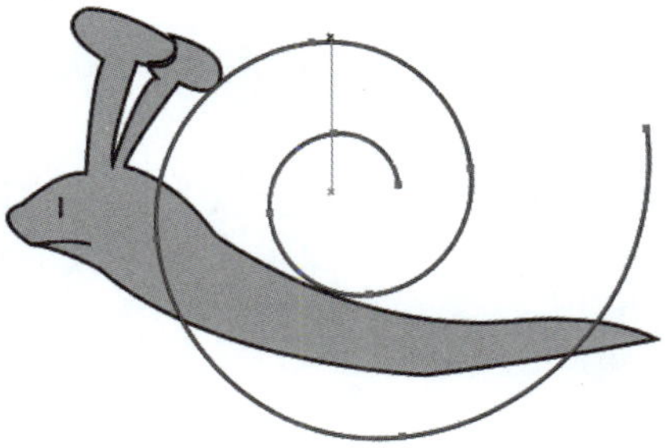

图 1-2-11　绘制的螺旋线

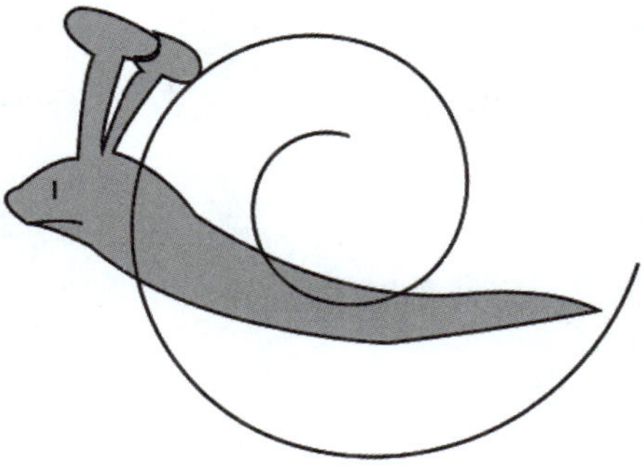

图 1-2-12　调整螺旋线的圈数

步骤 3　释放鼠标，将螺旋线在水平方向拉伸，效果如图 1-2-13 所示。

图 1-2-13　拉伸后的螺旋线

步骤 4　确保螺旋线处于被选中状态，打开“颜色”面板，设置填充颜色为(C45，M0，Y12，K0)，得到蜗牛壳效果，如图 1-2-10 所示。

任务 3　绘制花朵

任务描述

“极坐标网格工具”能绘制外形为圆形和直线均匀分布的一种基本图形，可以利用此工具绘制如标靶、同心圆等图形。本例使用“极坐标网格工具”绘制花朵，效果如图 1-2-14 所示。

微课

绘制花朵

图 1-2-14　花朵效果

设计要点

1. 花朵的绘制。可以通过改变“极坐标网格工具”的设置得到由多个同心圆构成的花朵。

2. 叶子的绘制。用“椭圆工具”绘制两个窄一些的椭圆形,然后用“选择工具”分别将它们旋转一定的角度,并放置在花茎的两侧。

任务实施

步骤 1　启动 Illustrator CC 2018,新建一个 200 mm×200 mm 的文档。

步骤 2　单击工具箱中的“极坐标网格工具”,在画板上单击鼠标,弹出对话框,如图 1-2-15 所示。设置宽度为 50 mm、高度为 50 mm,同心圆分隔线数量设置为 6,径向分隔线数量设置为 0,绘制出多层的花朵,分别填充颜色,并将描边设置为无,效果如图 1-2-16 所示。

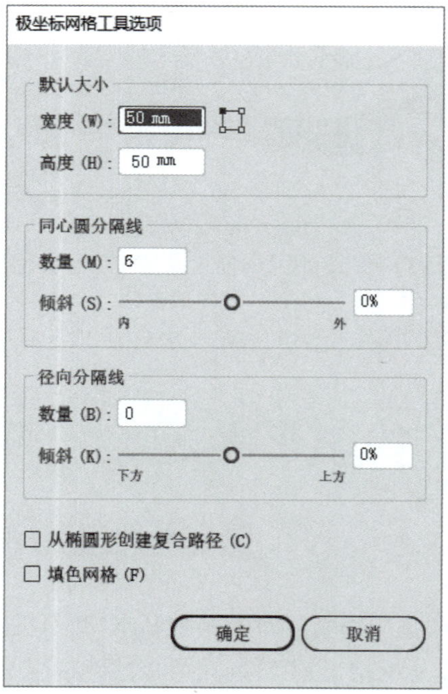

图 1-2-15　“极坐标网格工具选项”对话框

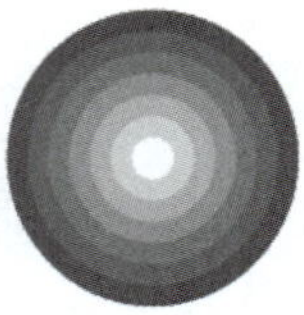

图 1-2-16　绘制花朵

步骤 3　接着绘制花茎。从工具箱中选择“矩形工具”,绘制出一个长方形,设置填充色为绿色(C80,M0,Y100,K0),无描边。选中这个矩形,单击鼠标右键,在“排列”菜单中选择“置于底层”,如图 1-2-17 所示。

步骤 4　绘制叶子部分。从工具箱中选择“椭圆工具”,绘制两个适当大小的椭圆形,将它们分别旋转后放置在花茎旁边。设置填充色为绿色(C80,M0,Y100,K0),无描边,如图 1-2-18 所示。

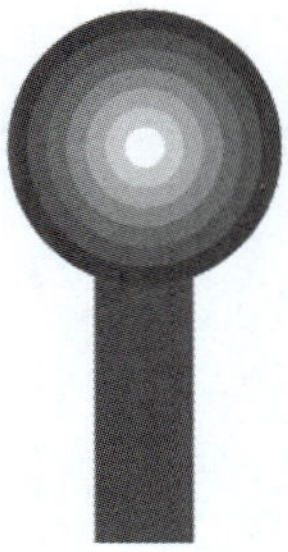

图 1-2-17　绘制花茎

图 1-2-18　绘制叶子

步骤 5　选择整个花朵，单击鼠标右键，选择“群组”命令。然后复制出几个花朵，用“选择工具”或“比例缩放工具”，制作出大小不等的花朵，并进行摆放即完成绘制，效果如图 1-2-14 所示。

项目3 路径造型设计

能力目标

会使用“钢笔工具”绘图；会使用“美工刀工具”；会使用“剪刀工具”；会使用“路径查找器”。

知识目标

1. 掌握使用“钢笔工具”绘图的方法。
2. 掌握“美工刀工具”和“剪刀工具”的使用方法。
3. 掌握路径菜单的使用方法。

职业素养

图形由不同的线条或路径组成，而线条或路径形态的变化是我们使用 Illustrator 时应时刻注意的。本任务多选用实物进行绘制，在培养学生熟练掌握绘制技巧的同时，进一步提高学生的观察能力，培养学生善于发现、勇于创新的良好品质。

知识准备

1. 路径的基本概念

Illustrator 是矢量图绘图软件，它是通过路径来完成矢量绘图的，所以矢量图的绘制过程其实就是创建路径、编辑路径的过程。在 Illustrator 中，使用“绘图工具”所产生的线条就称之为路径。路径是由一个或多个直线段或者曲线段组成的，如图 1-3-1 所示，其中 *C* 为直线路径段，*D* 为曲线路径段。

每段线段的起始点和结束点称为锚点，锚点用于控制曲线的形状，在未被选中的情况下是空心的，如图 1-3-1 中的 *A* 点所示；在选中的情况下是实心的，如图 1-3-1 中的 *B* 点

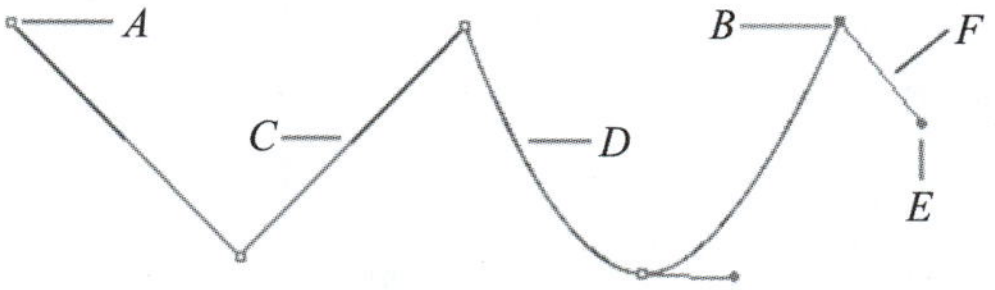

图 1-3-1　路径

所示。通过编辑路径的锚点，可以改变路径的形状。

图 1-3-1 中 *F* 为路径的方向线，方向线的末尾 *E* 点为方向点。通过拖动方向线和方向点可以控制曲线。

路径可以是开放的，如图 1-3-2 所示，在开放的路径中，路径的起始锚点称为端点。路径也可以是闭合的，如图 1-3-3 所示。

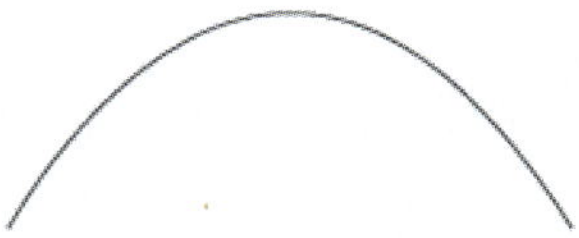

图 1-3-2　开放路径

图 1-3-3　闭合路径

路径具有两种锚点：角点和平滑点。角点可以连接任意两条直线段和曲线段，如图 1-3-4 所示；而平滑点始终连接两条曲线段，如图 1-3-5 所示。平滑点有方向线和方向点，而角点没有。

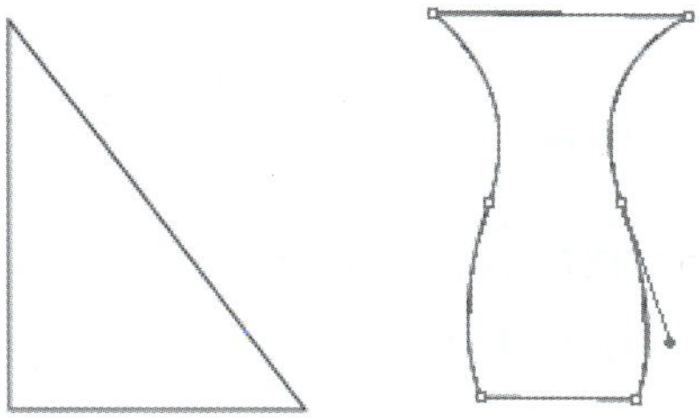

(a)　　(b)

图 1-3-4　角点可以连接直线段和曲线

图 1-3-5　平滑点只能连接两条曲线段

2. 有关路径的工具

在 Illustrator 中用来创建和编辑路径的工具包括“钢笔工具”、“添加锚点工具”、“删除锚点工具”、“锚点工具”、“铅笔工具”、“平滑工具”以及“路径橡皮擦工具”，如图 1-3-6 所示。

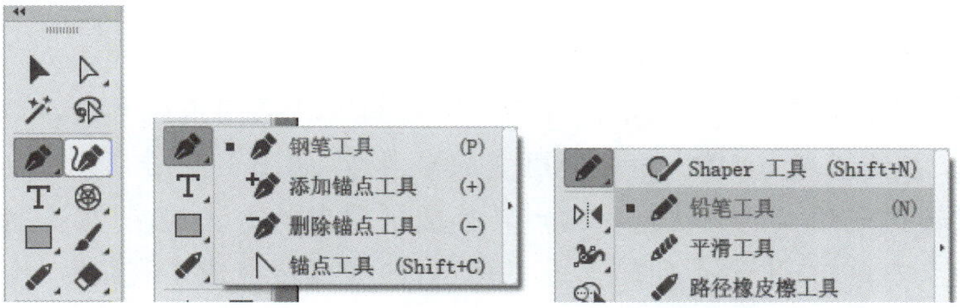

(a)　　(b)　　(c)

图 1-3-6　创建、编辑路径的工具

- “钢笔工具”：绘制路径的基本工具，与“添加锚点工具”、“删除锚点工具”和“转换锚点工具”组合使用，可绘制出各种复杂路径。
- “添加锚点工具”：在路径上添加锚点，以便增强对路径形状的控制。
- “删除锚点工具”：删除路径上的锚点，简化路径。
- “锚点工具”：角点与平滑点之间的转换，用来调整路径的形状。
- “铅笔工具”：绘制和编辑路径，绘制路径时锚点会沿轨迹自动生成。
- “平滑工具”：用来平滑路径的一部分，以改变锚点的分布。
- “路径橡皮擦工具”：用来擦除路径的一部分，以改变锚点的分布。

3. 路径的编辑

(1)添加或删除锚点

可以使用“添加锚点工具”在路径上添加锚点，以便更好地控制路径，而不是打断路径。

首先，利用“钢笔工具”创建路径，如图 1-3-7 所示。

然后单击“添加锚点工具”，在三角形的一条边的中间位置单击鼠标，可以看到出现了一个新的锚点，如图 1-3-8 所示，用同样的方法在其他两边上添加锚点。

最后单击工具箱中的“直接选择工具”拖曳锚点，直到达到要求的效果，如图 1-3-9 所示。

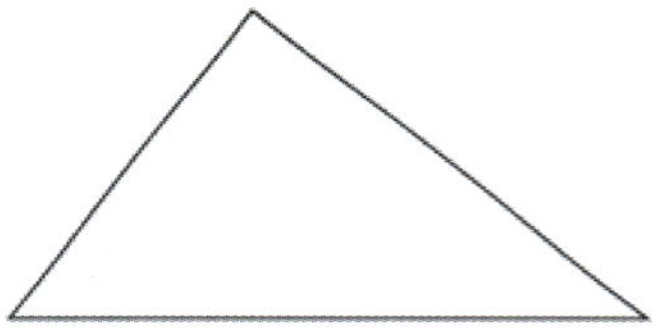
图 1-3-7　创建路径

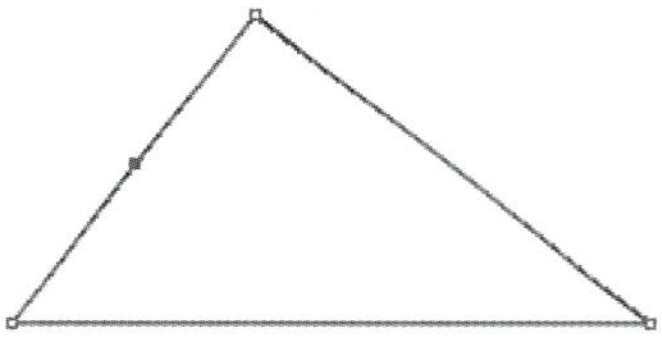
图 1-3-8　添加锚点

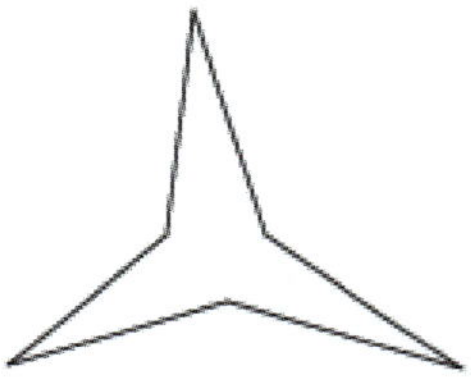
图 1-3-9　拖曳锚点

删除锚点和添加锚点的方法相同，首先单击工具箱中的“删除锚点工具”，在要删除的锚点处单击鼠标，即可将锚点删除，如图 1-3-10、图 1-3-11 所示。

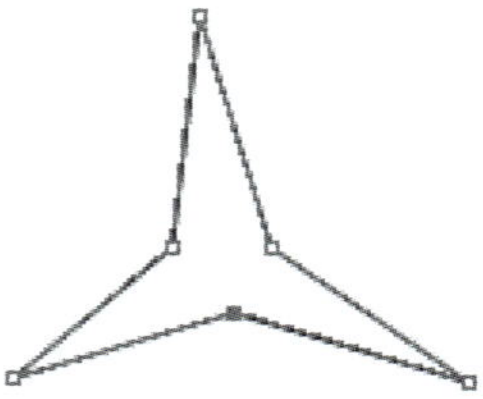
图 1-3-10　单击要删除的锚点

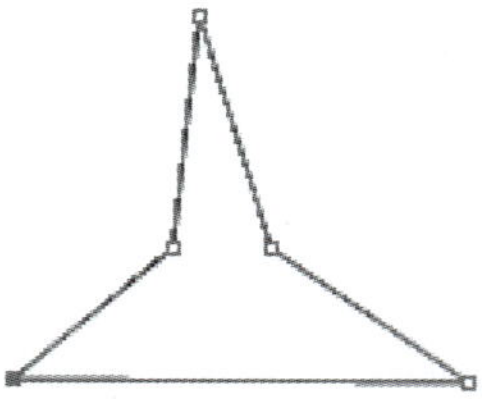
图 1-3-11　删除锚点后

(2)转换锚点

“锚点工具”用于角点与平滑点之间的转换。

单击工具箱中的“锚点工具”，把鼠标指针放在想要转换的角点上面，单击鼠标并向外拖曳鼠标，可以看到锚点方向线，角点便可变成平滑点，如图 1-3-12 所示。

将平滑点转换成角点的方法与将角点转换成平滑点的方法相同，单击“锚点工具”，在要转换的平滑点上单击，平滑点便转换成了角点，曲线也转换成了直线。

图 1-3-12　转换锚点

(3)连接路径、闭合路径、修改路径

连接路径就是将两条断开的路径连在一起。在绘制路径的过程中，有可能意外地结束绘制，如果想要继续绘制已经完成的路径，可将鼠标放在锚点上，“钢笔工具”状态下的鼠标右下角便会变成“/”，即可继续绘制，并且新绘制的路径和原有路径是一体的。

下面通过一个例子来学习连接路径的方法。如图 1-3-13 所示，是一条断开的路径，现在我们要把两条路径连接起来，单击“钢笔工具”，将鼠标放在 a 锚点处，会发现“钢笔工具”状态下的鼠标右下角处有“/”标志，表示可以继续绘制路径，在 a 锚点上单击鼠标，再将鼠标指针放在 b 锚点上，可以看到“钢笔工具”状态下的鼠标右下角会变成一个小圆圈，表示闭合一个路径，在 b 锚点上单击鼠标，即可将路径连接起来，如图 1-3-14 所示。

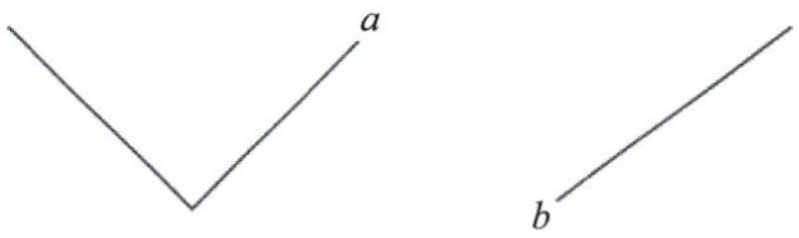

图 1-3-13　断开的路径

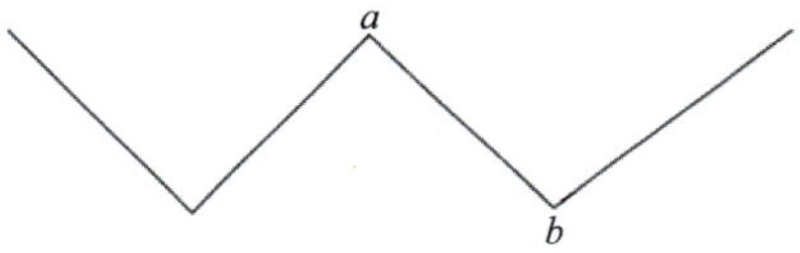

图 1-3-14　连接路径

闭合路径就是将一个开放路径闭合，将结尾锚点和起始锚点连接起来。首先单击“钢笔工具”绘制一条路径，如图 1-3-15 所示，a 点为起始点，b 点为结尾点，如果要把路径闭合起来，只需要将鼠标移至起始点的位置，当“钢笔工具”状态下的鼠标右下角变成一个小圆圈时，表示闭合路径，在起始点单击鼠标，即可实现路径闭合，如图 1-3-16 所示。

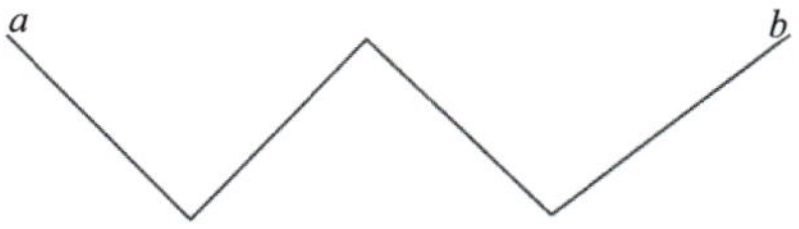

图 1-3-15　原开放路径

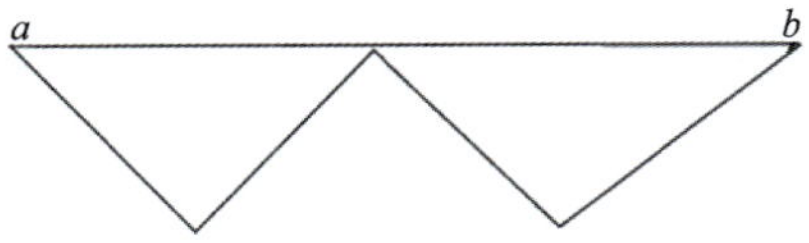

图 1-3-16　闭合路径

修改路径一般都是通过“直接选择工具”移动曲线上的锚点或控制点、拖动方向线段等来改变曲线的形状，如图 1-3-17 所示。

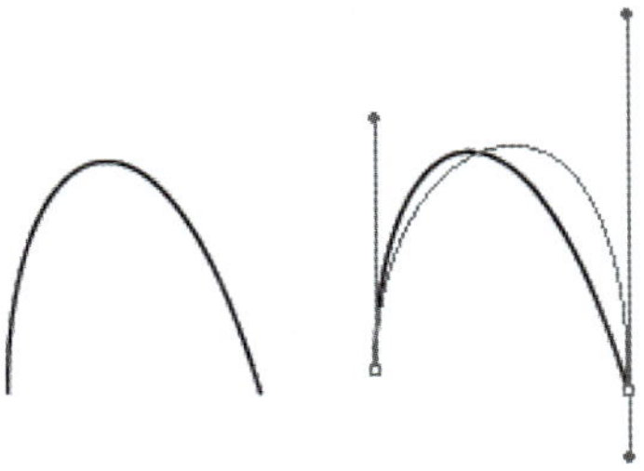

(a)　(b)

图 1-3-17　修改路径

任务1　绘制瓢虫

任务描述

“钢笔工具”可创建任何角度的直线和各种曲线，“添加锚点工具”和“删除锚点工具”可调整路径的变化，本任务使用这些工具绘制一只瓢虫，效果如图 1-3-18 所示。

图 1-3-18　瓢虫效果

微课

绘制瓢虫

设计要点

1. 头部和身体的绘制。使用“椭圆工具”绘制头部后，需要用“添加锚点工具”在椭圆形下方添加锚点，以便改变路径样式。身体的绘制与头部相似。

2. 触角和腿的绘制。用“钢笔工具”绘制有一定曲度的触角以及连续曲折的腿部。可只绘制一边，另一边使用“变换”→“对称”命令进行复制。

任务实施

步骤 1　启动 Illustrator CC 2018，执行“文件”→“新建”命令，新建一个名称为“瓢虫”，宽度为 200 mm、高度为 180 mm 的 RGB 图形文件。

步骤 2　选取“椭圆工具”，单击画板，打开“椭圆”对话框，设置“宽度”为 80 mm、“高度”为 95 mm，绘制的椭圆形如图 1-3-19 所示。

步骤 3　选取“添加锚点工具”，在椭圆形的左上部和右上部各增加一个节点。用“直接选择工具”选中椭圆形顶部的节点，按下方向键 18 次使该点下移，如图 1-3-20 所示。

步骤 4　同样用“钢笔工具”在椭圆形的左下部和右下部各增加一个节点。选取椭圆形底部的节点，按上方向键 20 次，完成身体部分的绘制，如图 1-3-21 所示。

步骤 5　使用“钢笔工具”绘制瓢虫身体的中轴线（连接上下两个凹点），如图 1-3-22 所示。

步骤 6　选取“椭圆工具”，绘制一个“宽度”为 32 mm、“高度”为 15 mm 的椭圆形，参照步骤 4 操作后将其作为瓢虫的头部，拖至瓢虫的身体上方，如图 1-3-23 所示。

步骤 7　使用“直接选择工具”，按下 Shift 键的同时，依次选择瓢虫的身体线条，设置线条宽度为 3 pt，描边为黑色，身体填充为红褐色（R154，G31，B36），如图 1-3-24 所示。

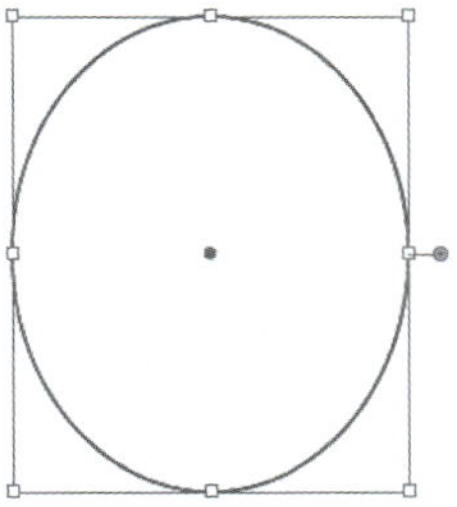

图 1-3-19　绘制的椭圆形

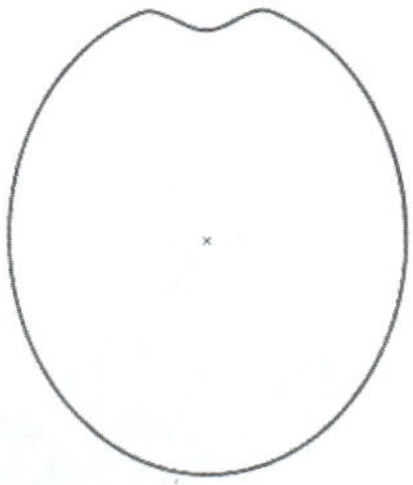

图 1-3-20　添加锚点并调整节点位置

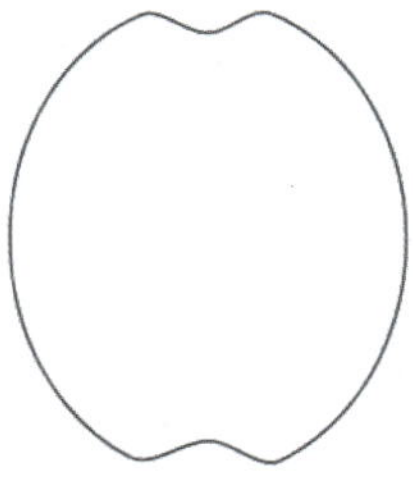

图 1-3-21　绘制瓢虫身体

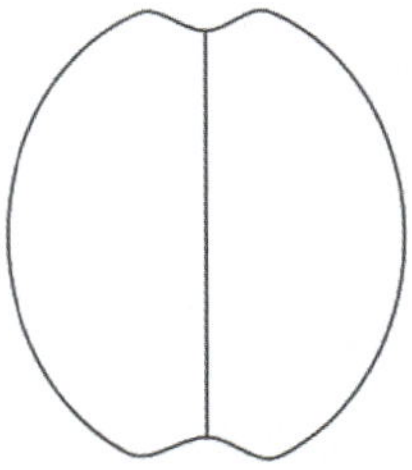

图 1-3-22　绘制中轴线

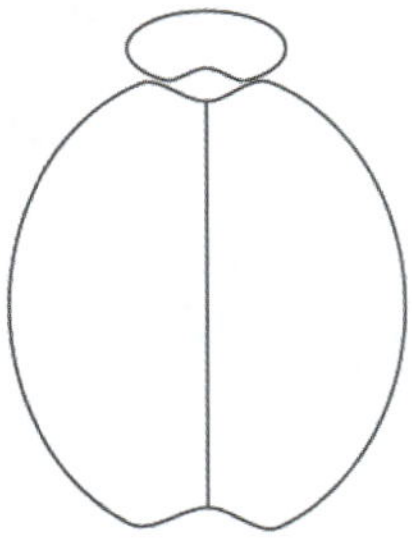

图 1-3-23　绘制瓢虫的头部

步骤 8　选定瓢虫头部将其填充为黑色(R0,G0,B0),再选中身体中轴线,将其宽度设为 5 pt。至此,瓢虫已初步绘制完成,效果如图 1-3-25 所示。

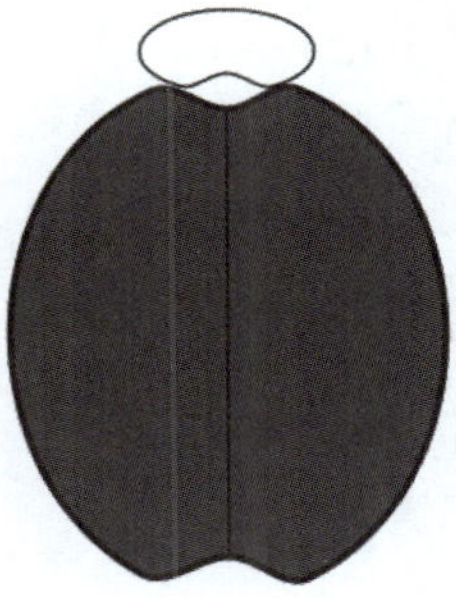

图 1-3-24　为身体设置描边及填充颜色

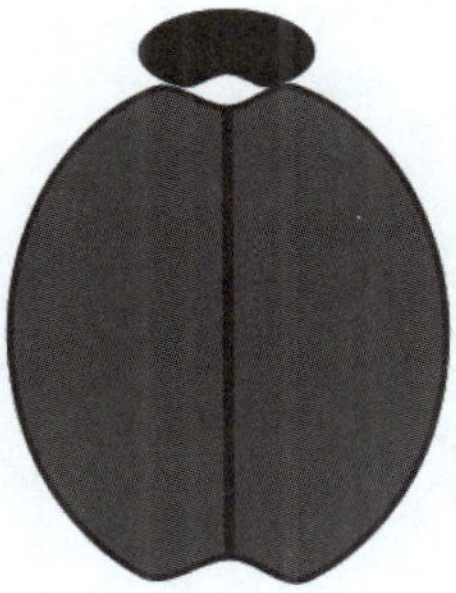

图 1-3-25　设置头部填充颜色及中轴线描边

步骤 9　使用“钢笔工具”绘制瓢虫的左前腿,如图 1-3-26 所示,使用“选择工具”选中左前腿,单击鼠标右键,选择“变换”→“对称”,打开“镜像”对话框,选中“垂直”,单击“复制”按钮,复制出右侧的前腿。

步骤 10　参照步骤 9,绘制瓢虫的其他 4 条腿,并与身体合理组合,效果如图 1-3-27 所示。

图 1-3-26　绘制瓢虫的左前腿

图 1-3-27　组合腿和身体

步骤 11　工具箱中填充色设为黄色(R238,G233,B58),使用“椭圆工具”绘制一个“宽度”为 7 mm、“高度”为 5 mm 的椭圆形,并复制一个,将它们作为瓢虫的眼睛,如图 1-3-28 所示。

图 1-3-28　绘制瓢虫的眼睛

步骤 12　使用“钢笔工具”绘制瓢虫的触角。

步骤 13　使用“椭圆工具”绘制 3 个大小不同的用绿色(R0,G105,B52)填充的椭圆形。经过复制和粘贴制作 7 个斑点,将它们拖到瓢虫背部的合适位置。制作完成,最终效果如图 1-3-18 所示。

任务 2　绘制苹果标志

任务描述

“钢笔工具”可以创建各种曲线,“路径查找器”的形状修剪功能可以大大增加路径的可调整性。本任务就是使用这些工具绘制苹果标志,效果如图 1-3-29 所示。

微课

绘制苹果标志

图 1-3-29　苹果标志

设计要点

1. 苹果的绘制。使用“钢笔工具”绘制苹果时注意锚点的落点和曲度的变化。尽量用较少的锚点绘制曲线,增加光滑度。

2. 苹果的分割。将画好的多条直线置于苹果上方,使用“路径查找器”面板中的“分割”功能将苹果分割成多块,然后分别填充颜色。

▶ 任务实施

步骤 1　启动 Illustrator CC 2018，执行“文件”→“新建”命令，新建一个名称为“苹果”、宽度为 100 mm、高度为 100 mm 的 CMYK 图形文件。

步骤 2　使用“钢笔工具”绘制半个苹果，如图 1-3-30 所示。

步骤 3　选中图形后单击鼠标右键，选择“变换”→“对称”命令，打开“镜像”对话框，选择“垂直”，单击“复制”按钮，复制出苹果的另一半，将它们移动拼成一个完整的苹果外形，如图 1-3-31 所示。

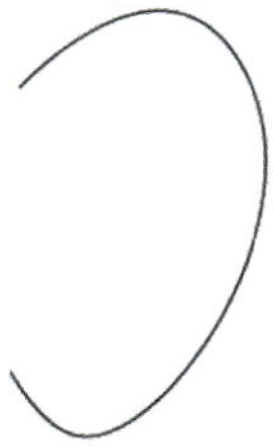

图 1-3-30　绘制半个苹果

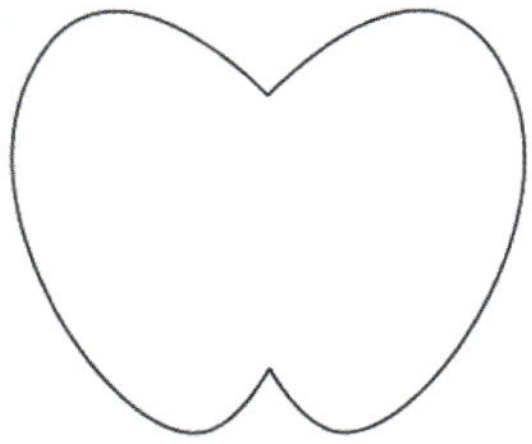

图 1-3-31　对称后的图形组合

步骤 4　用“直接选择工具”选中上面中间两个开放的锚点，如图 1-3-32 所示，选择“对象”→“路径”→“连接”命令，两条路径将会成为一条路径，如图 1-3-33 所示。

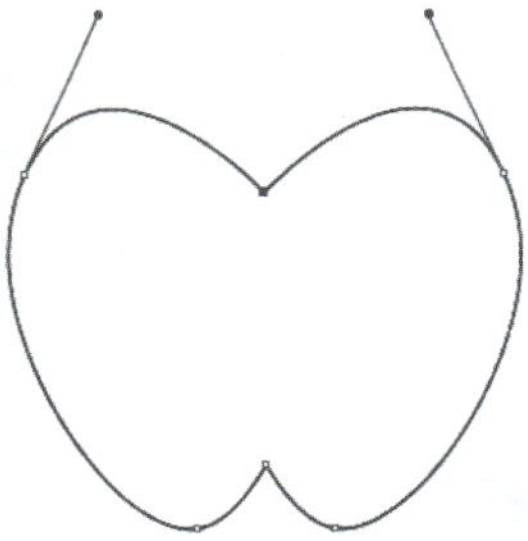

图 1-3-32　选中开放锚点

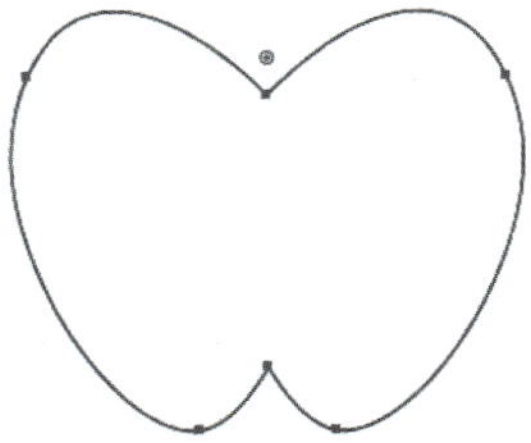

图 1-3-33　路径连接后的图形

步骤 5　用“椭圆工具”绘制一个椭圆形，将其放置在苹果的右侧下方，用“选择工具”选中椭圆形并选择“对象”→“路径”→“分割下方对象”命令，删除刚绘制的椭圆形，得到苹果右侧缺失一部分的效果，如图 1-3-34 所示。

步骤 6　使用“直线工具”绘制一条比苹果宽的水平直线，利用“选择工具”通过使用 Alt 键和鼠标左键拖曳复制出 8 条水平直线，如图 1-3-35 所示。

图 1-3-34　苹果右侧缺失部分效果

图 1-3-35　绘制直线

步骤 7　同时选中苹果和直线，单击“路径查找器”面板中的“分割”按钮，苹果被直线分割成 9 块，使用“编组选择工具”选取每一部分，填充不同的颜色，效果如图 1-3-36 所示，将所有图形的描边设为“无”，完成效果如图 1-3-29 所示。

图 1-3-36　填充颜色

任务 3　绘制可爱小熊

任务描述

“钢笔工具”可以用来创建各种曲线，“路径查找器”的“联集”功能可以使多个图形合并外形以得到意想不到的效果。本任务使用“椭圆工具”、“钢笔工具”和“路径查找器”绘制可爱小熊，效果如图 1-3-37 所示。

图 1-3-37　可爱小熊

微课

绘制可爱小熊

设计要点

1. 头部的绘制。使用“椭圆工具”绘制一大两小，共 3 个圆形，使用“路径查找器”将其添加成小熊的头部，然后填充橘黄色。

2. 脸部的绘制。使用“椭圆工具”绘制 4 个椭圆形，使用“路径查找器”将其添加成一个脸部区域，然后填充白色。

任务实施

步骤 1　启动 Illustrator CC 2018，执行“文件”→“新建”命令，新建一个名称为“可爱小熊”，宽度为 200 mm、高度为 180 mm 的 RGB 图形文件。

步骤 2　选取“椭圆工具”，绘制“宽度”和“高度”均为 80 mm 以及“宽度”和“高度”均为 30 mm 的两个正圆形，如图 1-3-38 所示。

步骤 3　选中小圆形并复制，调整两个小圆形的位置，使用“对齐”面板中的“垂直居中对齐”按钮将两个小圆形横向对齐，并放置于大圆形的上面，如图 1-3-39 所示。

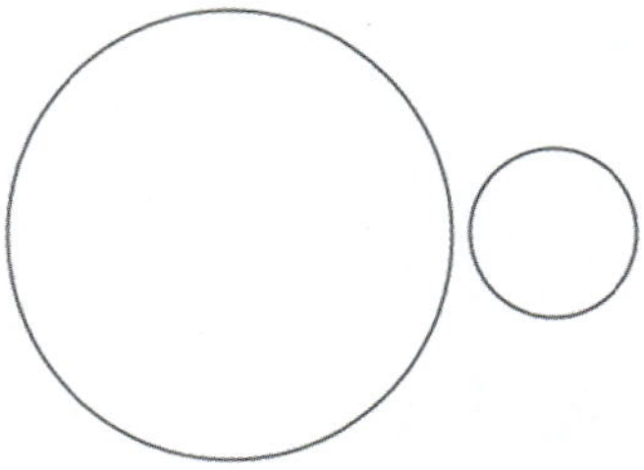
图 1-3-38　绘制两个正圆形

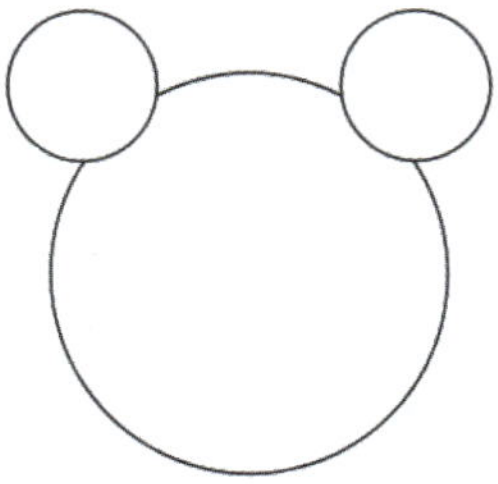
图 1-3-39　对齐小圆形

步骤 4　保持两个小圆形处于选中状态，单击鼠标右键，选择“编组”选项，然后选中所有图形，单击“对齐”面板中的“水平居中对齐”按钮。

步骤 5　保持所有图形处于被选中状态，单击“路径查找器”面板中的“联集”按钮，将 3 个圆形合成一个图形，如图 1-3-40 所示。

步骤 6　选取“椭圆工具”，在小熊脸部的适当位置创建 4 个椭圆形，如图 1-3-41 所示。

图 1-3-40　合成图形(1)

图 1-3-41　绘制椭圆形

步骤 7　选中“选择工具”，在按住 Shift 键的同时依次选取 4 个椭圆形，单击“路径查找器”面板中的“联集”按钮，将它们合并成一个图形，然后将其填充为白色，描边为黑色，如图 1-3-42 所示。将 1-3-40 所示的图形选中，填充为橘黄色（R244，G152，B1），如图 1-3-43 所示。

图 1-3-42　合成图形(2)

图 1-3-43　填充图形

步骤 8　使用“椭圆工具”绘制小熊的眼睛（白色）、鼻子（R65，G34，B14）、眼珠（黑色）。在眼珠里再绘制一个白色的圆点，鼻子里绘制一个浅灰色（R195，G187，B169）的椭圆形，如图 1-3-44 所示。

图 1-3-44　绘制眼睛、鼻子

步骤 9　用“钢笔工具”绘制小熊的嘴巴（黑色）和酒窝（圆弧线），制作完成，最终效果如图 1-3-37 所示。

任务 4　绘制草莓

任务描述

“基本图形工具”与“钢笔工具”结合使用可以创建各种造型，“路径查找器”的“联集”功能可以使多个图形合并外形以得到意想不到的效果。本任务使用“星形工具”、“钢笔工具”、“旋转工具”和“路径查找器”绘制草莓，效果如图 1-3-45 所示。

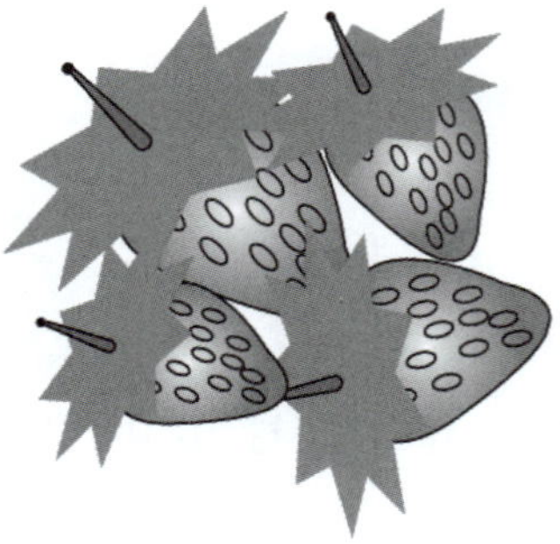

微课

绘制草莓

图 1-3-45　草莓

设计要点

1. 草莓果实的绘制。使用“钢笔工具”绘制草莓轮廓，注意锚点的定位和曲度调整，然后填充白色到浅红色的渐变色。

2. 草莓柄的绘制。使用“椭圆工具”绘制 2 个椭圆形，使用“矩形工具”绘制柄，为了得到梯形需要添加和删除锚点，最后使用“路径查找器”将它们添加成草莓柄，然后填充颜色。

任务实施

步骤 1　启动 Illustrator CC 2018，执行“文件”→“新建”命令，新建一个名称为“草莓”，宽度为 200 mm、高度为 180 mm 的 RGB 图形文件。

步骤 2　在工具箱里选取“星形工具”，在画板上单击，打开如图 1-3-46 所示的“星形”对话框，设置“半径 1”为 50 pt、“半径 2”为 80 pt、“角点数”为 9。单击“确定”按钮，即可生成一个星形，如图 1-3-47 所示。

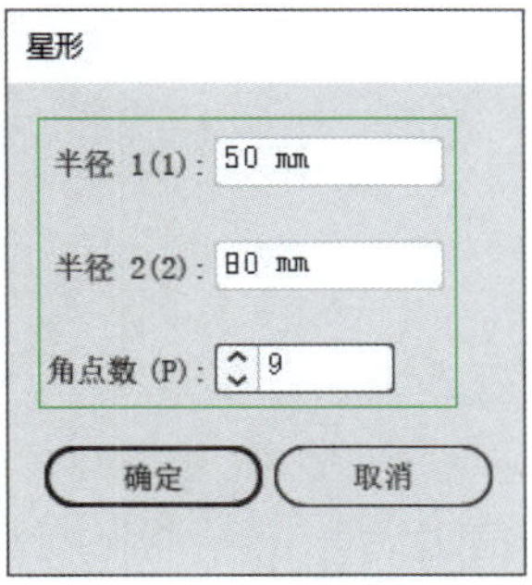

图 1-3-46　“星形”对话框

图 1-3-47　绘制的星形

步骤 3　使用“选择工具”选定绘制的星形，选择“对象”→“变换”→“倾斜”命令，打开“倾斜”对话框。按图 1-3-48 所示设置相应的选项，单击“确定”按钮，将绘制的星形倾斜拉长，再将其填充为绿色(R51，G204，B51)。草莓叶绘制完成，效果如图 1-3-49 所示。

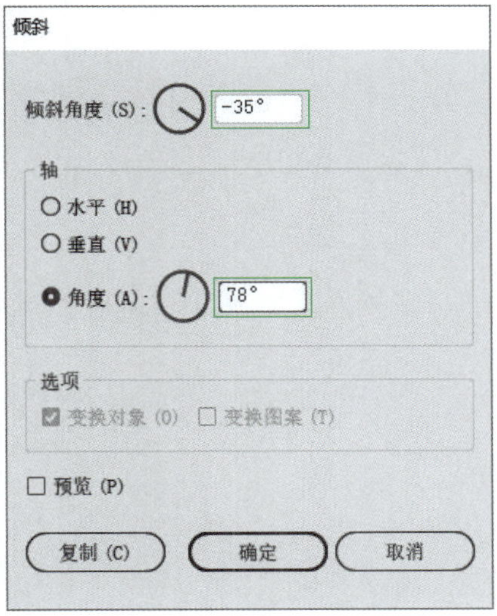

图 1-3-48　“倾斜”对话 s 框

图 1-3-49　倾斜并填充对象

步骤 4　选取“椭圆工具”，然后在画板中绘制“宽度”和“高度”均为 10 pt 以及“宽度”和“高度”均为 6 pt 的 2 个正圆形。选取“矩形工具”绘制一个“宽度”为 10 pt、“高度”为 60 pt 的矩形。使用“添加锚点工具”在矩形上边添加 2 个锚点，然后用“删除锚点工具”删除矩形上边两个顶点形成一个梯形。将“宽度”和“高度”均为 10 pt 的正圆形拖至梯形的底部，再单击“路径查找器”面板中的“联集”按钮，将它们合并，形成草莓的柄。

步骤 5　将“宽度”和“高度”均为 6 pt 的正圆形拖至合并图形的顶部，将其填充为黑色，并将草莓柄填充为深黄色(R190，G148，B120)。

步骤 6　使用“选择工具”选中整个草莓柄图形，然后双击工具箱中的“旋转工具”按钮，设置旋转角度为 45°。再将绘制好的草莓柄拖至草莓叶图形上，使它们组合到一起，效果如图 1-3-50 所示。

步骤 7　在工具箱中选取“钢笔工具”，绘制如图 1-3-51 所示的草莓果实的外形，将填充色设为白色(R255,G255,B255)到浅红色(R255,G127,B173)的径向渐变,调整渐变中心,得到如图 1-3-52 所示效果。

图 1-3-50 草莓叶和柄组合

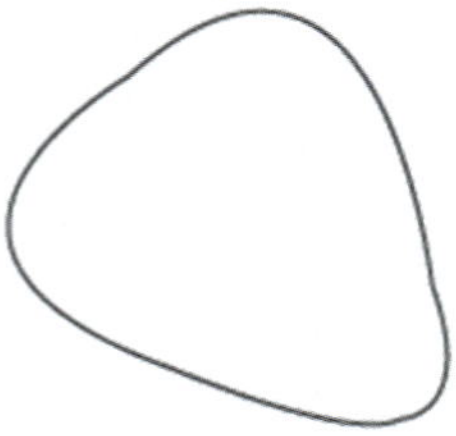

图 1-3-51 草莓外形

图 1-3-52 填充渐变色

步骤 8 选取“椭圆工具”,设置填充色为无色,描边为 1 pt,绘制一个宽度为 20 pt、高度为 10 pt 的小椭圆形。顺时针旋转 45°,将此小椭圆形复制几个,然后将其拖至草莓上,这样就绘制出了草莓上的斑点。

步骤 9 选中绘制好的草莓,在按住 Alt 键的同时拖动草莓,复制出数个草莓的副本,并适当调整其大小,将它们摆放至合适的位置,最终效果如图 1-3-45 所示。

项目 4 画笔应用

能力目标

会使用“画笔工具”绘图；会创建各种画笔；会使用“铅笔工具”绘图；会使用“平滑工具”和“橡皮擦工具”。

知识目标

掌握“画笔工具”的设置方法；掌握“铅笔工具”的使用技巧；掌握“平滑工具”的使用方法。

职业素养

当绘制较复杂的图形时，熟练掌握画笔工具的使用方法是尤为重要的。本任务的案例不仅可以让学生掌握操作技能，更重要的是可以锻炼学生研究和探索的精神，鼓励学生努力学习、刻苦钻研。

知识准备

1. 铅笔工具

“铅笔工具”可用于绘制开放路径和闭合路径，就像用铅笔在纸上绘图一样，选中“铅笔工具”后直接拖动鼠标即可绘制。

选择“铅笔工具”后，定位到希望路径开始的地方，然后开始拖动绘制路径。开始拖动后，按住 Alt 键，“铅笔工具”右下角显示一个小圆圈表示正在创建一个闭合路径。当路径达到所需大小和形状时，松开鼠标，路径闭合后，再松开 Alt 键。如果是已经绘制好的路径，利用“直接选择工具”选中路径后执行“对象”→“路径”→“连接”，即可闭合路径。

2. 画笔工具

“画笔工具”用于绘制徒手画和书法线条以及路径图稿和路径图案。双击“画笔工具”，弹出“画笔工具选项”对话框。“画笔工具”也可以连接两条路径和闭合路径。

下面来了解一下“画笔”面板，执行“窗口”→“画笔”命令，调出“画笔”面板，如图 1-4-1 所示。“画笔”面板中包含五种类型的画笔，分别是散点画笔、书法画笔、图案画笔、艺术画笔、毛刷画笔。

单击“画笔”面板右上角的扩展按钮，弹出下拉菜单，可以选择五种画笔在“画笔”面板中的显示与隐藏，如图 1-4-2 所示。

还可以自建画笔。在图 1-4-2 中选择下拉菜单中的“新建画笔”命令，弹出“新建画笔”对话框，如图 1-4-3 所示，选择新建画笔的类型，然后单击“确定”按钮。

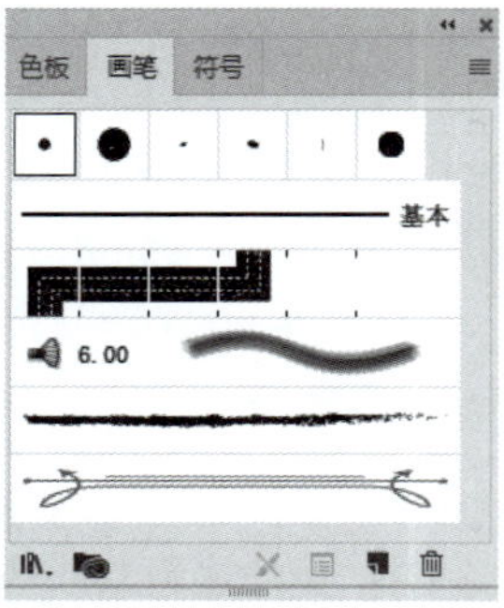

图 1-4-1 “画笔”面板

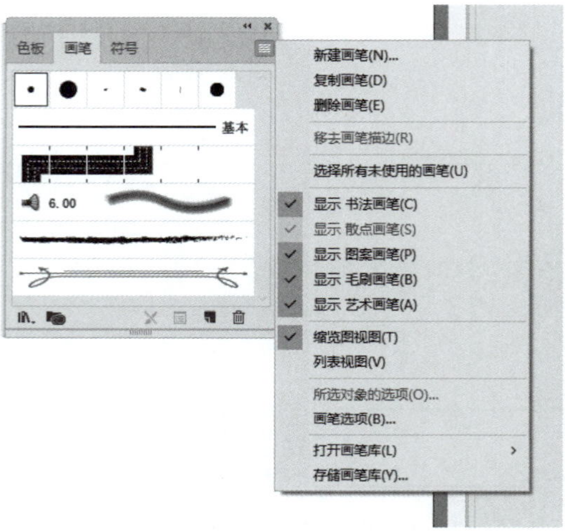

图 1-4-2 “画笔”面板下拉菜单

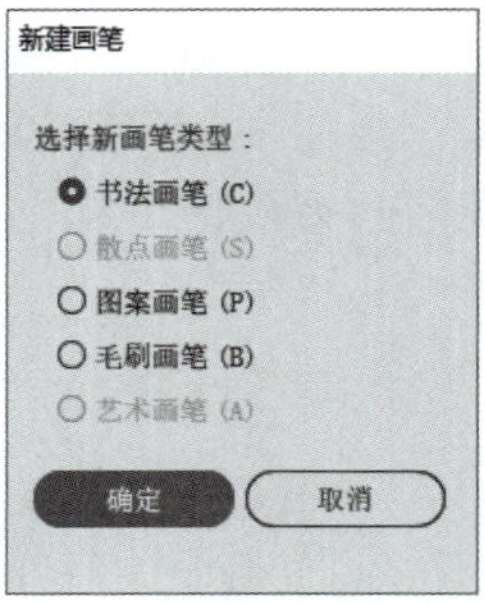

图 1-4-3 “新建画笔”对话框(1)

如果新建散点画笔和艺术画笔，之前必须先选中一个图形，如果没有选中图形，这两个选项是不能用的。

(1)新建书法画笔工具

在“新建画笔”对话框中选择“书法画笔”单选项，单击“确定”按钮，弹出“书法画笔选项”对话框，如图 1-4-4 所示。在“名称”文本框中输入画笔名称。

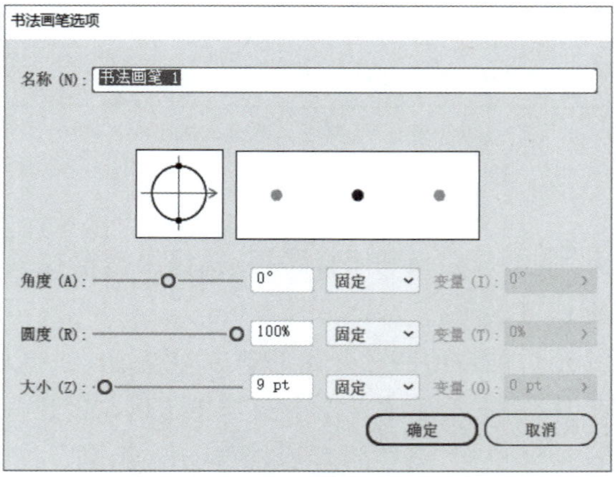

图 1-4-4 “书法画笔选项”对话框

(2)新建散点画笔

新建散点画笔之前必须先选择好一个图形,这个图形不能包括渐变、混合、其他画笔描边、网格对象、位图图像、图表、置入文件等。在这里以五角星为例。

在“新建画笔”对话框中选择“散点画笔”单选项,单击“确定”按钮,弹出“散点画笔选项”对话框,如图 1-4-5 所示。

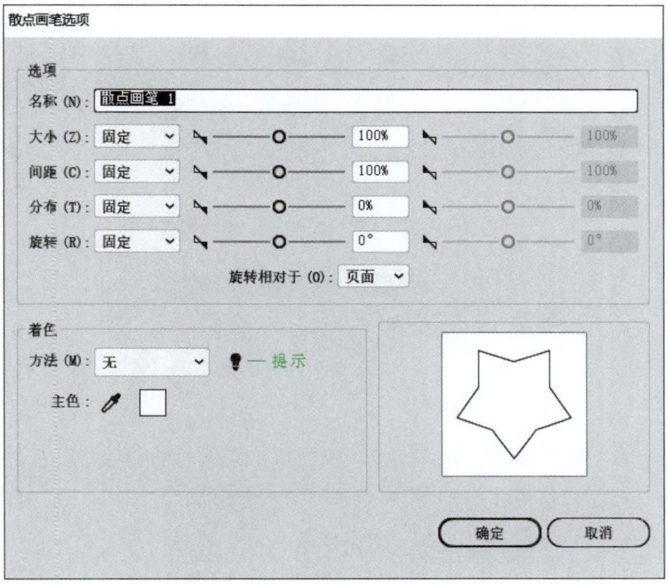

图 1-4-5 “散点画笔选项”对话框

首先输入要建散点画笔的名称,其他选项含义如下:

- “大小”:控制对象的大小。
- “间距”:控制对象间的距离。
- “分布”:控制路径两侧对象与路径之间的接近程度。
- “旋转”:控制对象的旋转角度。
- “旋转相对于”:设置散点对象相对于页面或路径的旋转角度,可以选择相对于页面或者是路径。相对于页面旋转,0°指向页面顶部;相对于路径旋转,0°指向路径切线方向。
- “着色”选项栏包含“方法”、“主色”和“提示”。
- “方法”:包含无、色调、淡色和暗色、色相转换 4 项。
- “主色”:默认情况下是要定义的图形中最突出的颜色,也可以改变。
- “提示”:单击该按钮会弹出“着色提示”对话框,如图 1-4-6 所示。分为当前描边颜色、无、淡色、淡色和暗色、色相转换 5 项。“当前描边颜色”,顾名思义,就是当前对象的颜色。“无”表示使用笔刷画出的颜色和笔刷本身设定的颜色一致。“淡色”表示使用工具箱中显示边线的颜色,并用不同的浓淡度来表示笔刷的颜色,一般用于只有黑白色表示的笔刷;“淡色和暗色”表示使用不同浓淡的工具显示的边线色和笔刷画出的路径。“色相转换”表示使用边线色代替笔刷的主色,笔刷中的其他颜色也发生相应的变化,变化后的颜色与边线的对应关系和变化前的颜色与主色对应关系一致,黑、白、灰三色不变。

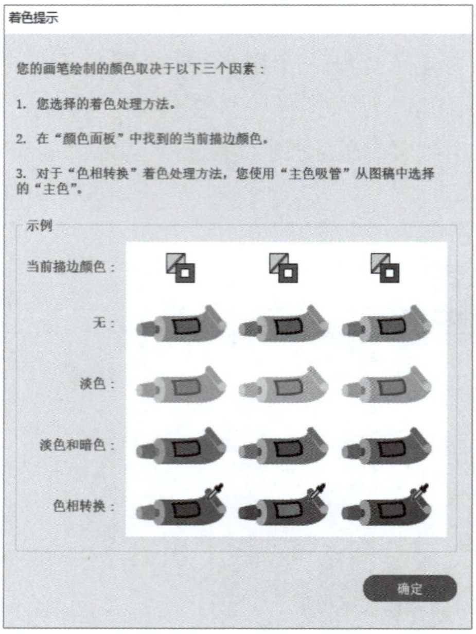

图 1-4-6 “着色提示”对话框

●“预览”视图：预视设置的效果。

设置好后单击“确定”按钮，新建的散点画笔自动存储于“画笔”面板内。

(3)新建图案画笔

在“新建画笔”对话框中选择“图案画笔”单选项，单击“确定”按钮，便会弹出“图案画笔选项”对话框，如图 1-4-7 所示。

新建图案画笔中的图案可以使用软件系统自带的，也可以自制。

●“缩放”：相对于原始图案缩小或放大。

●“间距”：调整拼贴之间的距离。

●“翻转”：包含“横向翻转”和“纵向翻转”，改变图案相对于线条的方向。

●“适合”选项栏包含“伸展以适合”、“添加间距以适合”和“近似路径”。“伸展以适合”表示延长或缩短对象以适合对象。“添加间距以适合”表示增添图案拼贴之间的间距，将图案按照一定的比例应用于路径。“近似路径”表示不改变拼贴的情况下使拼贴适合于最近似的路径。

●“着色”：与“散点画笔选项”对话框中的“着色”一样，这里不再详述。

全部设置完成后，单击“确定”按钮，图案画笔便自动储存于“画笔”面板内。

(4)新建艺术画笔

新建艺术画笔与新建散点画笔一样，之前必须先选定一个图案，这里以五角星的制作为例。

在“新建画笔”对话框中选择“艺术画笔”，单击“确定”按钮，弹出“艺术画笔选项”对话框，如图 1-4-8 所示。

●“宽度”：基于原图调整宽度。

●“画笔缩放选项”：可选择“按比例缩放”、“伸展以适合描边长度”和“在参考线之间伸展”。

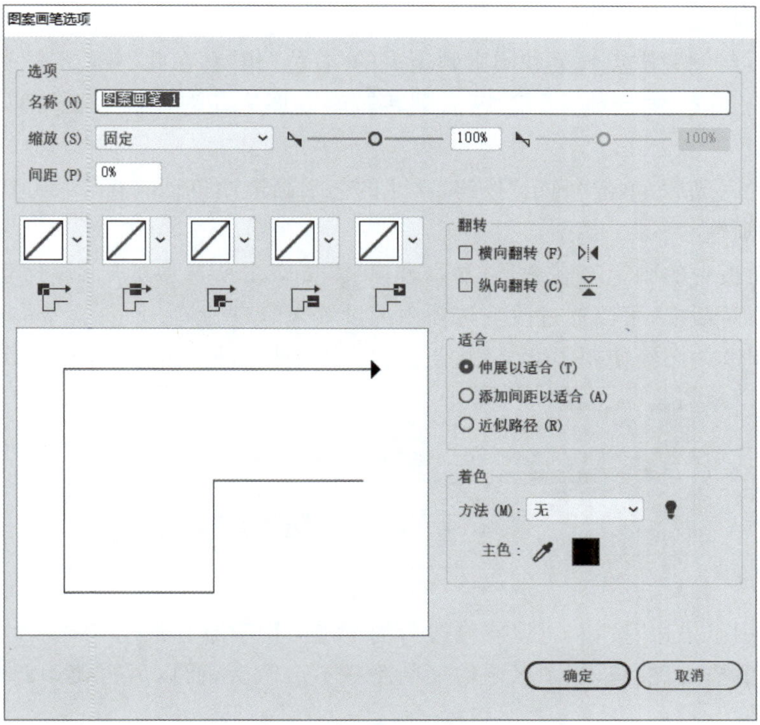

图 1-4-7 “图案画笔选项”对话框(1)

图 1-4-8 “艺术画笔选项”对话框

- “方向”：指定图案相对于线条的方向。
- “着色”：与设置散点画笔和图案画笔中的“着色”相同，在此不再详述。
- “选项”：包含“横向翻转”和“纵向翻转”，改变图案相对于路径的方向以及“重叠”选项。

全部设置完成后，单击“确定”按钮，新建的艺术画笔便自动储存于“画笔”面板内。

（5）修改画笔

如果对面板中的画笔不满意，需要修改，只需要双击所选中的笔刷，就会自动弹出相应的画笔选项对话框，可以通过改变选项内的设置来修改画笔。

如果绘制区内已经使用了此笔刷，便会弹出一个提示框，如图 1-4-9 所示。

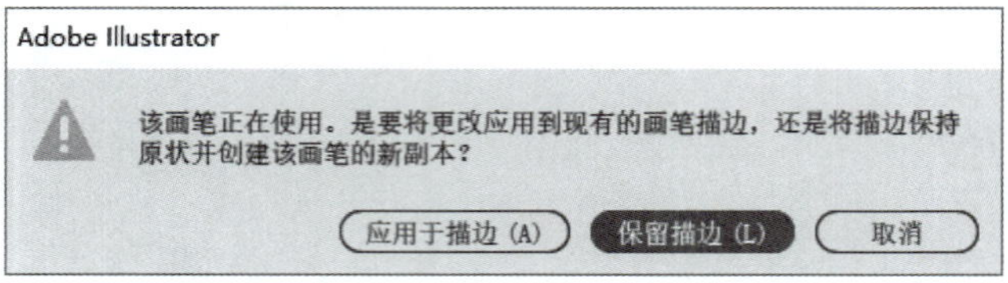

图 1-4-9　“画笔更改警告”提示框

单击“应用于描边”按钮，可以将修改后的笔刷应用于原有路径当中。

单击“保留描边”按钮，绘图区内的笔刷路径不会改变，而以后再使用此笔刷时，便是修改后的效果。

单击“取消”按钮，将会取消对笔刷的修改。

（6）删除笔刷

如果要删除笔刷，只需要选中要删除的笔刷，单击“画笔”面板中右下角的“删除画笔”按钮，即可将选中笔刷删除。配合 Shift 键或 Ctrl 键使用，可以一次删除多个笔刷。

如果要删除使用不到的画笔，可以单击“画笔”面板右上角的扩展按钮，弹出一个下拉菜单，选择“选择所有未使用的画笔”命令，然后单击“删除画笔”按钮，弹出删除画笔警告提示框，单击“是”按钮，即可将未使用的画笔删除。

如果要删除已经在绘图区使用的笔刷，删除时会弹出如图 1-4-10 所示的提示框。

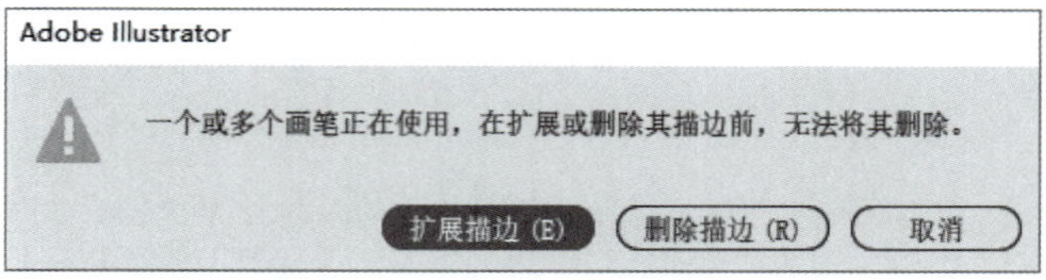

图 1-4-10　删除画笔警告提示框

单击“扩展描边”按钮，绘图区中使用到此笔刷的路径将转变为笔刷的原始图形状态。

单击“删除描边”按钮，将以边框线的颜色代替路径中此笔刷的绘制效果。

单击“取消”按钮，表示取消此项操作。

（7）移去画笔

一般情况下，在使用画笔路径时，默认状态下会自动将“画笔”面板内的画笔效果添加到绘制的路径上，如果不想使用任何效果，可以单击“画笔”面板右上角的面板菜单按钮，在弹出的下拉菜单中选择“移去画笔描边”命令，便可移去路径上的画笔效果。

任务 1　绘制翠竹

任务描述

“铅笔工具”是 Illustrator 中绘制线条的工具，“旋转工具”和“路径查找器”都可以改变路径外形，本任务就是使用这些工具绘制翠竹，效果如图 1-4-11 所示。

微课

绘制翠竹

图 1-4-11　翠竹效果

设计要点

1. 竹叶的绘制。使用“矩形工具”绘制矩形，用“添加锚点工具”在矩形上方中点处添加锚点，形成三角形，将三角形和“椭圆工具”绘制的椭圆形通过“路径查找器”的“联集”功能合并在一起，然后用“铅笔工具”绘制叶脉。

2. 竹节的绘制。绘制矩形，执行“效果”→“扭曲和变换”→“扭拧”命令完成竹节接口。

任务实施

步骤 1　启动 Illustrator CC 2018，执行“文件”→“新建”命令，新建一个名称为“翠竹”，宽度为 220 mm、高度为 180 mm 的 RGB 图形文件。

步骤 2　在工具箱中设置填充色为深绿色(R0，G105，B52)，描边为黑色(R0，G0，B0)，然后使用“椭圆工具”绘制一个椭圆形。在“属性”面板中设置描边宽度为 3 pt，如图 1-4-12 所示。

步骤 3　使用“直接选择工具”选中椭圆形上部的节点，连续按“↑”键 35 次，移动该节点，得到如图 1-4-13 所示的图形。

图 1-4-12　绘制椭圆形

图 1-4-13　拉伸椭圆形

步骤 4　选取“矩形工具”绘制一个矩形，用“添加锚点工具”在矩形上方中点处添加锚点。选取“删除锚点工具”将矩形上边的左、右两个顶点删除，得到如图 1-4-14 所示的等腰三角形。使用“选择工具”调整此三角形的大小，使其与之前绘制的椭圆形平滑地连接在一起。

步骤 5　将三角形与椭圆形按图 1-4-15 所示的位置叠放在一起，然后同时选定三角形与椭圆形，单击“路径查找器”面板中的“联集”按钮，将它们合并成一个图形。旋转叶片，得到如图 1-4-16 所示的叶片。

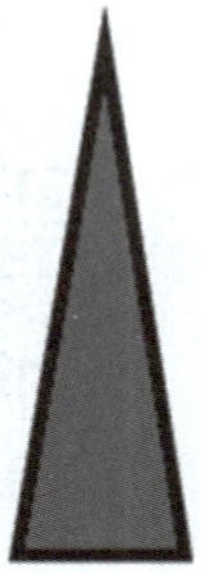
图 1-4-14　绘制三角形

图 1-4-15　组合对象

图 1-4-16　旋转对象

步骤 6　在“属性”面板中设置描边宽度为 1 pt，在工具箱中选取“铅笔工具”，用手绘的方法在叶片上绘制出叶脉，效果如图 1-4-17 所示。

步骤 7　选中绘制好的竹叶，在按住 Alt 键的同时，用鼠标拖动竹叶图形，复制出多个竹叶的副本，分别调整其位置和大小，然后将它们排列组合，效果如图 1-4-18 所示。选中所有竹叶，单击鼠标右键，选择“编组”选项，将它们组合。按下“Ctrl＋C”快捷键和“Ctrl＋V”快捷键，复制出多簇不同的竹叶备用。

步骤 8　在工具箱中设置填充色为黄绿色(R141，G194，B31)，描边为黑色，描边宽度为 5 pt，选取“矩形工具”绘制一组不同大小的矩形，如图 1-4-19 所示。

图 1-4-17　绘制叶脉

图 1-4-18　组合成一簇竹叶

图 1-4-19　绘制一组大小不同的矩形

步骤 9　选中一个矩形，选择“效果”→“扭曲和变换”→“扭拧”命令，打开“扭拧”对话框，按图 1-4-20 所示设置参数，单击“确定”按钮，应用效果。重复此操作，设置不同的参数，效果如图 1-4-21 所示。

步骤 10　将变换后的对象竖直排列，每一个对象作为翠竹的一节，然后单击“对齐”面板中的“水平居中对齐”按钮，这样竹茎就绘制好了，效果如图 1-4-22 所示。

步骤 11　将竹叶和竹茎组合成竹子，适当调整比例，单击鼠标右键，选择“编组”选项，将它们组合，效果如图 1-4-23 所示。

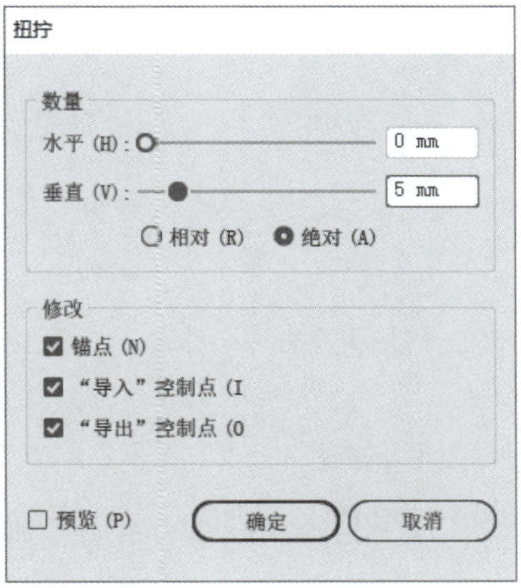

图 1-4-20　“扭拧”对话框

图 1-4-21　应用后效果

图 1-4-22　竹茎

图 1-4-23　组合对象

步骤 12　使用“Ctrl+C”快捷键和“Ctrl+V”快捷键复制出几个副本，调整好几个副本的大小及位置，完成整个图案的制作，最终效果如图 1-4-11 所示。

任务 2　制作麦穗徽标

任务描述

“画笔工具”是 Illustrator 中绘制特殊线条的工具，图案画笔是其中一种独特的画笔，本任务就是使用“图案画笔工具”和“基本绘图工具”绘制一个麦穗徽标，效果如图 1-4-24 所示。

图 1-4-24　麦穗徽标

微课

制作麦穗徽标

设计要点

选项的设置。“图案画笔工具”对话框中共有 5 个选项，可以为符号框选择适当的图案色板，从而定义画笔工具。

任务实施

步骤 1　启动 Illustrator CC 2018，执行“文件”→“新建”命令，创建一个高度、宽度均为 200 mm 的 CMYK 图形文件。

步骤 2　使用“钢笔工具”绘制一个花瓣状的图形，如图 1-4-25 所示。

步骤 3　在“颜色”面板中设置填充色的 CMYK 值(C32，M65，Y100，K0)，设置轮廓为无色，图形填充效果如图 1-4-26 所示。

步骤 4　按住 Alt 键，使用“选择工具”水平向右拖曳花瓣，将其复制一个，然后在“颜色”面板中更改填充色为(C15，M45，Y73，K0)，复制图形效果如图 1-4-27 所示。

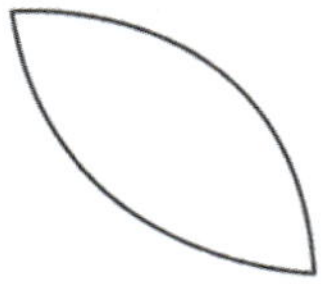

图 1-4-25　绘制的花瓣状图形

图 1-4-26　图形填充效果

图 1-4-27　复制图形效果

步骤 5　同时选取两个花瓣图形，单击鼠标右键，选择“变换”→“对称”命令，在弹出的“镜像”对话框中，按图 1-4-28 所示设置参数。单击“复制”按钮，对称复制出一组图形，向下调整它们的位置，效果如图 1-4-29 所示。

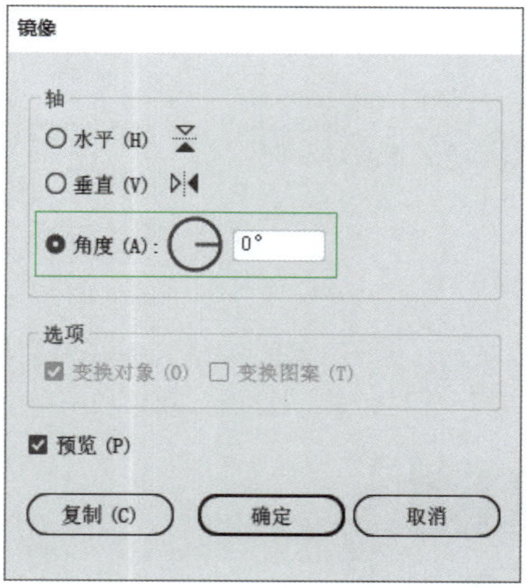

图 1-4-28　“镜像”对话框

图 1-4-29　调整图形位置

步骤 6　将下方两个花瓣的图形颜色互换，效果如图 1-4-30 所示。

步骤 7　使用“矩形工具”绘制一个水平的矩形，在“颜色”面板中设置填充色的 CMYK 值(C22，M60，Y100，K0)，并将其排列到最底层，图形效果如图 1-4-31 所示。

图 1-4-30　互换图形颜色

图 1-4-31　图形效果(1)

步骤 8　使用“矩形工具”绘制一个正方形，并将其排列在最底层，然后调整其大小和位置，使其完全包容花瓣图形，如图 1-4-32 所示。在“外观”面板中设置正方形的填充色、描边均为无色。

步骤 9　选择菜单栏中的“窗口”→“色板”命令，打开“色板”面板。选取绘制的所有图形，将它们拖曳到“色板”面板中，则在色板中添加了一个新的图案色板，如图 1-4-33 所示。

图 1-4-32　绘制的正方形

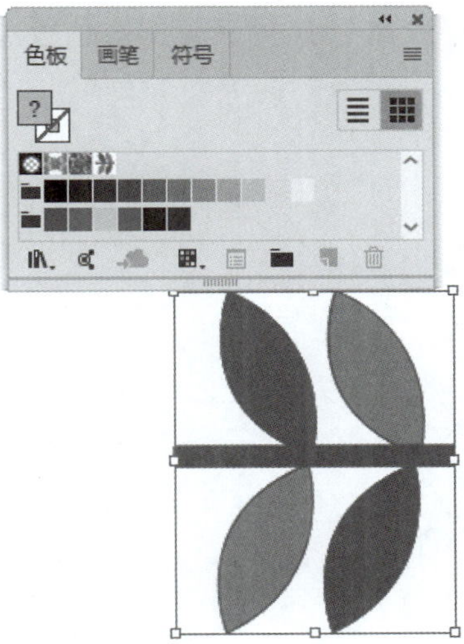

图 1-4-33　添加的图案色板(1)

步骤 10　复制一个深颜色的花瓣图形、矩形和正方形，并调整好大小和位置关系，如图 1-4-34 所示。

步骤 11　参照刚才的操作方法，同时选取三个图形，将它们添加到“色板”面板中，则得到“新建图案色板 2”，如图 1-4-35 所示。

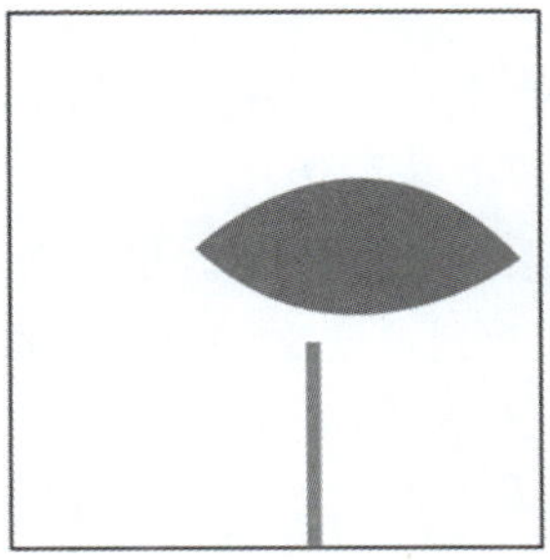

图 1-4-34　复制的图形(1)

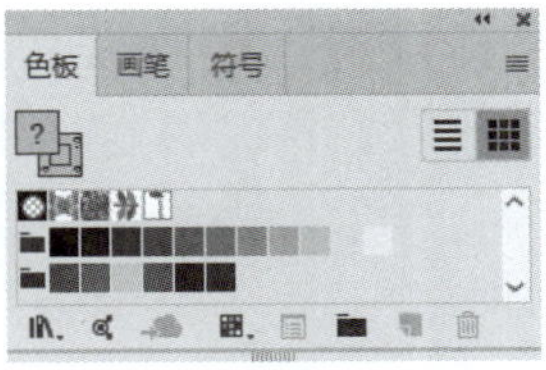

图 1-4-35　添加的图案色板(2)

步骤 12　删除“新建图案色板 2”中的矩形，得到如图 1-4-36 所示的效果，将其添加到“色板”面板中，则得到“新建图案色板 3”，如图 1-4-37 所示。

步骤 13　单击“画笔”面板右上角的扩展按钮，在打开的下拉菜单中选择“新建画笔”命令，在弹出的“新建画笔”对话框中选择“图案画笔”选项，如图 1-4-38 所示。

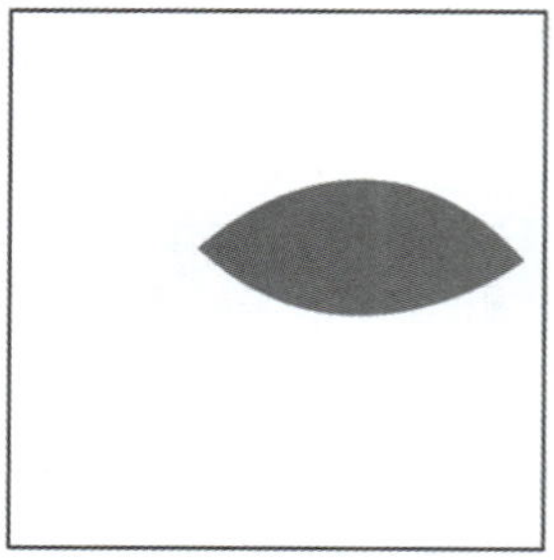

图 1-4-36　图形效果（2）

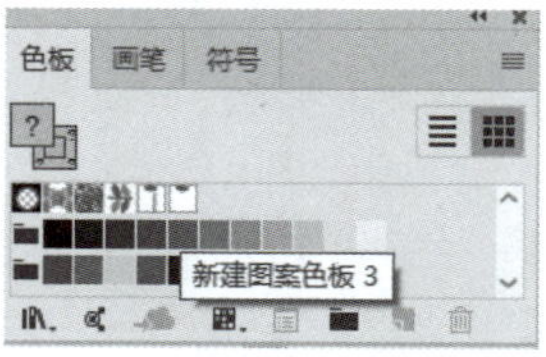

图 1-4-37　添加的图案色板（3）

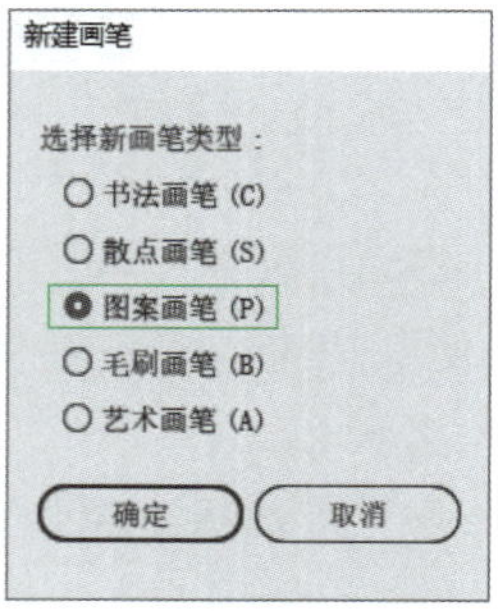

图 1-4-38　“新建画笔”对话框（2）

步骤 14　单击“确定”按钮，则弹出“图案画笔选项”对话框，单击“边线拼贴”符号框，在弹出的下拉列表中选择“新建图案色板 1”，如图 1-4-39 所示。

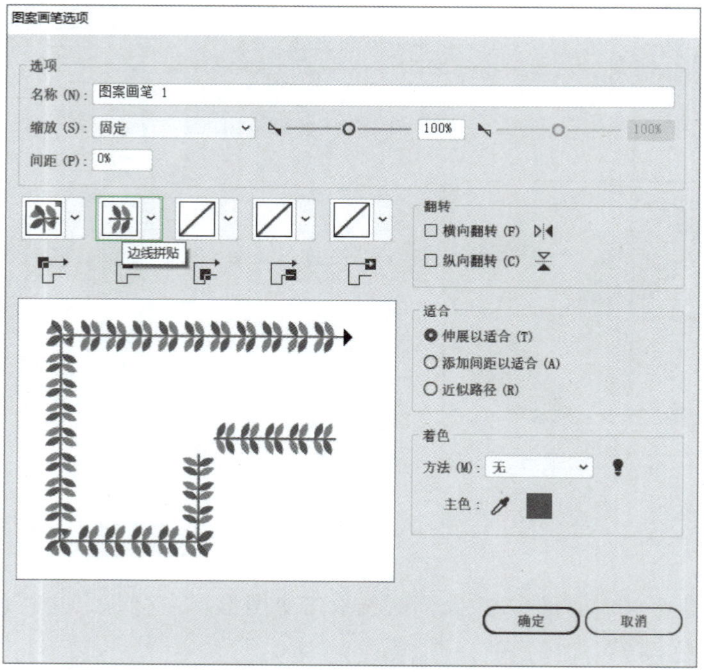

图 1-4-39　“图案画笔选项”对话框（2）

步骤 15　单击“外角拼贴”符号框，在弹出的下拉列表中选择“新建图案色板 2”，如图 1-4-40 所示；单击“内角拼贴”符号框，在弹出的下拉列表中选择“新建图案色板 3”；单击“起点拼贴”符号框，在下方的列表中选择“新建图案色板 3”。单击“确定”按钮，则完成了自定义图案画笔的设置，在“画笔”面板中可以看到自定义的“图案画笔 1”，如图 1-4-41 所示。

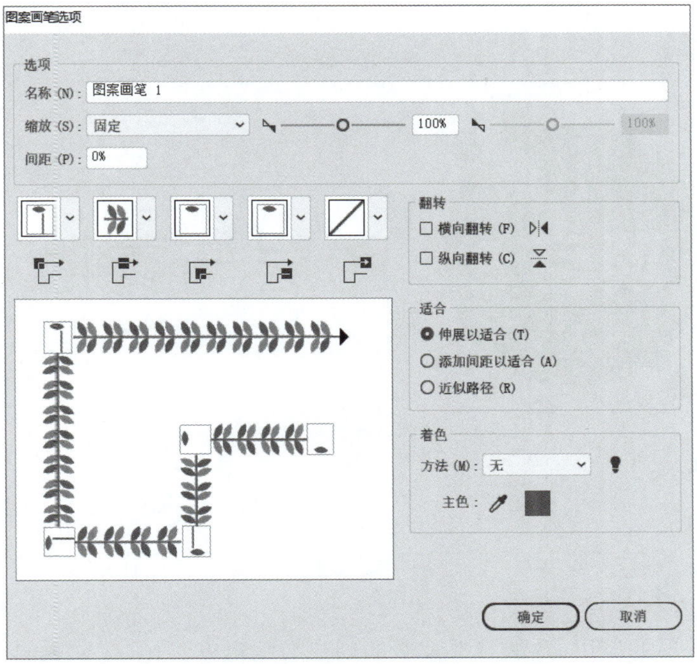

图 1-4-40 “图案画笔选项”对话框(3)

步骤 16 打开本书配套资源“模块 1\项目 4\素材”文件夹中的“徽标. ai”文件，将其中的图形复制到当前的文件中，如图 1-4-42 所示。

步骤 17 选取左侧的路径，在“画笔”面板中单击“图案画笔 1”，则得到如图 1-4-43 所示的图案画笔描边效果；再选取右侧的路径并应用相同的图案画笔，得到最终效果，如图 1-4-24 所示。

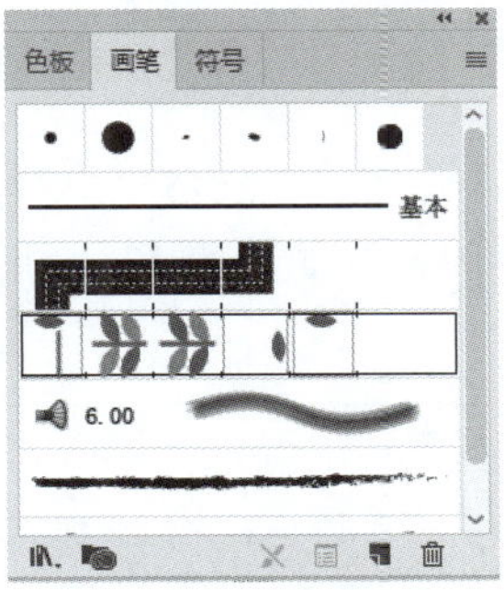

图 1-4-41 “画笔”面板

图 1-4-42 复制的图形(2)

图 1-4-43 图案画笔描边效果

项目5 图层与蒙版

能力目标

熟练掌握图层的应用；熟练掌握蒙版的创建与编辑方法；掌握蒙版的应用。

知识目标

了解图形填充的方法；认识“图层”面板；图层的创建与编辑；创建与编辑蒙版。

职业素养

在 Illustrator 中，图形的绘制离不开不同图层之间的配合。本任务的学习，可以在提高学生绘图技巧的同时，培养学生认真钻研、不怕失败、坚持不懈的良好品质。

知识准备

在 Illustrator CC 2018 中新建一个文档后，系统会自动在“图层”面板中生成一个图层。Illustrator CC 2018 的图层是透明的，就好像一张张透明拷贝纸，在每张拷贝纸上绘制不同的图形，重叠在一起便得到一幅完整的作品。用户可以根据需要来创建图层。当创建图层后，可以使用“图层”面板在不同图层之间进行切换、复制、合并、排序等操作。执行“窗口”→“图层”命令(快捷键为 F7)，弹出“图层”面板，如图 1-5-1 所示，其中各项的含义如下：

- 单击图层名称左侧的按钮 ›，可以展开该图层，在该图层下方将显示出其子图层，如图 1-5-2 所示为展开图层后的效果。
- 单击某图层左侧的眼睛图标，若使眼睛图标消失，则该图层中的图像将被隐藏；再次单击可以使眼睛图标显示出来，同时该图层中的图像也将显示出来。

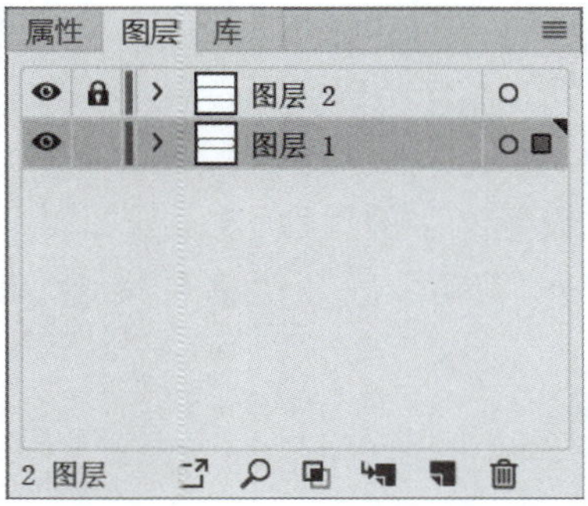

图 1-5-1 “图层”面板

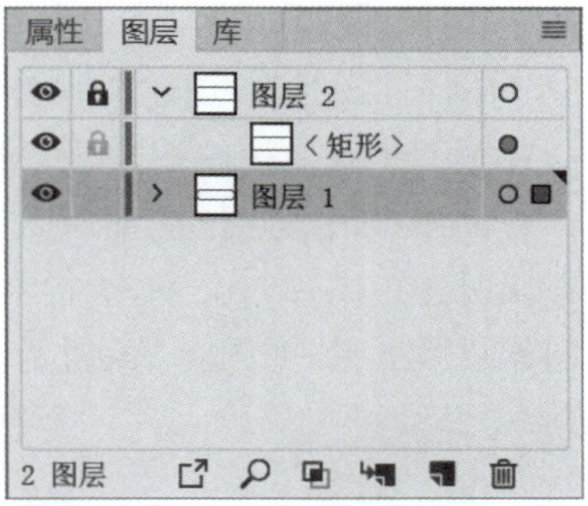

图 1-5-2 展开图层后的效果

●图层名称深色显示，表示该图层为当前操作的图层。

●单击某图层左侧的锁形图标，若使该图标消失，则该图层中的图像将解除锁定；再次单击可以使锁形图标显示出来，同时锁定该图层中的图像。

●单击“建立/释放剪切蒙版”按钮，可以在当前图层上创建或释放一个蒙版。

●单击“创建新子图层”按钮，可以在当前图层中新建一个子图层。

●单击“创建新图层”按钮，可以在当前图层上方新建一个图层。

●单击“删除所选图层”按钮，可以将选中的图层删除。

1. 图层的创建与编辑

单击“图层”面板右上角的按钮，弹出其面板菜单，如图 1-5-3 所示，从中可以对图层进行各项操作。

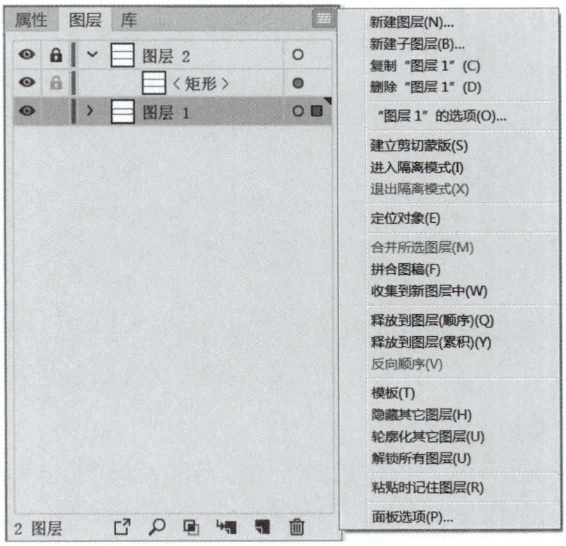

图 1-5-3 “图层”面板菜单

2. 蒙版的创建

使用蒙版可以遮挡其下层图形的部分或全部图形，在 Illustrator CC 2018 中，无论是单一路径、复合路径，还是群组对象或文本对象都可以用来创建蒙版，创建为蒙版后的对象会自动群组在一起。

(1)创建文本剪切蒙版

使用文本与图形(或图像)创建文本剪切蒙版的操作步骤如下:

步骤 1　在页面中置入一幅图片,如图 1-5-4 所示。

步骤 2　在页面中的适当位置输入文字,并设置文字的属性,效果如图 1-5-5 所示。

步骤 3　同时选中图片与文字,执行“对象”→“剪切蒙版”→“建立”命令(其快捷键为“Ctrl+7”)创建蒙版效果,如图 1-5-6 所示。

图 1-5-4　置入图片(1)

图 1-5-5　输入文字(1)

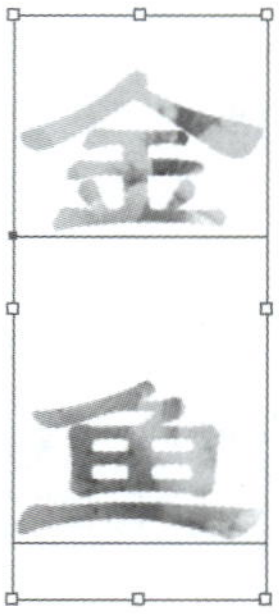

图 1-5-6　文本剪切蒙版的效果

步骤 4　选中文字,执行“文字”→“创建轮廓”命令,将文字转化为图像,效果如图 1-5-7 所示。

步骤 5　使用“锚点工具”和“直接选择工具”调整锚点的位置,改变文字图形的形状,效果如图 1-5-8 所示。

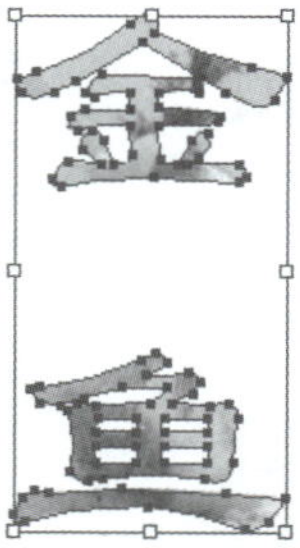

图 1-5-7　创建轮廓

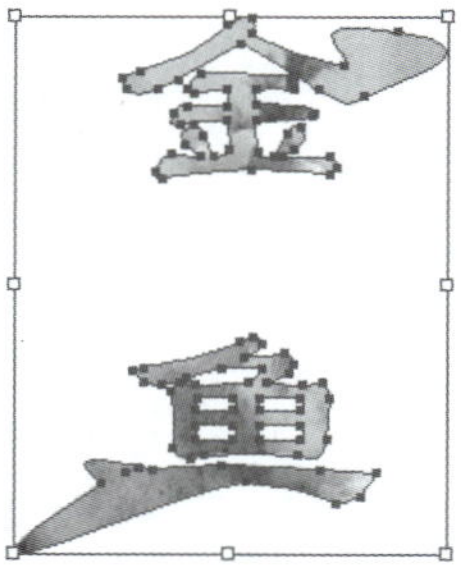

图 1-5-8　调整锚点

注意:选中要创建蒙版的图片和文字,单击“图层”面板右上角的扩展按钮 ≡,从弹出的面板菜单中选择“建立剪切蒙版”命令,也可以创建蒙版。

(2)创建图形剪切蒙版

在 Illustrator CC 2018 中,可以使用图形、复合路径和图形或图像创建蒙版,下面介绍创建图形剪切蒙版的操作步骤。

步骤 1　执行“文件”→“打开”命令,打开一张图片,调整其大小,如图 1-5-9 所示。

步骤 2　在页面中分别绘制一个矩形和一个椭圆形,调整两者的位置和大小,使矩形完全覆盖图片,效果如图 1-5-10 所示。

步骤 3　同时选中矩形和椭圆形并右击,在快捷菜单中选择“建立复合路径”命令,将其创建为复合路径,如图 1-5-11 所示。

图 1-5-9　打开图片

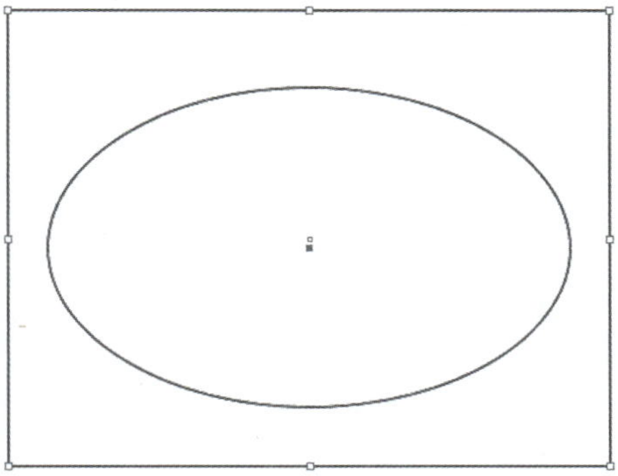

图 1-5-10　绘制图形

步骤 4　同时选中复合路径和图片，单击工具箱中的“水平居中对齐”按钮和“垂直居中对齐”按钮，将这两个对象居中对齐，效果如图 1-5-12 所示。

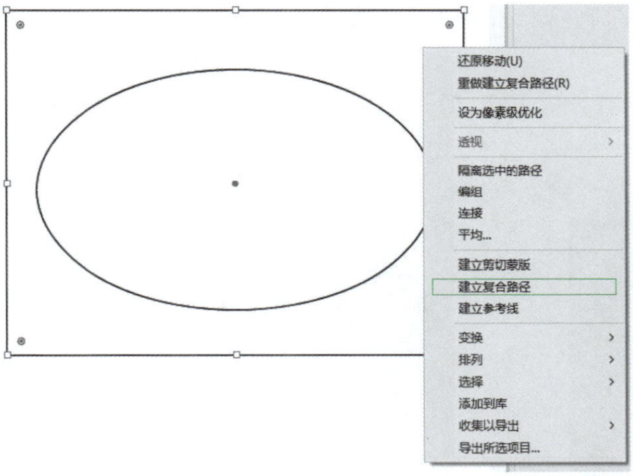

图 1-5-11　选择“建立复合路径”命令

图 1-5-12　居中对齐

步骤 5　右击这两个对象，从弹出的菜单中选择“建立剪切蒙版”命令，如图 1-5-13 所示，即可创建蒙版，效果如图 1-5-14 所示。

图 1-5-13　选择“建立剪切蒙版”命令(1)

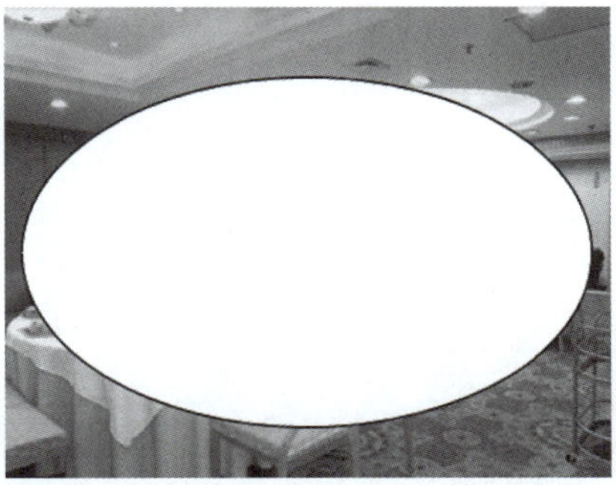

图 1-5-14　创建蒙版

步骤 6　执行“文件”→“置入”命令，置入一幅图片并调整其大小，如图 1-5-15 所示。

步骤 7　执行“对象”→“排列”→“置于底层”命令，将其排列到最底层，然后调整其位置，效果如图 1-5-16 所示。

图 1-5-15　置入图片(2)

图 1-5-16　调整位置后的效果

3. 蒙版的编辑

在 Illustrator CC 2018 中，可以同时将一个或多个图形或图像设为蒙版对象，这样在创建剪切蒙版后，蒙版内可以显示一个或多个图形或图像，下面介绍如何编辑剪切蒙版。

步骤 1　在页面中置入一幅图片，在图片中绘制一个多边形，同时选中多边形和图片，如图 1-5-17 所示。

步骤 2　执行“对象”→“剪切蒙版”→“建立”命令，创建剪切蒙版，如图 1-5-18 所示。

图 1-5-17　选中对象

图 1-5-18　创建剪切蒙版的效果(1)

步骤 3　执行“文件”→“置入”命令，在页面中再次置入一幅图片，如图 1-5-19 所示。

步骤 4　执行“编辑”→“剪切”命令，将图像剪切，使用“直接选择工具”，选中页面中被蒙版的对象。

步骤 5　执行“编辑”→“贴在前面”命令，可以将剪切的图像放置到被蒙版对象的前方，最后调整其位置，效果如图 1-5-20 所示。

图 1-5-19　置入图片(3)

图 1-5-20　添加对象到蒙版中

任务 1　制作宠物杂志封面

任务描述

蒙版可以遮挡其下层图形的部分或全部图形。本任务就是利用图层和蒙版来制作宠物杂志封面。效果如图 1-5-21 所示。

图 1-5-21　宠物杂志封面

设计要点

1. 背景制作。新建图层，选择并置入作为背景的图片，调整图片的大小和位置，调整好以后锁定背景层。

2. 蒙版的使用。绘制的矩形在倾斜后会在封面上和左侧形成突出的三角形，想要得到完整的封面效果，使用图形蒙版将所需要的部分露出即可。

任务实施

这是一个宠物相册，是主人用于欣赏宠物照片的，因此封面设计相对简单得多，体现出可爱，又有一些专业杂志的效果就可以了。选择用黄色和少量的白色与绿色的照片搭配。杂志封面的标题要体现主题，所以要大一点，一般放在正上方。但是本图上方的位置不多，所以可以往右移一些。

微课

制作宠物杂志封面

步骤 1　启动 Illustrator CC 2018，执行“文件”→“新建”命令，新建一个名称为“宠物杂志”，大小为 A4 的 CMYK 图形文件。新建一个图层，命名为“背景”，如图 1-5-22 所示，再置入一张图片，如图 1-5-23 所示。

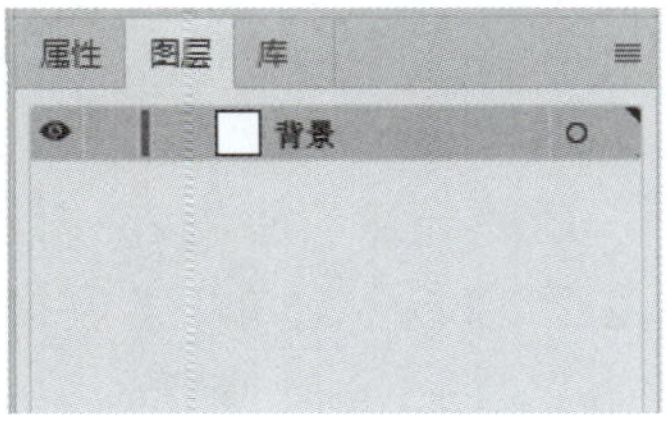

图 1-5-22　新建“背景”图层

图 1-5-23　置入图片(4)

步骤 2　选择“文字工具”，在页面中输入文字，并对文字设置字体和颜色(C1，M16，Y100，K0)，如图 1-5-24 所示。在文字上右击，在快捷菜单中选择“变换”→“倾斜”命令，在弹出的对话框中设置倾斜角度为 15°，如图 1-5-25 所示。

图 1-5-24　输入文字(2)

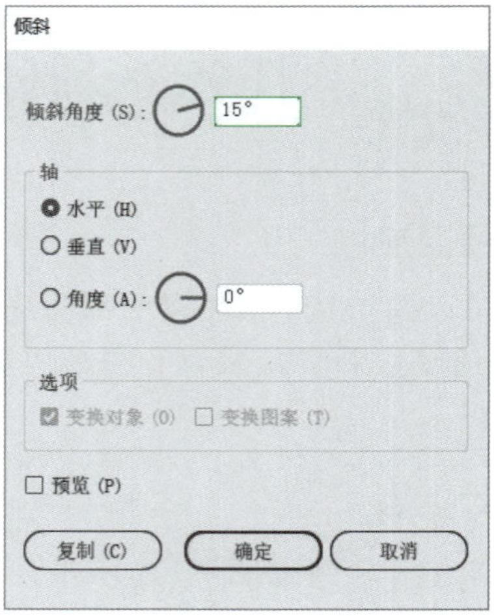

图 1-5-25　设置倾斜角度

步骤 3　这样从构图上就舒服了很多，如果有兴趣，还可以对字体做一些特殊处理，这里加了“正片叠加”风格化处理，效果如图 1-5-26 所示。然后还可以在下方加一些小标题和目录文字，效果如图 1-5-27 所示。

步骤 4　新建图层“插图”，在封面左上角绘制两条斜线，调整位置，组合成如图 1-5-28 所示的图形。

图 1-5-26　对文字进行处理

图 1-5-27　添加小标题

图 1-5-28　绘制斜线

步骤 5　在页面中输入一段文字，再用“矩形工具”绘制一个矩形，描边设为无，如图 1-5-29 所示。移动文字和矩形的位置，编组为一个图形，效果如图 1-5-30 所示。

图 1-5-29　绘制矩形

图 1-5-30　合并矩形与文字

步骤 6　旋转合并的图形，并放置在封面上方，调整到适当位置，如图 1-5-31 所示。在“图层”面板中选中“背景”和“插图”图层，单击“图层”面板右上角的扩展按钮≡，在打开的菜单中执行“合并所选图层”命令，让两个图层合并，如图 1-5-32 所示。

步骤 7　在封面上绘制矩形，填充和描边设为无，如图 1-5-33 所示，单击“图层”面板右上角的扩展按钮≡，在打开的菜单中执行“建立剪切蒙版”命令生成蒙版，最终的效果如图 1-5-21 所示。

图 1-5-31 调整合并图形

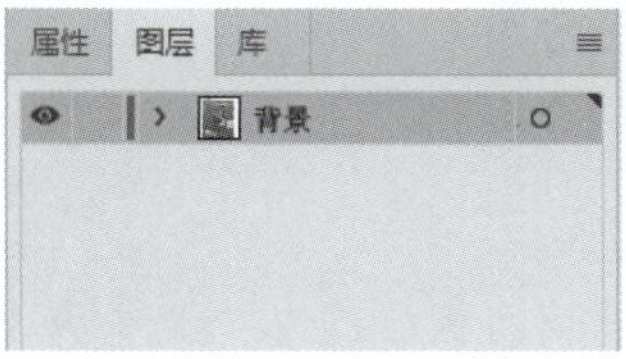

图 1-5-32 合并后的图层

图 1-5-33 绘制矩形(1)

任务 2 制作节日卡片

任务描述

本任务使用“剪切蒙版”、“文字工具”和“混合工具”等制作节日卡片，效果如图 1-5-34 所示。

图 1-5-34 节日卡片

微课

制作节日卡片

设计要点

在本实例的制作过程中，首先使用“符号”面板、“直线段工具”等制作贺卡背景，然后使用“混合工具”、“建立剪切蒙版”命令制作边框，最后输入文字、置入图片创建文本剪切蒙版，得到最终效果。

任务实施

步骤 1 启动 Illustrator CC 2018，执行“文件”→“新建”命令，新建一个名称为“节日卡片”，宽度为 200 mm、高度为 150 mm 的 CMYK 图形文件。选择“矩形工具”，在页面中绘制一个矩形并将填充颜色设为浅蓝色(C40，M0，Y0，K0)，描边设为无，效果如图 1-5-35 所示。

步骤 2 执行“窗口”→“符号库”→“Web 按钮和条形”命令，打开“Web 按钮和条形”面板，如图 1-5-36 所示。

图 1-5-35　绘制矩形(2)

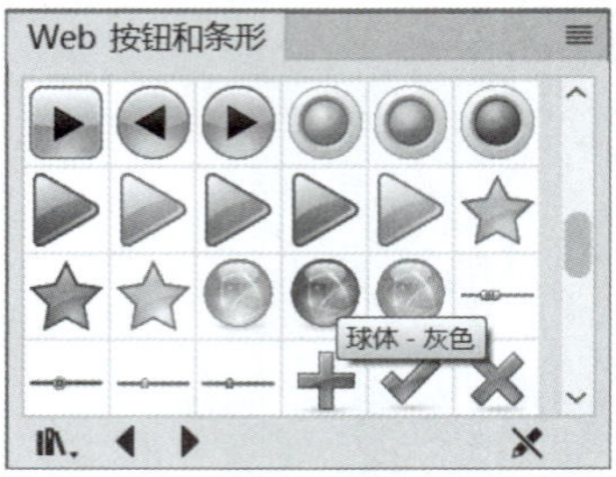

图 1-5-36　“Web 按钮和条形”面板

步骤 3　在“Web 按钮和条形”面板中选中“球体-灰色”符号，将其拖到页面中，并调整其位置和大小，效果如图 1-5-37 所示。

步骤 4　使用同样的方法，在页面中添加多个“球体-灰色”符号实例，调整其位置和大小，效果如图 1-5-38 所示。

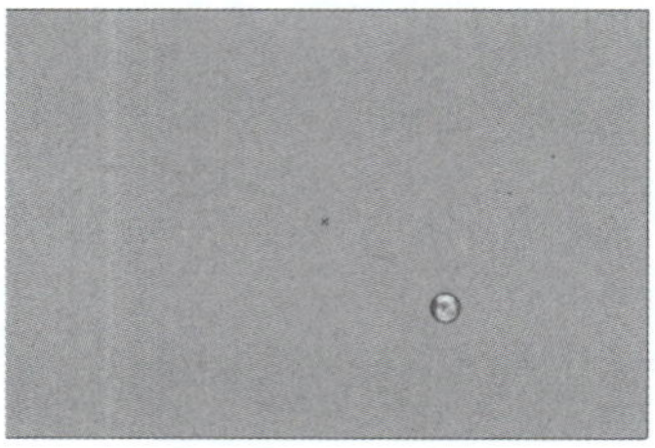

图 1-5-37　添加符号

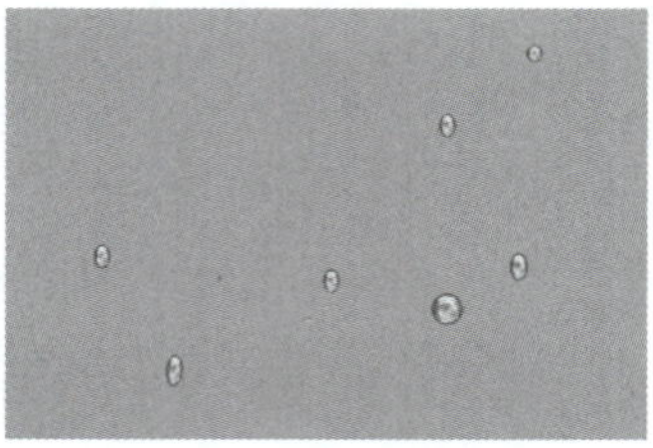

图 1-5-38　添加多个符号

步骤 5　执行“窗口”→“符号库”→“自然”命令，打开“自然”面板，如图 1-5-39 所示。

步骤 6　分别将其中的“植物 1”、“菜地 1”和“草地 3”添加到页面中，并调整其位置和大小，效果如图 1-5-40 所示。

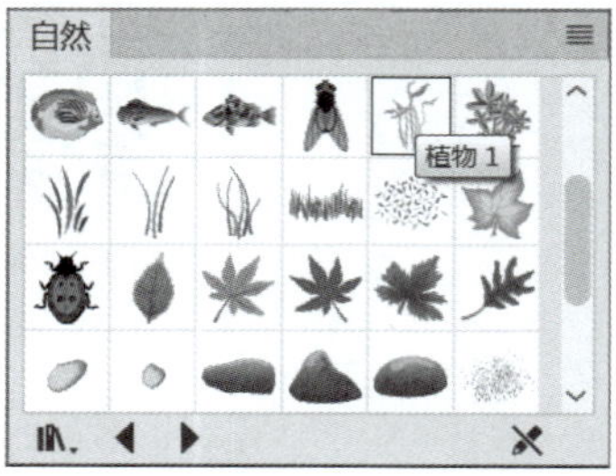

图 1-5-39　“自然”面板

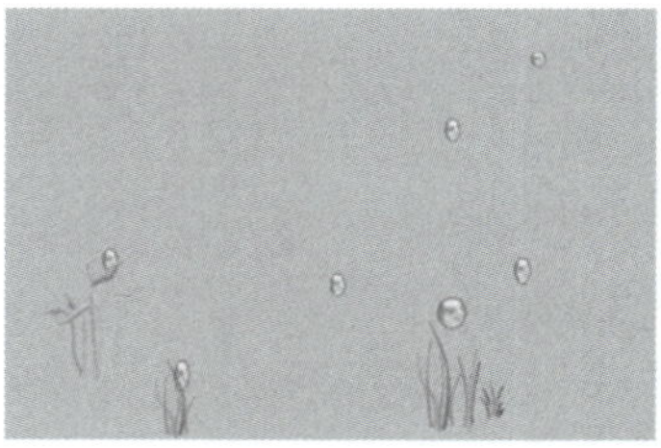

图 1-5-40　再次添加符号

步骤 7　选择“直线段工具”，在页面中绘制一条倾斜的直线，将其描边颜色设为白色，粗细为 0.5 pt，效果如图 1-5-41 所示。

步骤 8　将白色直线复制出多个，分别调整复制后生成的直线的位置，效果如图 1-5-42 所示。

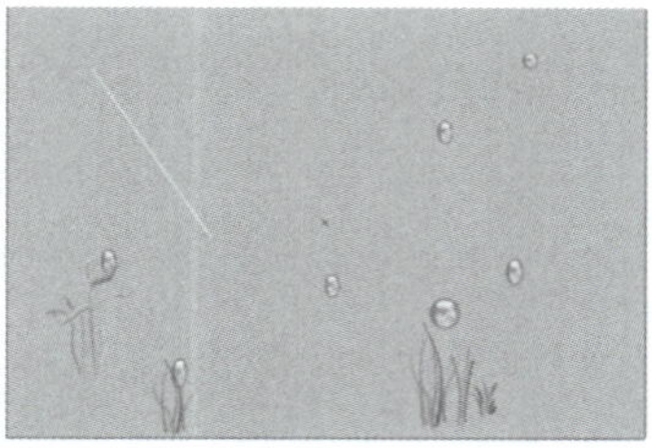

图 1-5-41　绘制直线(1)

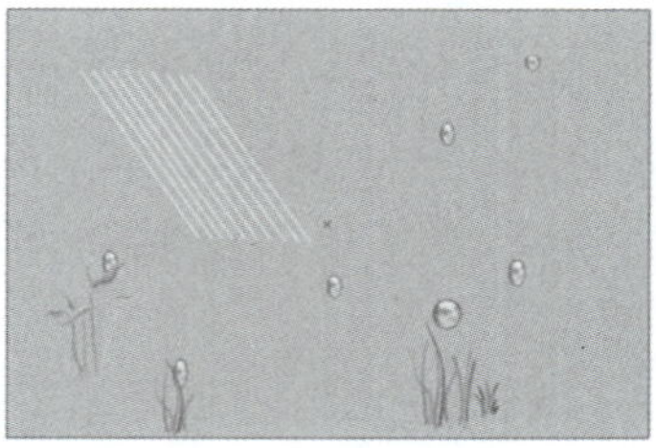

图 1-5-42　复制直线

步骤 9　选择“椭圆工具”，在页面中绘制一个圆形，将其填充颜色设为从白色到蓝色(C70,M15,Y0,K0)的径向渐变，将描边设为无，效果如图 1-5-43 所示。

步骤 10　将圆形复制 3 次，分别调整复制生成的圆形位置，效果如图 1-5-44 所示。

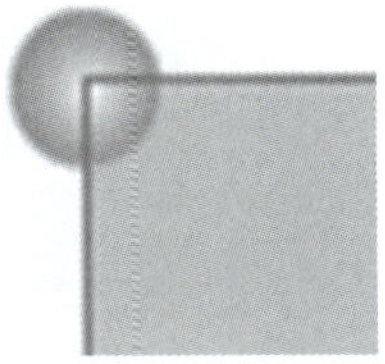

图 1-5-43　绘制圆形

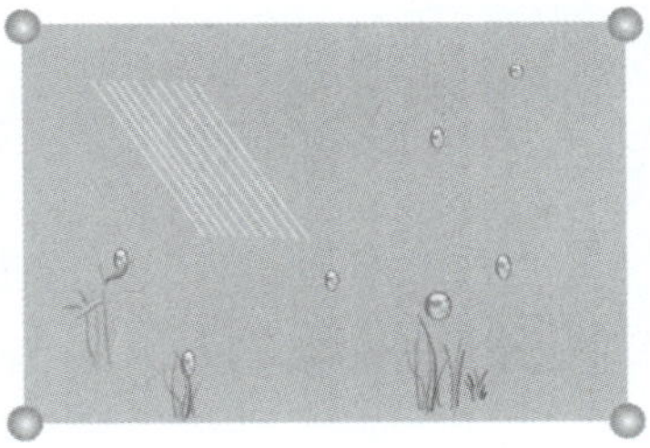

图 1-5-44　复制圆形

步骤 11　选择“混合工具”，分别在 4 个圆形上单击，然后回到起始执行的圆形上再次单击，在这 4 个圆形之间创建混合效果，如图 1-5-45 所示。

步骤 12　选择“矩形工具”，在页面中绘制一个矩形，调整矩形的位置和大小，效果如图 1-5-46 所示。

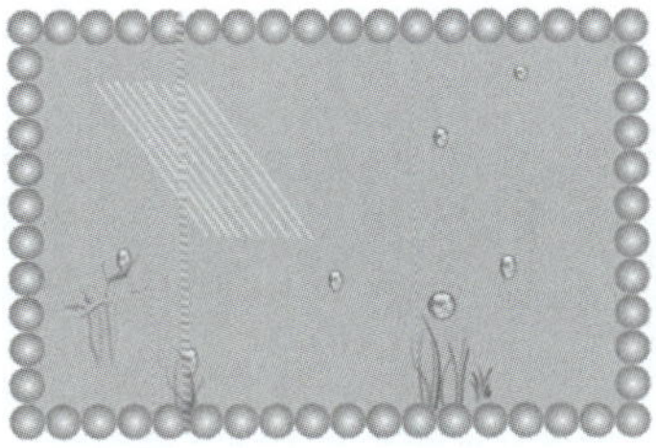

图 1-5-45　创建混合效果

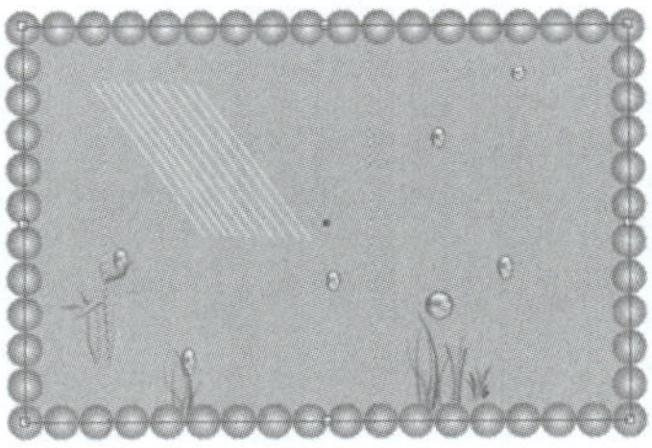

图 1-5-46　绘制矩形(3)

步骤 13　同时选中混合对象和刚才绘制的矩形并右击，从弹出的快捷菜单中选择“建立剪切蒙版”命令，创建剪切蒙版，并把当前图片置于底层，效果如图 1-5-47 所示。

步骤 14　执行“文件”→“置入”命令，在页面中置入一幅图片并调整其大小，效果如图 1-5-48 所示。

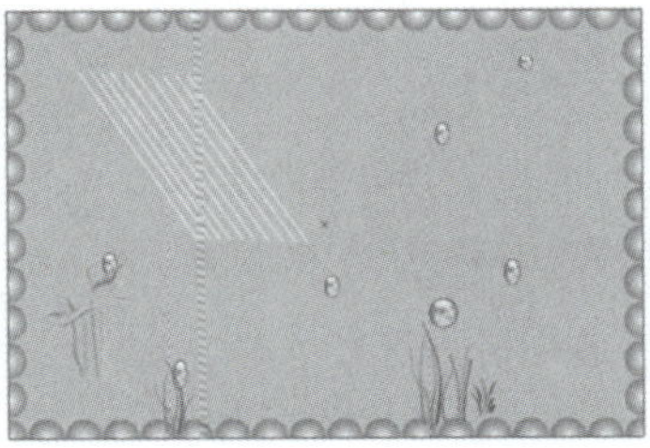

图 1-5-47　创建剪切蒙版的效果(2)

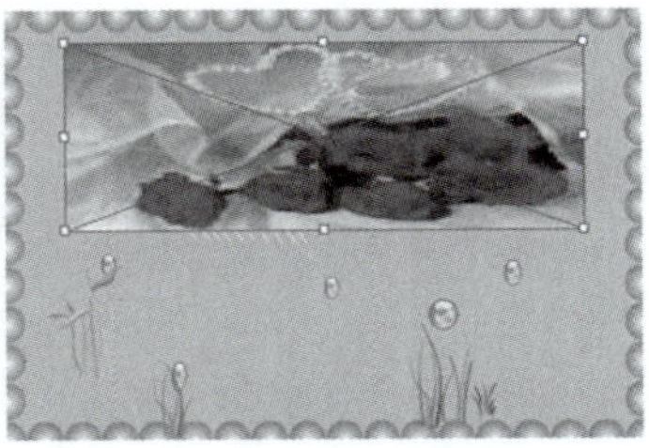

图 1-5-48　置入图片(5)

步骤 15　选择“文字工具”，在页面中输入文字，设置文字为隶书，120 pt，效果如图 1-5-49 所示。

步骤 16　同时选中置入的图片和文字并右击，从弹出的菜单中选择“建立剪切蒙版”命令，如图 1-5-50 所示，创建剪切蒙版，效果如图 1-5-51 所示。

图 1-5-49　输入文字(3)

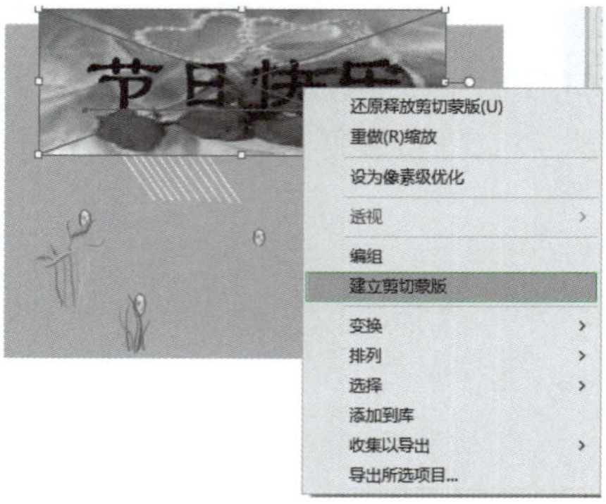

图 1-5-50　选择“建立剪切蒙版”命令(2)

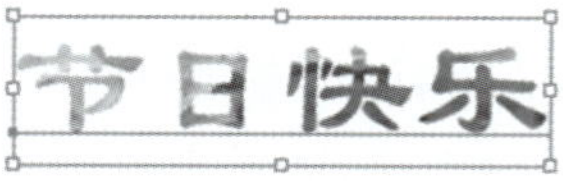

图 1-5-51　创建剪切蒙版的效果

步骤 17　将创建剪切蒙版后的文字调整到适当位置，得到最终效果，如图 1-5-34 所示。

任务 3　绘制足球

任务描述

本任务运用变形的知识，进一步运用蒙版的各项功能绘制逼真的足球图形，效果如图 1-5-52 所示。

微课

绘制足球

图 1-5-52　足球图形

设计要点

1. 绘制足球图形。运用“多边形工具”和“旋转工具”绘制足球的外形，运用封套扭曲对图形进行变形，再利用蒙版制作出立体效果。

2. 绘制背景和阴影。运用“椭圆工具”绘制同心的两个椭圆形，运用“效果”下的模糊功能，制作出阴影效果。

任务实施

步骤 1　执行“文件”→“新建”命令，新建一个名称为“足球”，宽度和高度均为 200 mm 的 CMYK 图形文件。绘制一个正五边形，并填充为黑色，如图 1-5-53 所示。

步骤 2　在正五边形下面添加一条直线，长度约为正五边形边长的两倍。使两个图形对齐，并将这两个元素编组，效果如图 1-5-54 所示。

步骤 3　按住 Alt 键，并使用“旋转工具”在线末端单击，弹出“旋转”对话框，如图 1-5-55 所示。设置旋转角度为 72°，单击“复制”按钮，连续按“Ctrl＋D”快捷键，产生效果如图 1-5-56 所示。

图 1-5-53　绘制正五边形

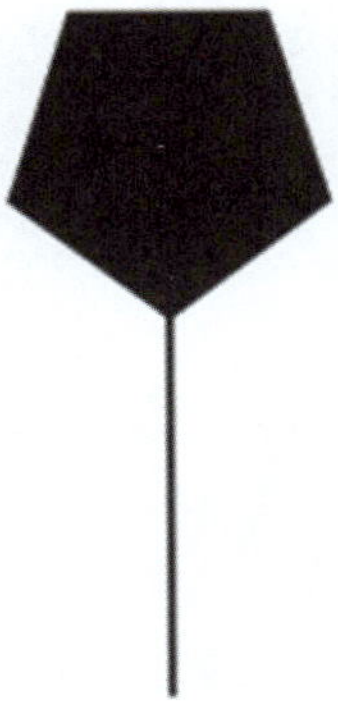

图 1-5-54　绘制直线(2)

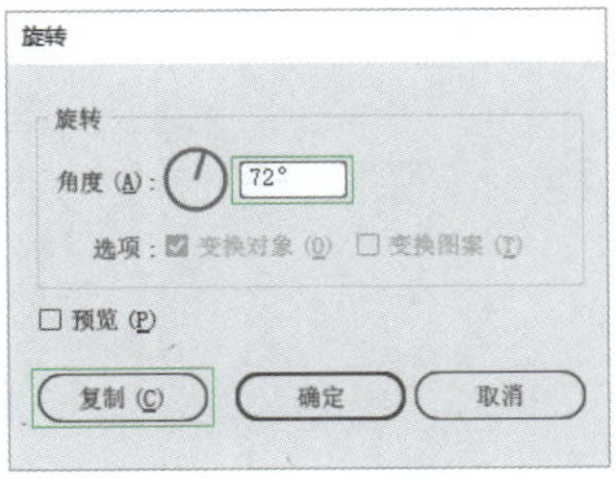

图 1-5-55　“旋转”对话框

步骤 4　在中间添加一个相同大小的正五边形，使五个角正好位于五条直线上，如图 1-5-57 所示。在图形上添加直线段，并将所有元素编组，如图 1-5-58 所示。

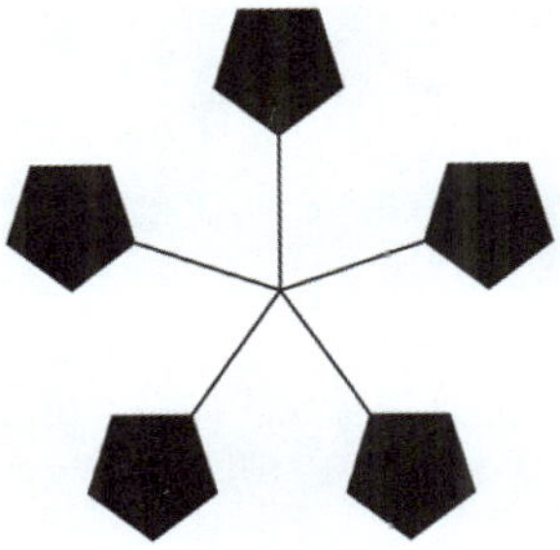

图 1-5-56　旋转效果

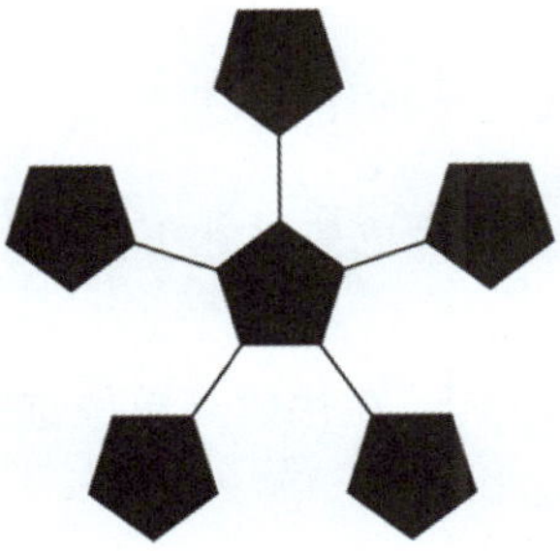

图 1-5-57　添加正五边形

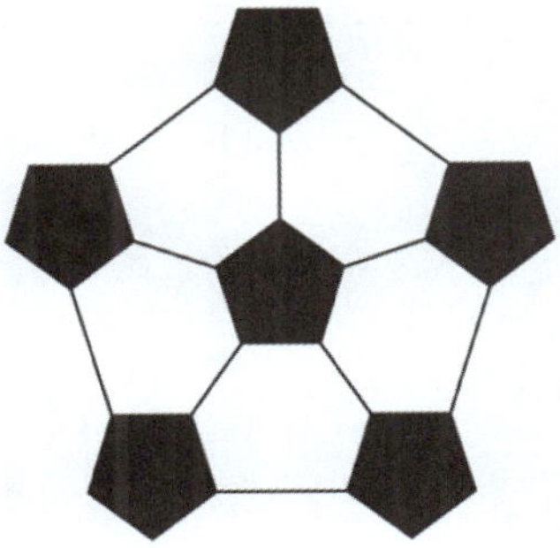

图 1-5-58　编组

步骤 5　在图形的斜上方绘制一个正圆形，如图 1-5-59 所示。执行“对象”→“封套扭曲”→“封套选项”命令，弹出“封套选项”对话框，设置“保真度”为 0，如图 1-5-60 所示。

步骤 6　选取全部图形，执行“对象”→“封套扭曲”→“用变形建立”，设置样式为“鱼眼”，其他设置如图 1-5-61 所示。

步骤 7　调整网格点，夸大变形，使球体有明显的突出感。执行“对象”→“封套扭曲”→“扩展”命令将变形展开。删除外面的圆形对象，效果如图 1-5-62 所示。

图 1-5-59　绘制正圆形

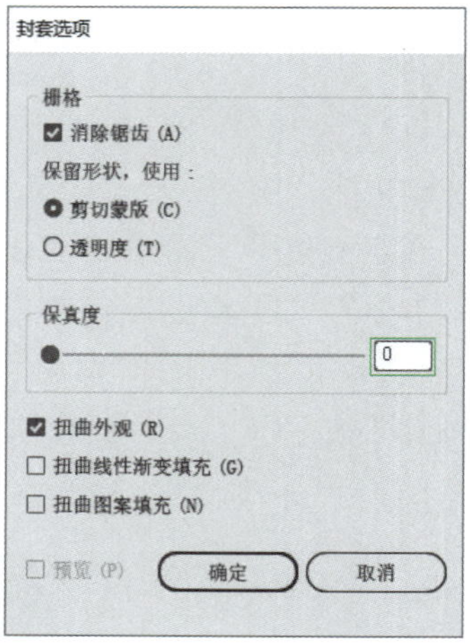

图 1-5-60　“封套选项”对话框

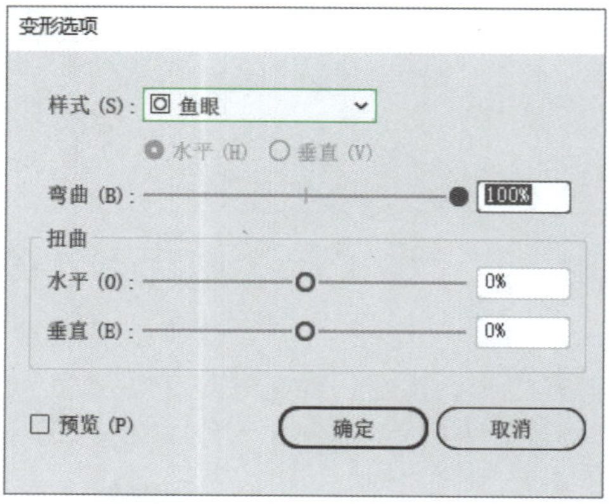

图 1-5-61　添加鱼眼变形

图 1-5-62　扩展球体

步骤 8　绘制一个正圆形作为足球的轮廓，并放置在合适的位置。

注意：作为蒙版的圆形必须在其他图形之上。

步骤 9　选取全部图形元素并右击，在快捷菜单中选择“建立剪切蒙版”命令，建立蒙版图形并加以调整，效果如图 1-5-63 所示。

步骤 10　使用“直接选择工具”选取足球的轮廓路径，填充白色到 65%灰度的径向渐变，制作出立体效果。将所有元素编组，完成足球的绘制，效果如图 1-5-64 所示。

图 1-5-63　建立蒙版

图 1-5-64　足球效果

步骤 11　绘制一个深绿色(C90,M30,Y95,K30)椭圆形作为背景,绘制一个较小的椭圆形作为阴影的基础,填充为复合的黑色,如图 1-5-65 所示。

步骤 12　执行“效果”→“模糊”→“高斯模糊”命令,弹出如图 1-5-66 所示的对话框,设置模糊半径为 15 像素,单击“确定”按钮完成阴影的操作。

图 1-5-65　绘制草坪

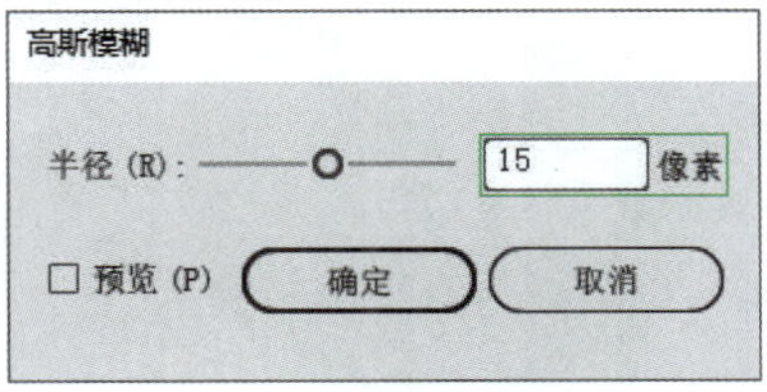

图 1-5-66　“高斯模糊”对话框

步骤 13　将所有元素在合适的位置摆放好,完成整个绘制过程,最终效果如图 1-5-52 所示。

项目 6 符号与混合绘图

能力目标

熟练掌握符号的应用；熟练掌握符号的创建与编辑；掌握各类混合的应用。

知识目标

认识“符号”工具面板；符号的创建方法；符号的更新与链接方法；颜色、路径等的混合使用技巧。

职业素养

实物的绘制是绘图的难点，在绘制时，多种工具的配合是必不可少的。通过本任务的学习，学生可以独立思考，认真求证，在绘图中获得信心，培养善于发现、刻苦钻研的良好品质。

知识准备

在 Illustrator CC 2018 中，符号是一种可以在文档中反复使用的艺术对象，它可以方便、快捷地生成很多相似的图形实例。同时还可以通过符号体系工具来灵活、快速地调整和修饰符号图形的大小、距离、色彩、样式等。

Illustrator CC 2018 提供了“符号”面板，专门用来创建、编辑和存储符号。

Illustrator CC 2018 中的各种对象，如普通的图像、文本对象、复合路径、渐变网格等均可以被定义为符号。

1.“符号”面板

执行“窗口”→“符号”命令或按“Shift + Ctrl + F11”快捷键，打开“符号”面板，如

图 1-6-1 所示，在控制面板底部有 6 个按钮，它们的含义和功能如下：

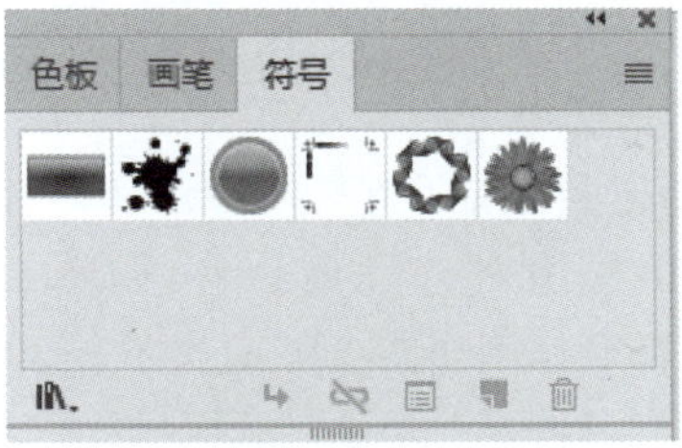

图 1-6-1 “符号”面板

●“符号库菜单”按钮：单击该按钮，可以打开 Illustrator CC 2018 所有的符号库。

●“置入符号实例”按钮：单击该按钮，可以将当前选中的符号放置在页面的中心。

●“断开符号链接”按钮：单击该按钮，可以使页面中的符号实例与“符号”面板断开链接。

●“符号选项”按钮：单击该按钮，可以改变当前符号的名称和符号类型，与“新建符号”按钮功能类似。

●“新建符号”按钮：单击该按钮，可以将选中的对象定义为符号，并添加到“符号”面板中。

●“删除符号”按钮：单击该按钮，可以删除在“符号”面板中选中的符号。

2. 创建符号

创建符号有以下几种方法：

●选择工具箱中的“符号喷枪工具”，在页面中单击或者拖曳鼠标，可以创建符号实例或符号实例集合。

●在“符号”面板中选择需要的符号，如图 1-6-2 所示，将其拖到页面中，如图 1-6-3 所示，释放鼠标左键即可创建符号实例，如图 1-6-4 所示。

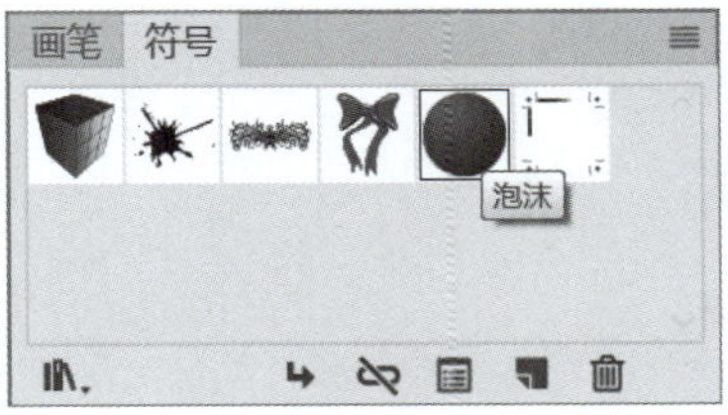

图 1-6-2 选中符号(1)

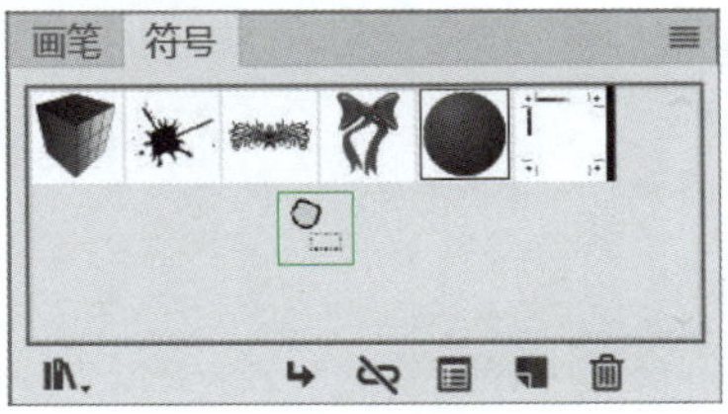

图 1-6-3 拖动符号

图 1-6-4 生成符号实例

●在“符号”面板中选择需要的符号，如图 1-6-5 所示，单击面板底部的“置入符号实例”按钮，即可在页面中创建选中的符号，如图 1-6-6 所示。

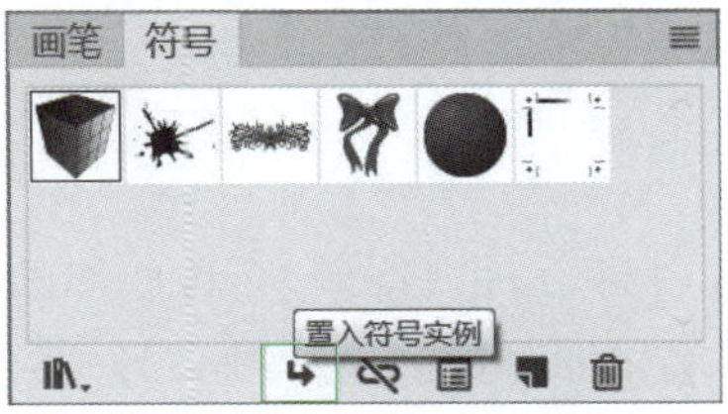

图 1-6-5 选中符号(2)

图 1-6-6 置入的符号

3. 复制或删除符号

复制符号可以使用以下两种方法：

●在“符号”面板中，选中要进行复制的符号，如图 1-6-7 所示，单击“符号”面板底部的“新建符号”按钮，在弹出的对话框中对符号重命名，如图 1-6-8 所示，即可以在“符号”面板中复制出一个相同的符号，效果如图 1-6-9 所示。

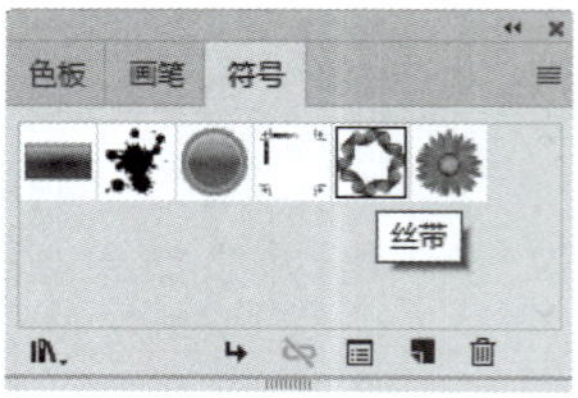

图 1-6-7　选中符号(3)

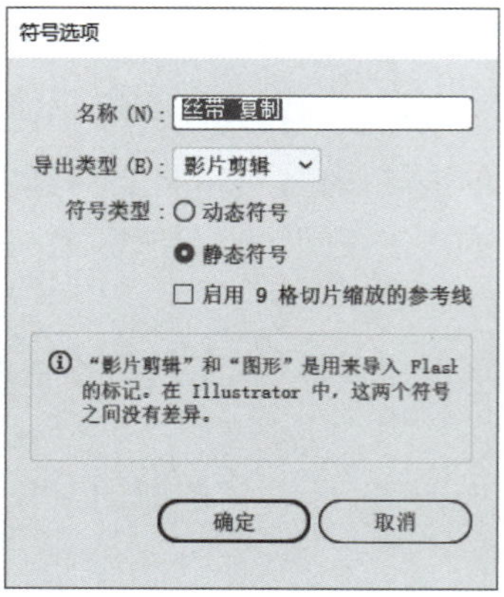

图 1-6-8　对符号重命名

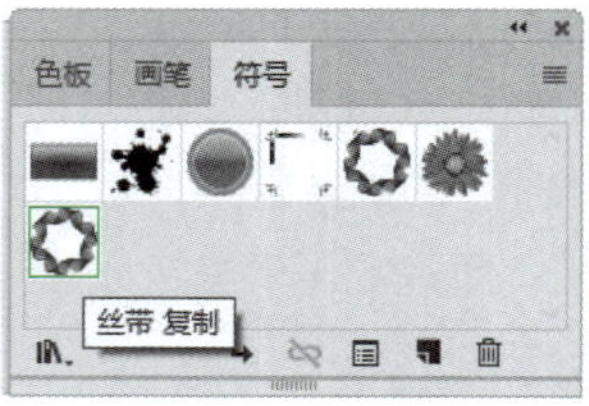

图 1-6-9　复制生成的符号(1)

●在“符号”面板中选中要进行复制的符号，单击“符号”面板右上角的扩展按钮，从弹出的下拉菜单中选择“复制符号”命令，如图 1-6-10 所示，此时，在“符号”面板中复制生成了一个相同的符号，效果如图 1-6-11 所示。

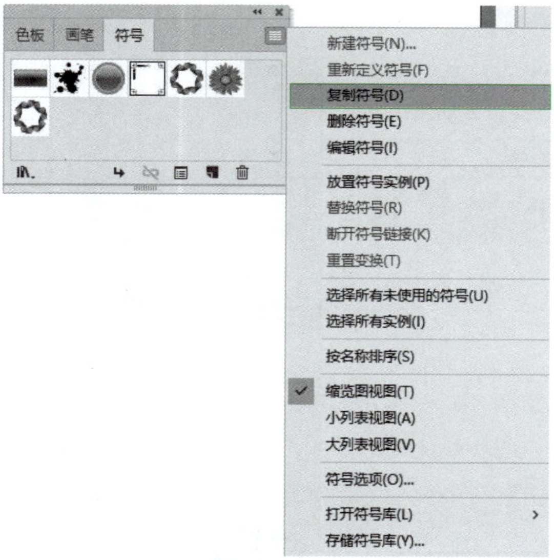

图 1-6-10　选择“复制符号”命令

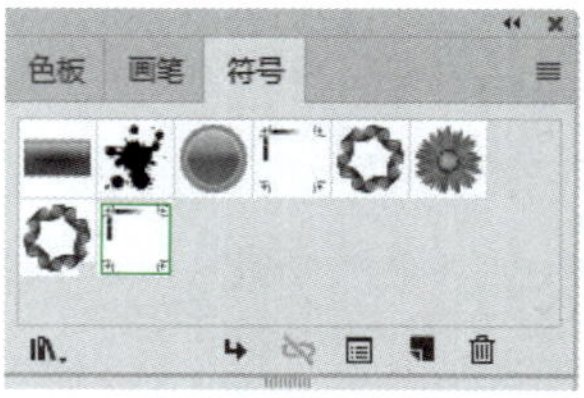

图 1-6-11　复制生成的符号(2)

删除符号：在“符号”面板中选中要删除的符号，单击“符号”面板底部的“删除符号”按钮，弹出如图 1-6-12 所示的提示框，单击“是”按钮即可删除所选的符号。

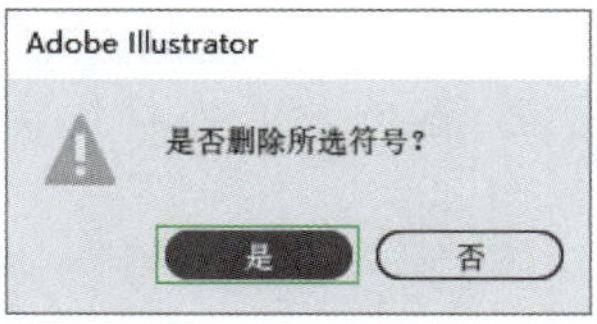

图 1-6-12 “是否删除所选符号？”提示框

4. 断开符号链接

在“符号”面板中选中需要的符号，将其拖到页面中，生成如图 1-6-13 所示的符号。单击面板底部的“断开符号链接”按钮，可以断开符号与其符号实例的链接，图形效果如图 1-6-14 所示。执行“对象”→“取消编组”命令，便可以对对象进行填色、描边等独立处理。

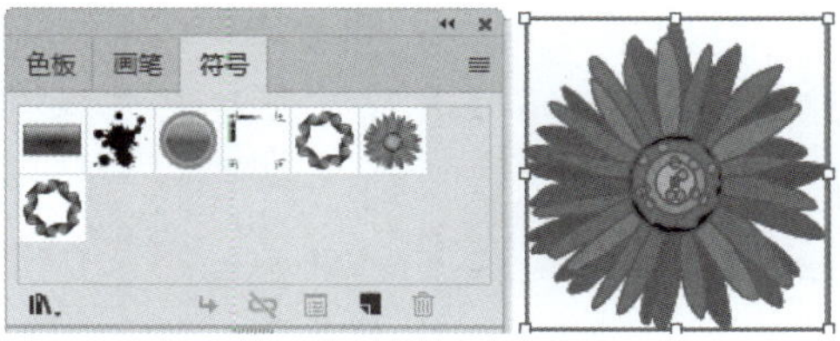

图 1-6-13 创建生成的符号

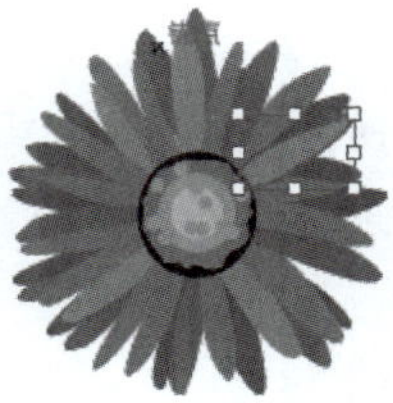

图 1-6-14 断开链接的符号

5. 使用符号库

执行“窗口”→“符号库”命令，弹出下级菜单，如图 1-6-15 所示，其中包含了多个符号库，使用符号库中的符号可以方便、快速地创建各种复杂、美观的图形效果。如图 1-6-16 所示为打开的多个“符号”面板。

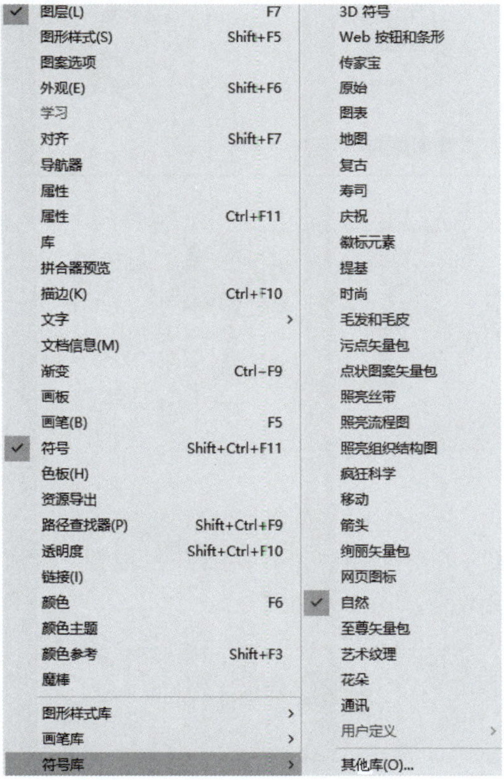

图 1-6-15 “符号库”下拉菜单

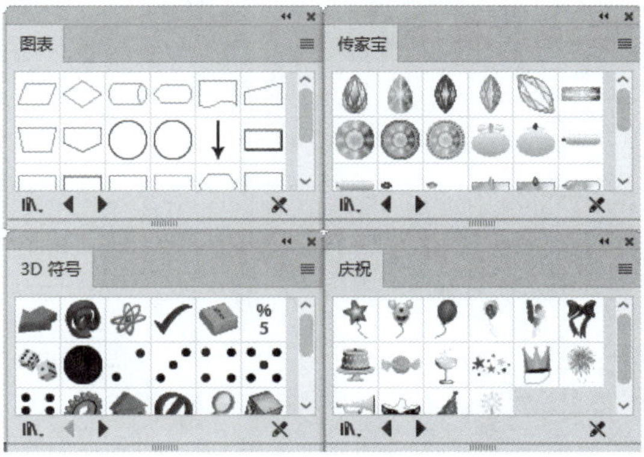

图 1-6-16 打开的多个“符号”面板

这些面板还可以整合为一个面板，拖动“庆祝”面板到“文档图标”面板上，当“文档图标”面板上出现蓝色条框时释放鼠标，这两个面板就整合为一个面板了。如图 1-6-17 所示为四合一的面板。

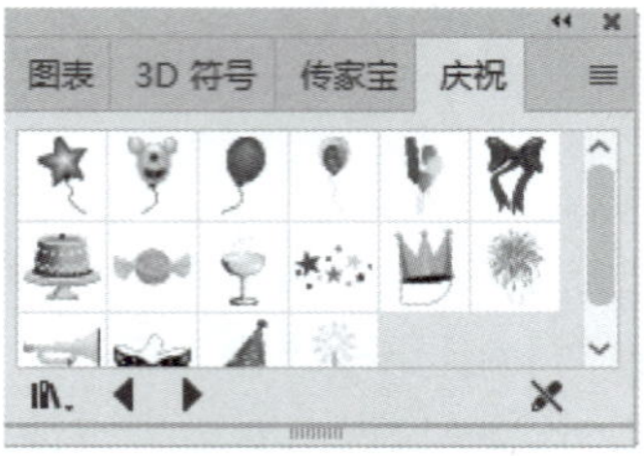

图 1-6-17 整合后的四合一面板

6. 创建混合对象

在 Illustrator CC 2018 中，可以创建混合对象，还可以对混合对象进行再混合等操作，下面分别进行介绍。

(1)两个对象的混合

①使用混合工具

在页面中绘制两个对象作为混合的对象，如图 1-6-18 所示。选择“混合工具”，将鼠标指针移至左侧的对象上，单击确定混合的起始图形，如图 1-6-19 所示。继续移动鼠标指针到另一个对象上单击，将其设为目标图形，即可产生混合效果，如图 1-6-20 所示。

图 1-6-18 绘制的图形(1)

图 1-6-19 选定起始图形

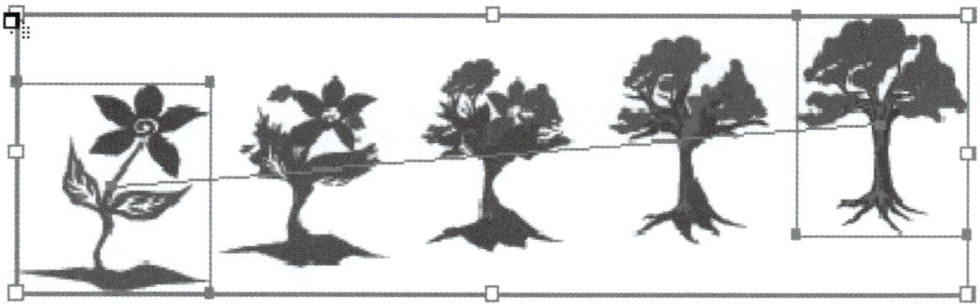

图 1-6-20 产生的混合效果

②使用菜单命令

使用“选择工具”选中要进行混合的对象，如图 1-6-21 所示。执行“对象”→“混合”→“建立”命令(快捷键为“Alt+Ctrl+B”)，即可得到混合效果，如图 1-6-22 所示。

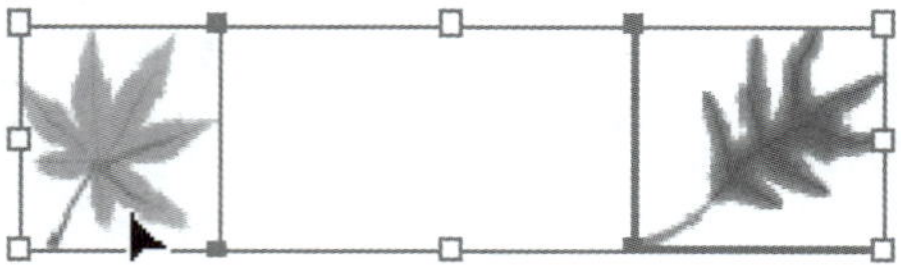

图 1-6-21 选中的图形

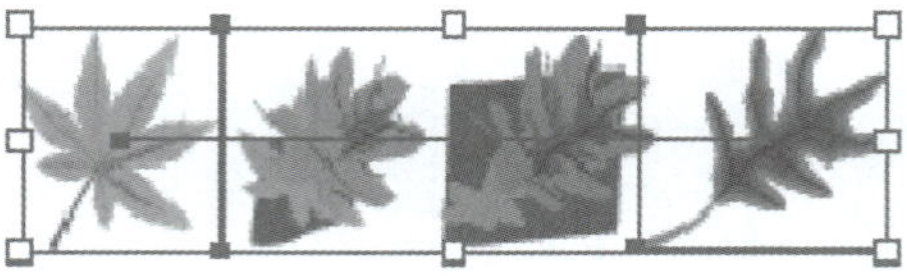

图 1-6-22 建立混合后的效果

(2)多个对象的混合

在 Illustrator CC 2018 中,除了可以对两个对象进行混合外,还可以在多个对象之间进行混合,下面通过例子介绍具体操作方法。

步骤 1　在页面中绘制四个不同的图形,如图 1-6-23 所示。

步骤 2　选择“混合工具”,在第一个图形上单击确定混合的起始图形,然后将鼠标指针移至第二个图形上,单击后可在两个图形之间生成混合图形,如图 1-6-24 所示。

步骤 3　继续移动鼠标指针到第三个图形上,单击即可创建混合效果,如图 1-6-25 所示。

图 1-6-23　绘制四个图形

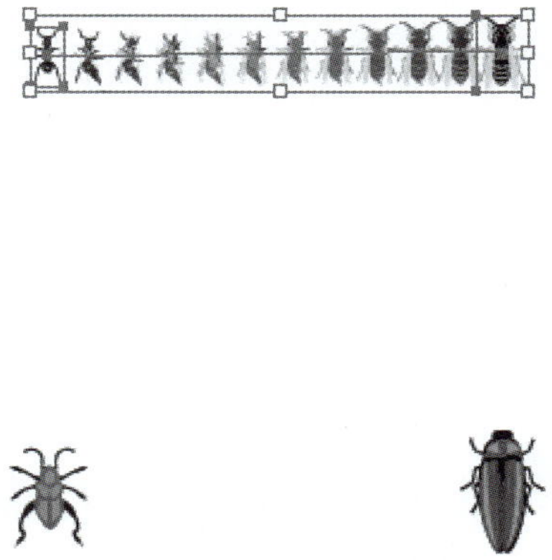

图 1-6-24　第一次混合

步骤 4　使用同样的方法,移动鼠标指针到最后一个图形上,单击即可在四个图形之间产生混合图形,最终效果如图 1-6-26 所示。

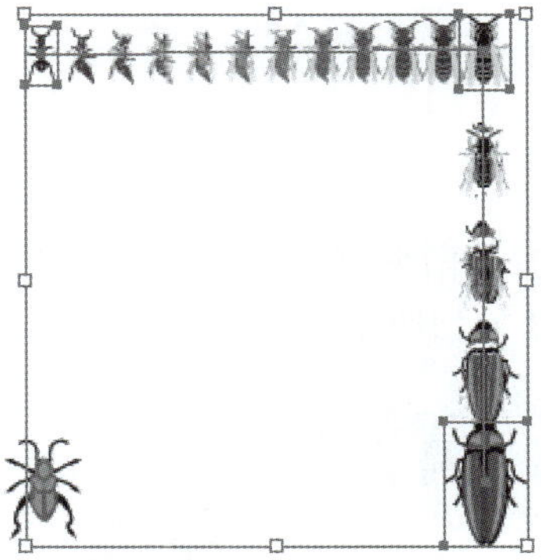

图 1-6-25　第二次混合

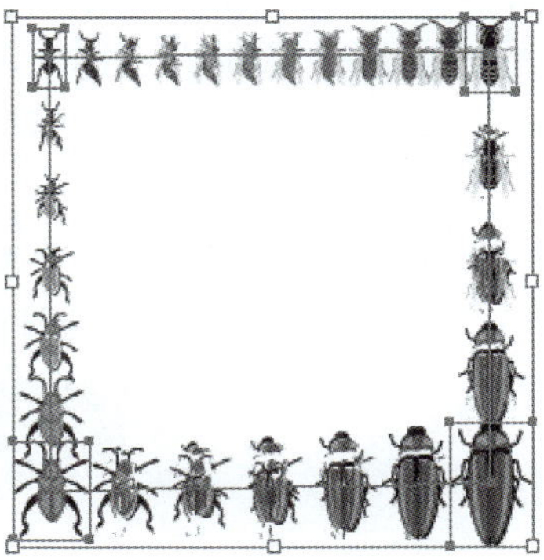

图 1-6-26　最终效果

想一想:在对多个图形进行混合时,使用“混合工具”进行混合,与使用“对象”→“混合”→“建立”命令进行混合有何区别?

(3)按锚点混合

在 Illustrator CC 2018 中,可以选择路径上的某些锚点进行混合,当选择不同的锚点进行混合时,产生的混合效果也有所不同,下面详细进行介绍。

在页面中绘制两个不同的图形,如图 1-6-27 所示。选择“混合工具”,在矩形右上角的锚点上单击,确定混合的起点,如图 1-6-28 所示。移动鼠标指针到星形右边的锚点上,如图 1-6-29 所示，单击即可进行混合，效果如图 1-6-30 所示。

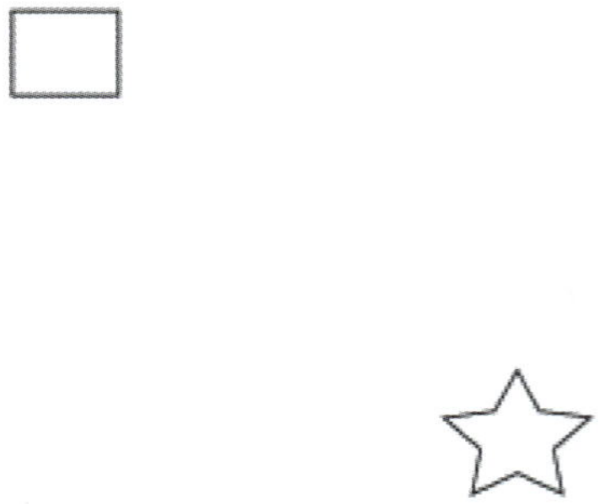

图 1-6-27　绘制的图形(2)

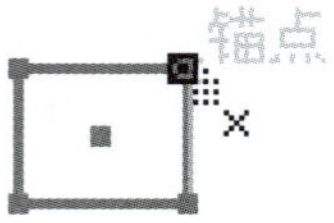

图 1-6-28　单击矩形右上角的锚点

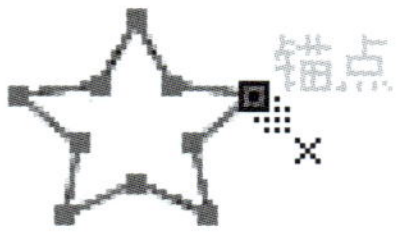

图 1-6-29　单击星形右边的锚点

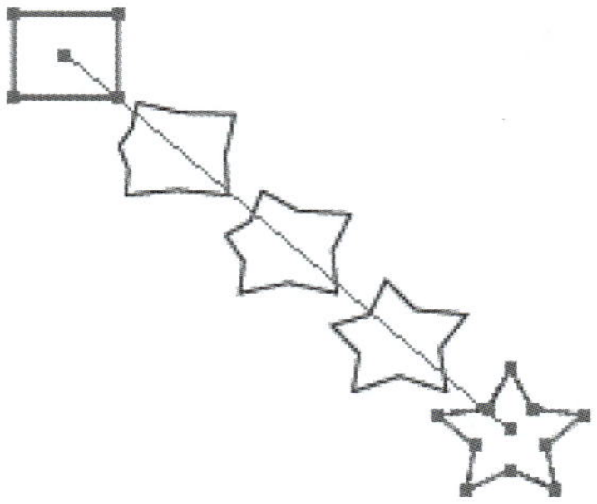

图 1-6-30　混合的效果

(4)沿指定路径混合

在 Illustrator CC 2018 中，除了可以将对象沿默认的轴进行混合外，还可以指定一条路径，使对象沿指定的路径进行混合，其步骤如下：

步骤 1　在页面中绘制两个不同的图形，将其进行混合，效果如图 1-6-31 所示。

步骤 2　选择“弧形工具”，在页面中绘制一条弧线作为混合的路径，如图 1-6-32 所示。

步骤 3　按“Ctrl＋A”快捷键，选中页面中的所有图形，执行“对象”→“混合”→“替换混合轴”命令，即可使混合对象沿弧线路径混合，效果如图 1-6-33 所示。

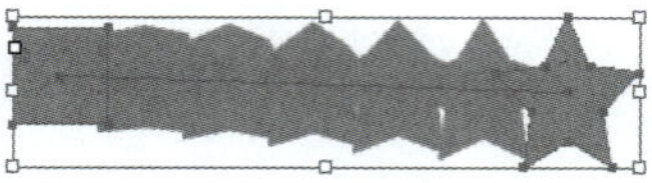

图 1-6-31　混合图形

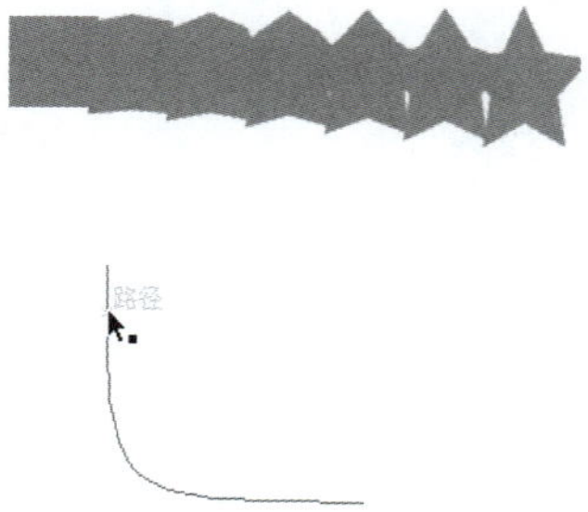

图 1-6-32　绘制的弧线路径

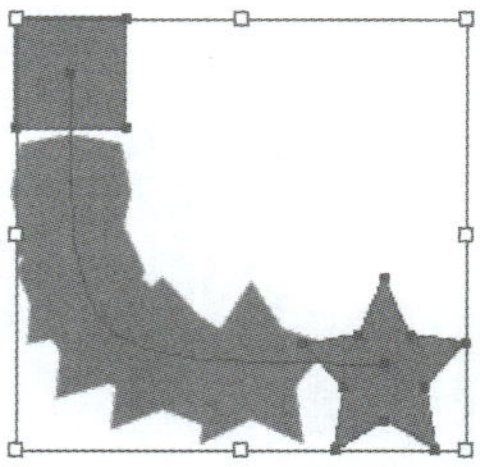

图 1-6-33　沿弧线路径混合的效果

7. 使用“混合选项”对话框

使用“混合选项”对话框可以设置混合对象中过渡图形的数量与颜色以及过渡图形的间距。执行“对象”→“混合”→“混合选项”命令，弹出“混合选项”对话框，如图 1-6-34 所示，下面分别介绍各选项的含义。

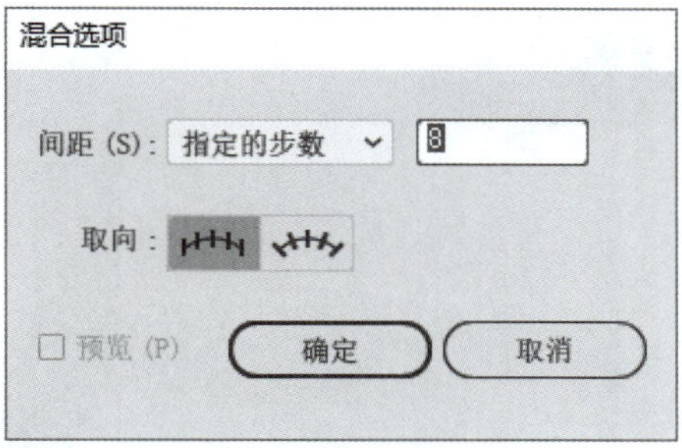

图 1-6-34 “混合选项”对话框

(1)在“间距”下拉列表中有“平滑颜色”、“指定的步数”和“指定的距离”三个选项：

①选择“平滑颜色”选项时，系统将自动计算颜色层次，使中间的过渡图形的颜色也随之变化。

②选择“指定的步数”选项时，可以在后面的文本框中输入数值，设置过渡图形的数量。

③选择“指定的距离”选项时，可以在后面的文本框中输入数值，设置过渡图形之间的距离。

(2)在“取向”选项区中有两个按钮，分别为“对齐页面”按钮和“对齐路径”按钮。

①单击“对齐页面”按钮，可以使混合图形的垂直方向与页面的垂直方向一致。

②单击“对齐路径”按钮，可以使混合图形的垂直方向与路径(混合轴)的垂直方向一致。

为了更直观地理解各选项的含义，现进行实例讲解。选中混合的对象，如图 1-6-35 所示，执行“对象”→“混合”→“混合选项”命令，弹出“混合选项”对话框，在“间距”下拉列表中选择“平滑颜色”选项，图形效果如图 1-6-36 所示；在“间距”下拉列表中选择“指定的距离”选项，设置数值为 10，图形效果如图 1-6-37 所示；在“间距”下拉列表中选择“指定的步数”选项，设置数值为 6，图形效果如图 1-6-38 所示。

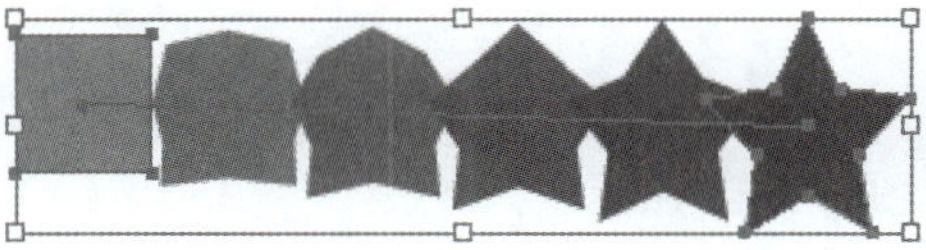

图 1-6-35 选中的混合对象(1)

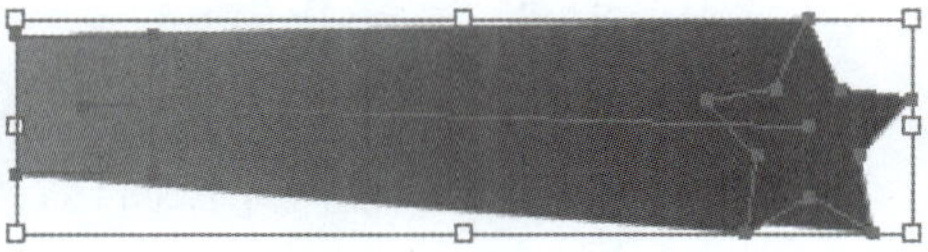

图 1-6-36 选择“平滑颜色”混合效果

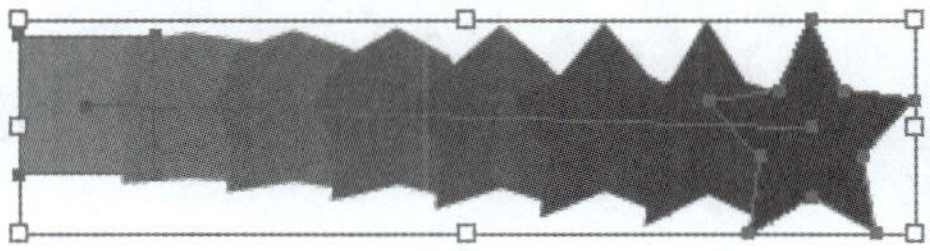

图 1-6-37 选择“指定的距离”混合效果

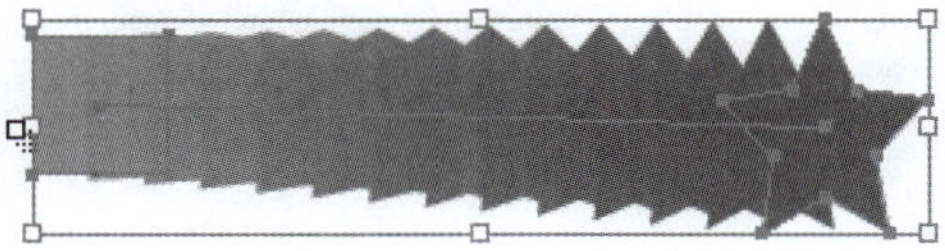

图 1-6-38 选择“指定的步数”混合效果

在页面中绘制一条弧线，如图 1-6-39 所示，将混合对象沿弧线混合，效果如图 1-6-40 所示。

打开“混合选项”对话框，在“取向”选项区中单击“对齐页面”按钮，混合效果如图 1-6-41 所示；单击“对齐路径”按钮，混合效果如图 1-6-42 所示。

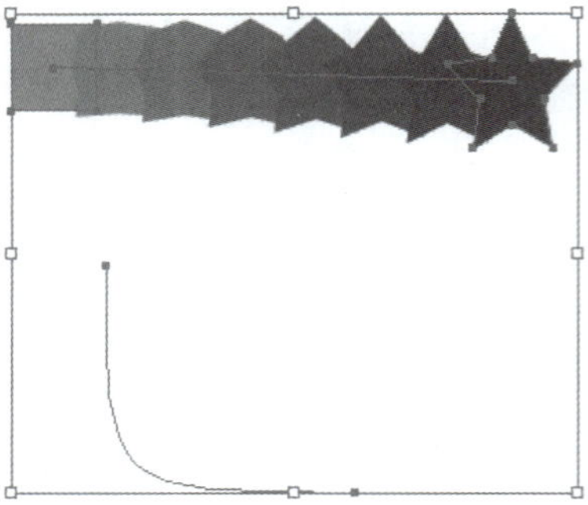

图 1-6-39　绘制弧线

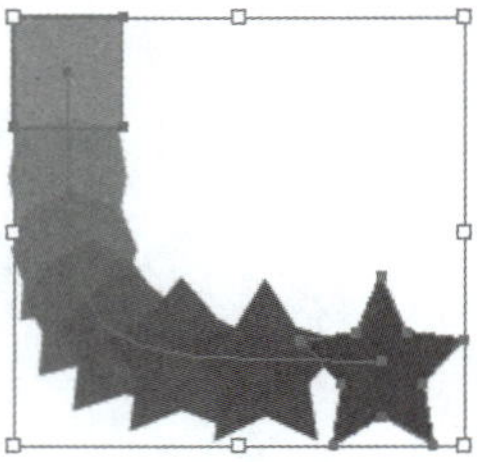

图 1-6-40　沿弧线路径混合

图 1-6-41　“对齐页面”效果

图 1-6-42　“对齐路径”效果

8. 混合对象的其他操作

(1)改变混合方向

选取要改变混合方向的对象，如图 1-6-43 所示，执行“对象”→“混合”→“反向混合轴”命令，可以使混合方向反转(反向后的对象与原对象进行了镜像变化)，效果如图 1-6-44 所示。

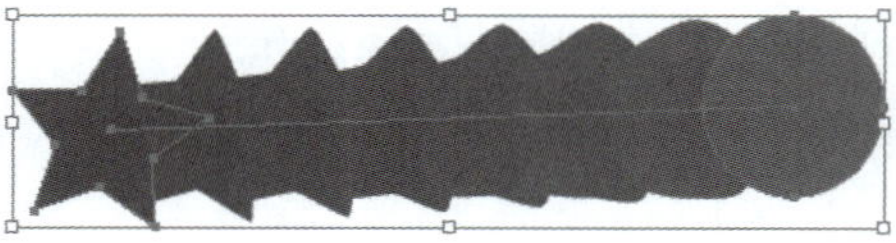

图 1-6-43　选中的混合对象(2)

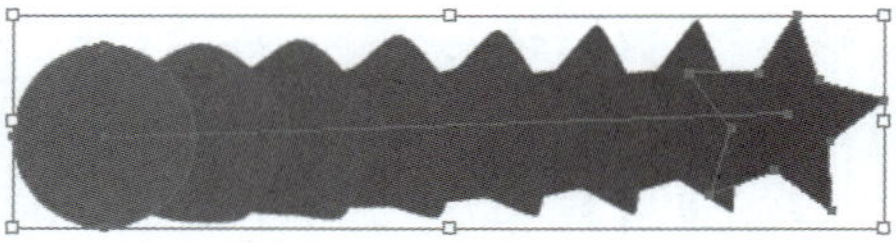

图 1-6-44　执行“反向混合轴”命令后的效果

(2)改变混合对象的重叠次序

选中要改变次序的混合对象，如图 1-6-45 所示，执行“对象”→“混合”→“反向堆叠”命令，可以使混合对象的重叠次序反向，效果如图 1-6-46 所示。

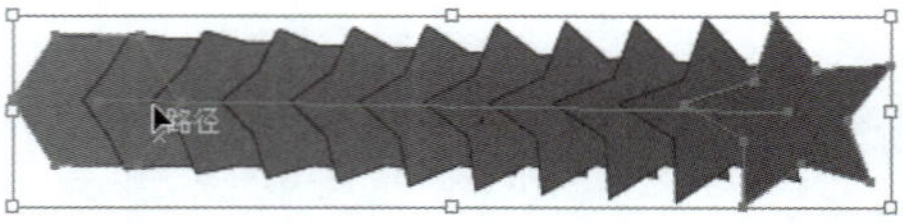

图 1-6-45　选中的混合对象(3)

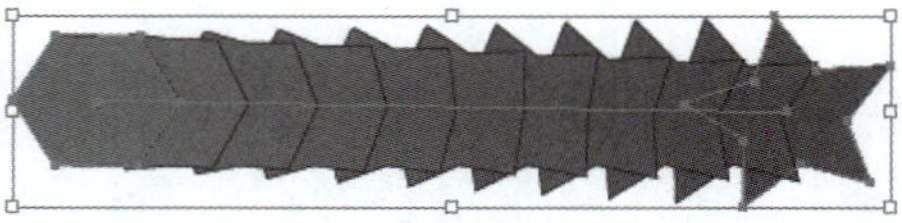

图 1-6-46　执行“反向堆叠”命令后的效果

(3)扩展混合对象

选中要混合的对象，如图 1-6-47 所示，执行“对象”→“混合”→“扩展”命令，混合对象将被扩展成为一个图形对象，执行“对象”→“取消编组”命令，可以使混合对象中的每一个对象成为一个单独的对象，并能分别移动其位置，效果如图 1-6-48 所示。

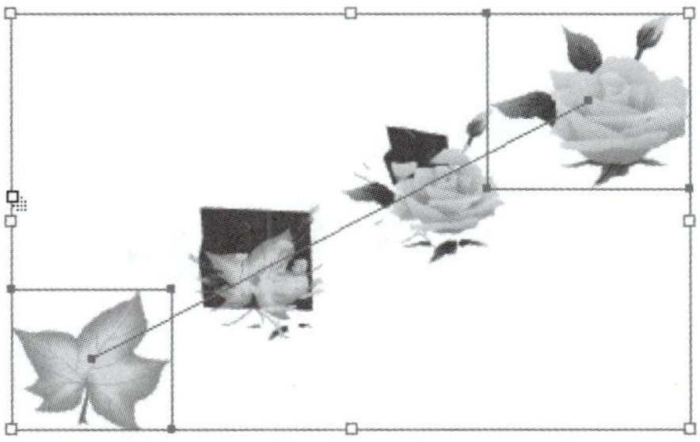

图 1-6-47　选中的混合对象(4)

图 1-6-48　移动后的效果

(4)释放混合对象

选中混合对象,如图 1-6-49 所示,执行“对象”→“混合”→“释放”命令(快捷键为“Alt+Ctrl+Shift+B”),可以释放混合对象,使其恢复到混合前的效果,如图 1-6-50 所示。

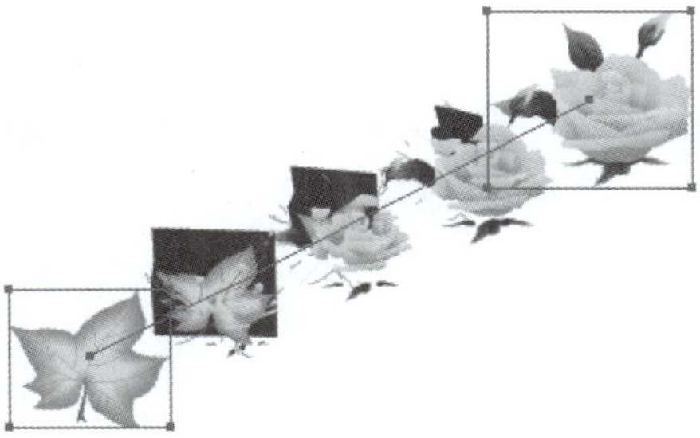

图 1-6-49　选中的混合对象(5)

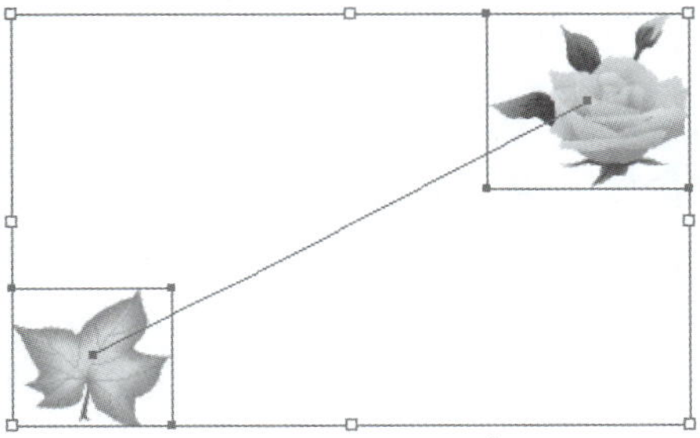

图 1-6-50　释放混合对象效果

任务 1　制作美丽光盘

任务描述

在 Illustrator 中,符号是一种可以在文档中反复使用的艺术对象,它可以方便、快捷地生成很多相似的图形实例。同时还可以通过符号体系工具来灵活、快速地调整和修饰符号图形的大小、距离、色彩、样式等。使用“混合”命令可以将两个或两个以上的路径进行混合,生成一系列形状和颜色递变的过渡图形,该命令可以用在两个以上的图形对象之间。本任务就是利用混合和符号来制作美丽的光盘,效果如图 1-6-51 所示。

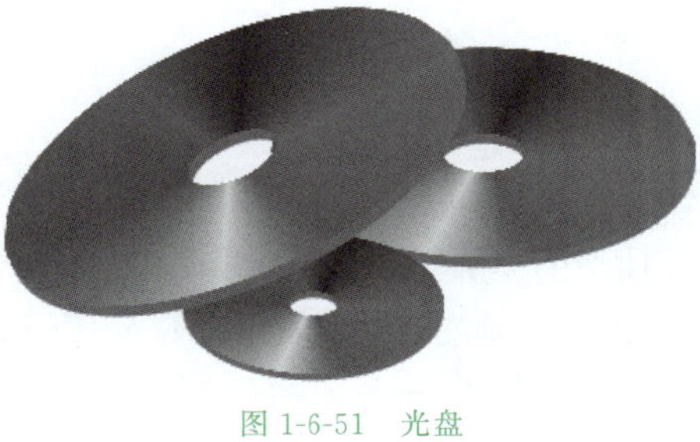

图 1-6-51　光盘

微课

制作美丽光盘

设计要点

1. 混合效果。绘制直线，通过旋转复制出多条直线，并添加不同的颜色，利用“混合工具”依次单击直线，色彩产生渐变。

2. 蒙版的使用。绘制一个椭圆形，通过缩放绘制一个同心圆，创建复合路径后，为刚才绘制好的混合渐变创建蒙版，得到盘面效果。

任务实施

步骤 1　新建一个页面，用“直线段工具”＋Shift 键拖曳绘制一条直线，如图 1-6-52 所示。然后选中直线，选择工具箱的“旋转工具”，通常旋转中心会默认为物体中心，如图 1-6-53 所示。

图 1-6-52　绘制的直线

图 1-6-53　设定旋转工具

步骤 2　现在挪动旋转中心到直线的左侧端点处，如图 1-6-54 所示，这时候我们按住 Alt 键的同时拖曳鼠标进行旋转，同时注意观察信息面板的转角度数。Alt 键的功能是帮助边复制边旋转，旋转到 60°后，松开 Alt 键及鼠标，如图 1-6-55 所示。

图 1-6-54　移动旋转中心

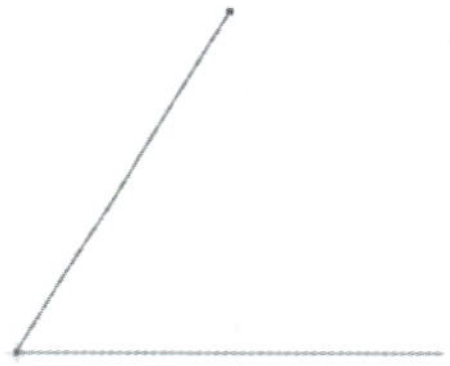

图 1-6-55　旋转 60°

步骤 3　按“Ctrl＋D”快捷键复制上述操作，直到生成 6 条线段，如图 1-6-56 所示。分别为 6 条线段设置不同颜色，如图 1-6-57 所示。

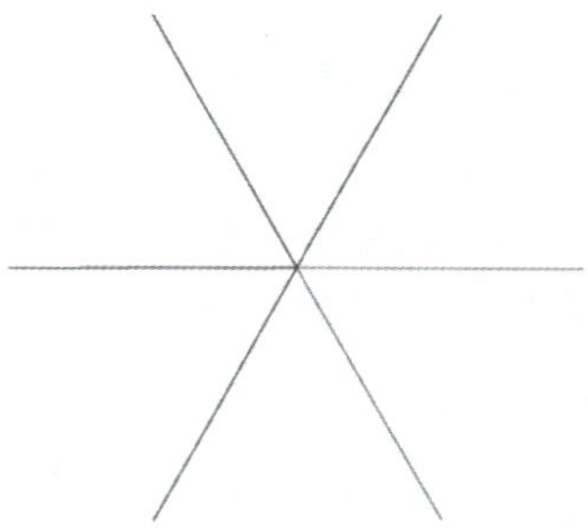

图 1-6-56　生成的 6 条线段

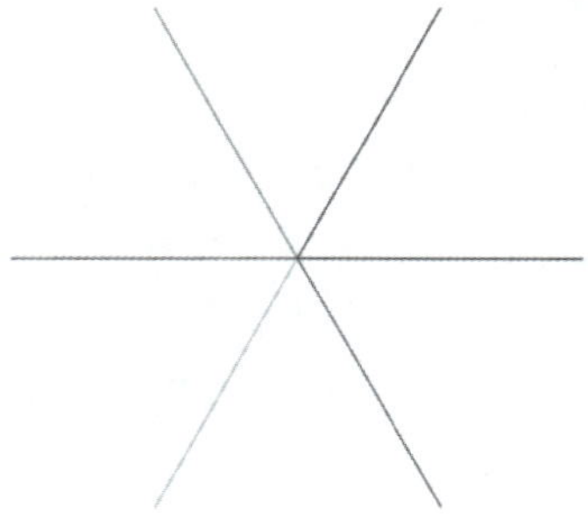

图 1-6-57　设置不同颜色

步骤 4　选择工具箱中的“混合工具”，靠近其中一条直线，直到鼠标的尾稍出现“*”，单击直线，这时不会有任何效果，然后将鼠标靠近相邻的另一条直线，直到鼠标尾稍出现“＋”，再次单击直线，色彩产生渐变，效果如图 1-6-58 所示。渐变后不要停止，继续靠近相邻的直线并单击它，依次下去，当单击到初始的那条直线时，工具尾稍出现的是小圆圈，这表示闭合了，效果如图 1-6-59 所示。

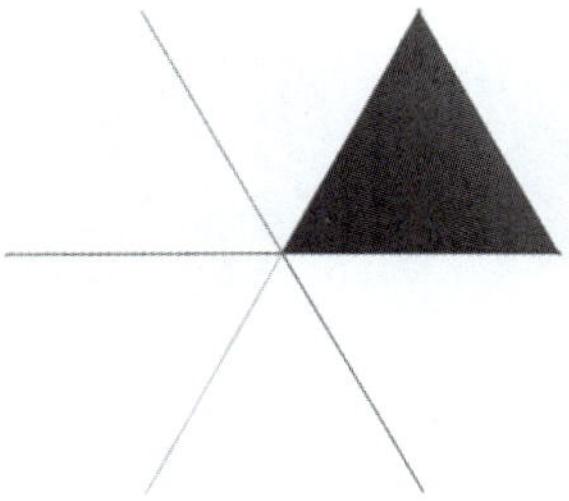

图 1-6-58　第一次混合的效果

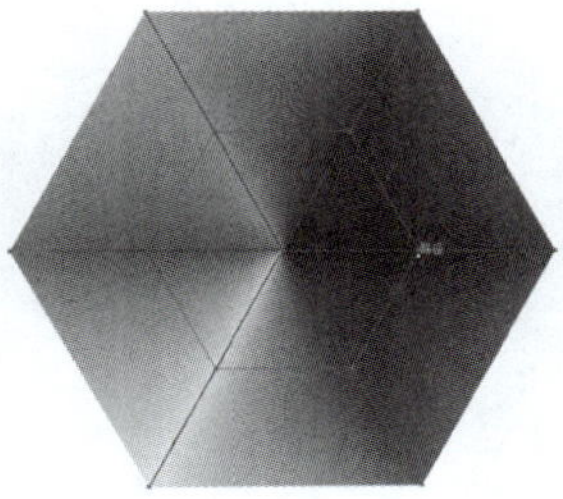

图 1-6-59　连续混合后的效果

步骤 5　在页面中绘制一个椭圆形，如图 1-6-60 所示，选择椭圆形并在页面上单击鼠标右键，在弹出的快捷菜单中选择“变换”→“缩放”命令，弹出如图 1-6-61 所示的对话框，设置等比缩放比例为 20%，单击“复制”按钮，就会生成如图 1-6-62 所示的两个同心圆。

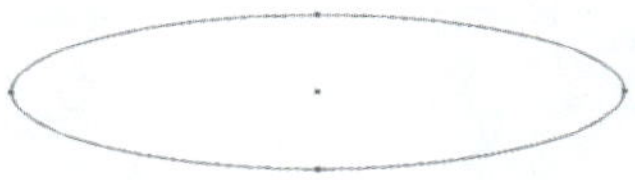

图 1-6-60　绘制椭圆形

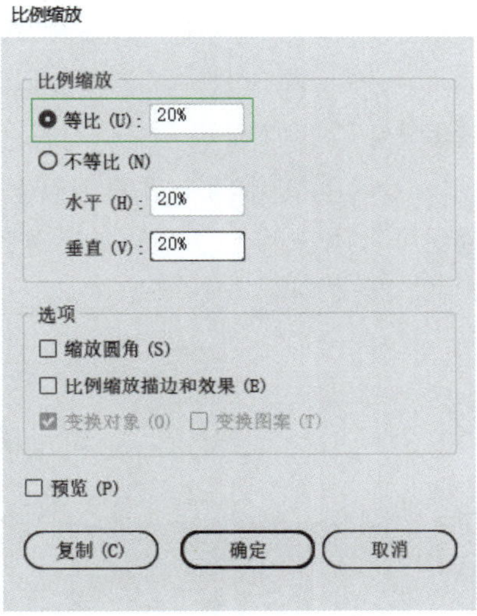

图 1-6-61　“比例缩放”对话框

步骤 6　选中同心的两个圆形，单击鼠标右键，在快捷菜单中选择“建立复合路径”，使它们成为圆环(再复制一个圆环备用)，如图 1-6-63 所示。移动圆环到渐变的六角形上，并对齐它们，如图 1-6-64 所示。

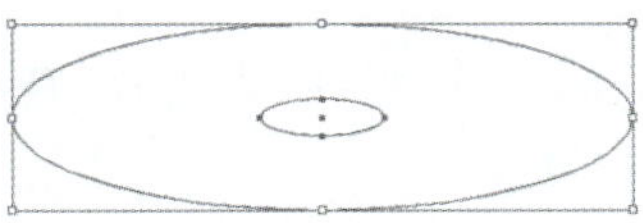

图 1-6-62　生成同心圆

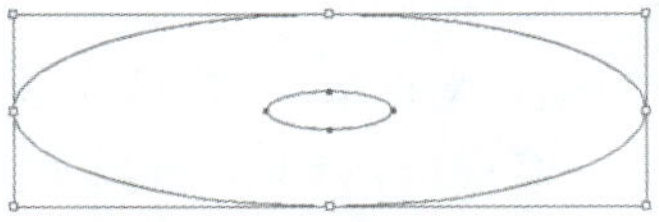

图 1-6-63　生成圆环

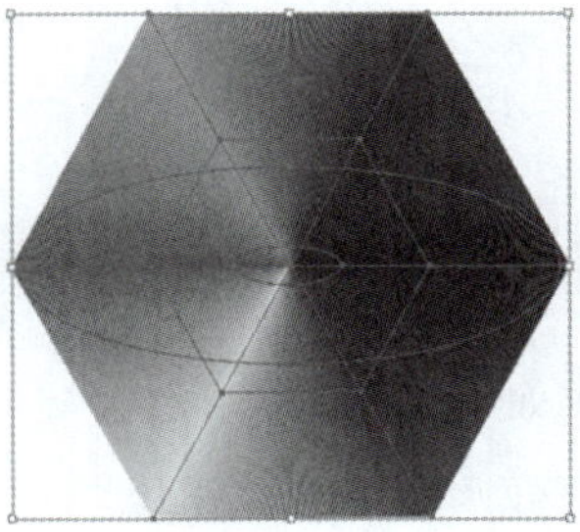

图 1-6-64　对齐图形

步骤 7　选取全部图形元素，单击鼠标右键，在快捷菜单中选择“建立剪切蒙版”命令，建立蒙版图形并加以调整，效果如图 1-6-65 所示。将刚才复制的圆环填充深一些的颜色(C25，M25，Y40，K31)，如图 1-6-66 所示。然后叠加它们，生成阴影，光盘的制作基本完成，效果如图 1-6-51 所示。

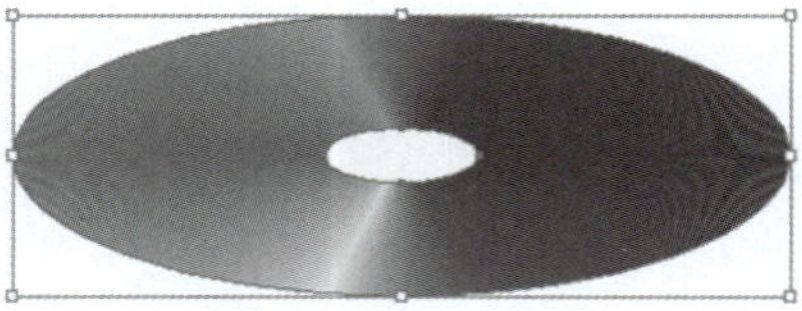

图 1-6-65　建立蒙版(1)

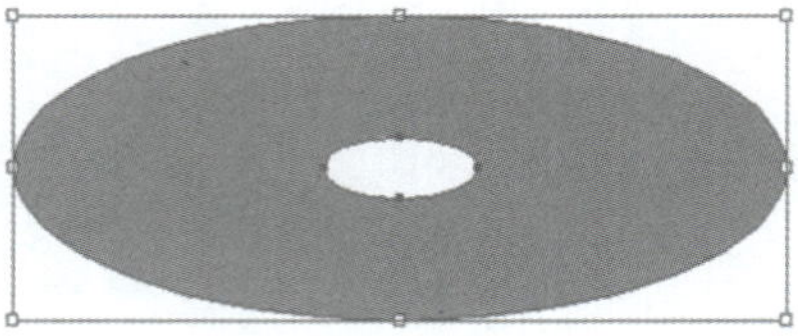

图 1-6-66　深色圆环

步骤 8　如果有兴趣，还可以在光盘上刻些文字或加上透明的图片，以标识光盘主题。

任务 2　制作机械零件

任务描述

使用“混合”命令可以将两个或两个以上的路径进行混合，生成一系列形状递变的过渡图形，该命令可以用在两个以上的图形对象之间。本任务就是利用“混合工具”和蒙版来制作机械零件，效果如图 1-6-67 所示。

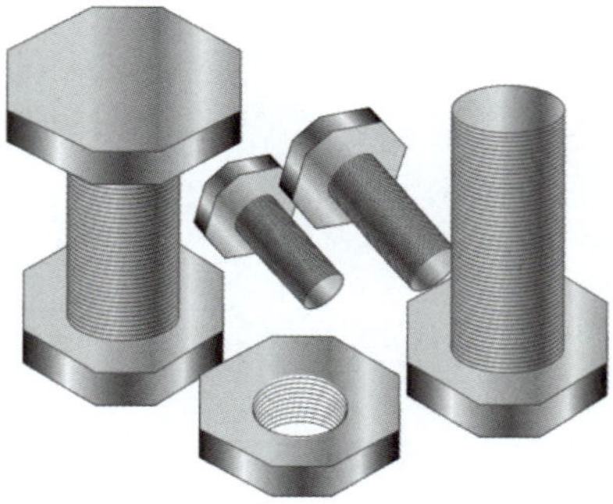

微课

制作机械零件

图 1-6-67　机械零件

设计要点

1. 螺纹效果。绘制椭圆形，添加灰白渐变，复制副本并上下对齐，利用“混合工具”制作出过渡为 50 个椭圆形的图形，即出现螺纹效果。

2. 绘制螺母。使用“多边形工具”绘制一个八边形，填充黑白渐变，复制一个副本，上下对齐，调整好距离和颜色，得到螺母平面效果，内部螺纹与上面螺纹效果制作相似，但两个椭圆形不要填充颜色，且相交。混合后，利用蒙版制作出螺母效果。

任务实施

步骤 1　执行“文件”→“新建”命令，新建一个名称为“机械零件”，宽度和高度均为 320 mm 的 RGB 图形文件。

步骤 2　选取“椭圆工具”绘制一个椭圆形，在“渐变”面板中设置为灰白渐变，如

图 1-6-68(a)所示。填充后效果如图 1-6-68(b)所示。

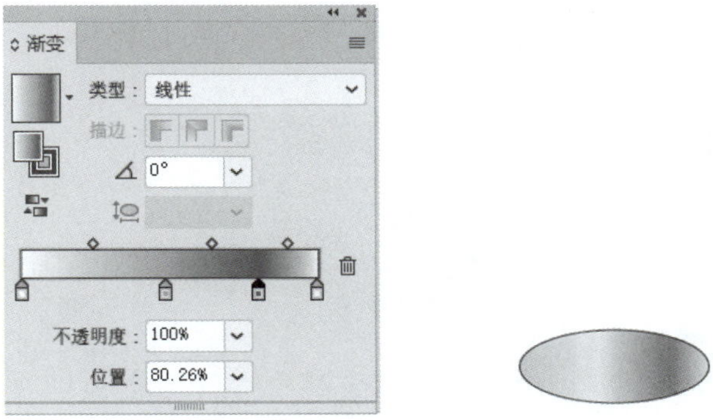

(a)　　(b)

图 1-6-68　设置渐变色并填充椭圆

步骤 3　选定椭圆形，在按住 Alt 键的同时，单击并拖动图形，复制出一个副本，并按图 1-6-69 所示位置进行摆放。选定两个椭圆形，执行“对象”→“混合”→“混合选项”命令，弹出“混合选项”对话框，在其中的“间距”下拉列表中选择“指定的步数”选项，并在其后的文本框里输入“50”，其他选项不变，如图 1-6-70 所示。单击“确定”按钮，然后执行“对象”→“混合”→“建立”命令，两个椭圆形间形成 50 个过渡图形，效果如图 1-6-71 所示。

图 1-6-69　复制椭圆形

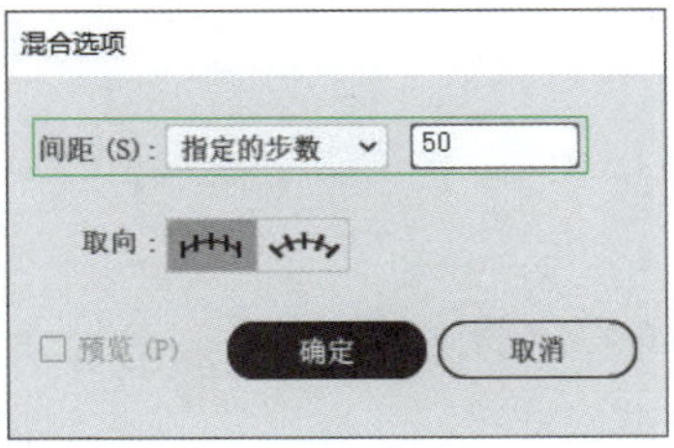

图 1-6-70　设置混合选项

图 1-6-71　混合后效果

步骤 4　选取“多边形工具”绘制一个八边形，如图 1-6-72 所示。选取“直接选择工具”，在按住 Shift 键的同时，选中八边形左侧的两个节点，按下“←”键，将两个节点向左移动。按同样方法，将右侧两个节点向右移动相同的距离。最后将八边形调整为如图 1-6-73 所示的形状。

步骤 5　将八边形调整为“灰-白-灰-白-灰”的渐变颜色，效果如图 1-6-74 所示。选定该图形，复制一个副本，并将其按照图 1-6-75 的位置进行摆放。

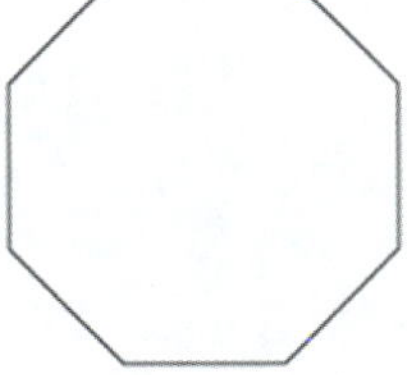

图 1-6-72　绘制八边形

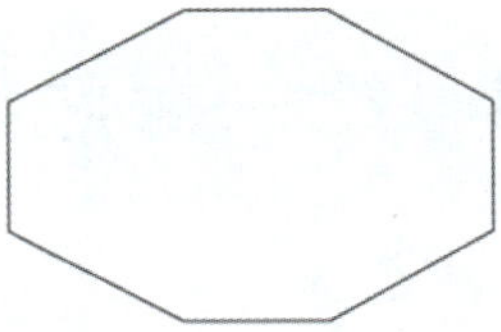

图 1-6-73　调整图形形状

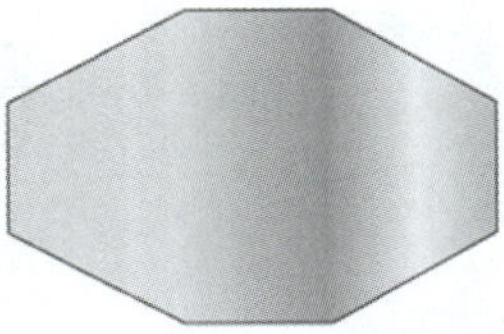

图 1-6-74　填充图形

步骤 6　选中下面的八边形，在“渐变”面板中将渐变色调整为“黑-白-深灰-白-黑”渐变，然后将两个八边形编组，效果如图 1-6-76 所示。复制出多个八边形编组图形备用。

步骤 7　将图 1-6-71 和图 1-6-76 所示的图形组合起来，并调整相互间的大小及位置关系，即可完成螺栓的制作，效果如图 1-6-77 所示。

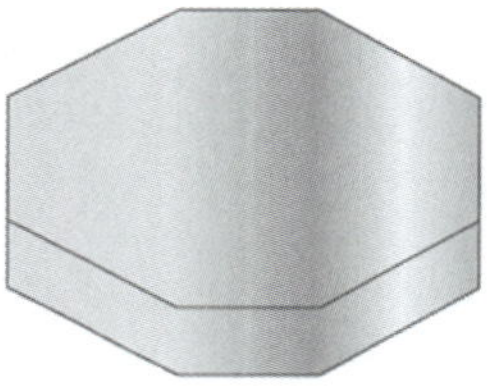
图 1-6-75　复制、排列图形

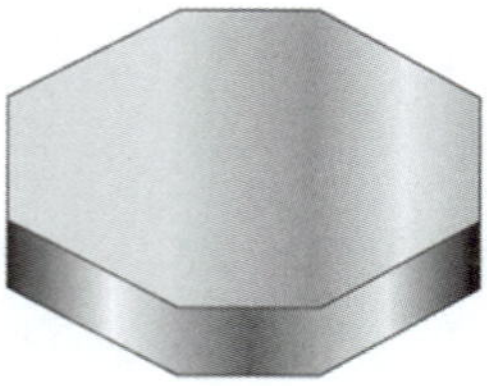
图 1-6-76　设置渐变

图 1-6-77　制作好的螺栓

步骤 8　使用“椭圆工具”绘制一个椭圆形，与图 1-6-68(b)的椭圆形大小相似，去除填充，保留描边，再复制此椭圆形 3 个，其中一个椭圆形适当缩小，并与原椭圆形上下对齐且与其相交放置，如图 1-6-78 所示。利用“混合工具”对两个椭圆形进行混合，效果如图 1-6-79 所示。

步骤 9　将刚才复制的一个椭圆形调整到最上层，并放置在混合后的图形上，如图 1-6-80 所示。选中两个图形，单击鼠标右键，在快捷菜单中选择“建立剪切蒙版”命令，建立蒙版，如图 1-6-81 所示。将另外一个复制的椭圆形填充为白色，放置在八边形与混合图形中间，调整好位置和角度，效果如图 1-6-82 所示。

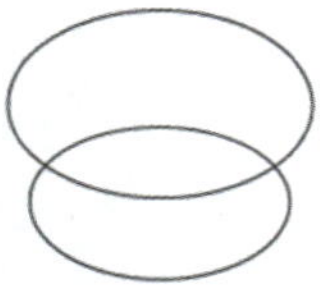
图 1-6-78　复制椭圆形并排列

图 1-6-79　混合图形

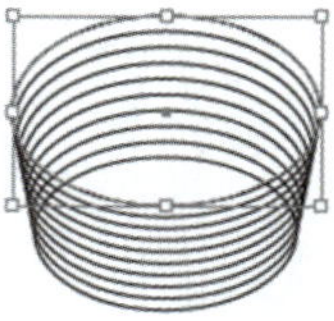
图 1-6-80　放置蒙版图形

步骤 10　将螺栓图形复制多个并调整其角度和位置关系，将它们组合在一起，即可完成机械零件的绘制，效果如图 1-6-67 所示。

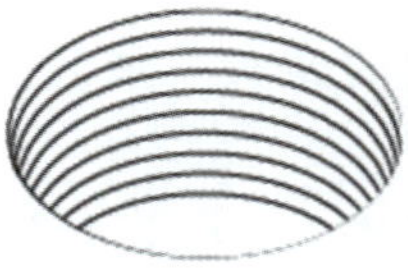
图 1-6-81　建立蒙版(2)

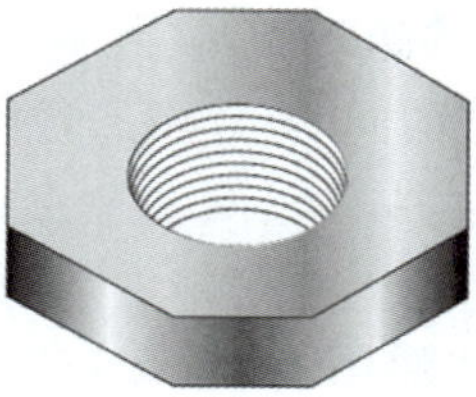
图 1-6-82　制作好的螺母

任务 3　绘制海底世界

任务描述

符号总是要和其他工具一起使用才更有效果。本任务就是利用“钢笔工具”、“渐变工具”、“混合工具”、“旋转工具”、蒙版效果等绘制海底世界，效果如图 1-6-83 所示。

图 1-6-83　海底世界

微课

绘制海底世界

设计要点

1. 绘制礁石。使用“钢笔工具”绘制海底礁石的轮廓，添加灰黑渐变，使用“直接选择工具”选中某个节点进行弧度和位置调整。

2. 绘制水母。使用“椭圆工具”绘制水母轮廓，复制调整并使用“混合工具”进行旋转复制，利用蒙版得到水母效果，水母的长须可通过使用“钢笔工具”绘制曲线，并对曲线进行混合得到。

任务实施

步骤 1　执行“文件”→“新建”命令，新建一个名称为“海底世界”，宽度为 320 mm、高度为 280 mm 的 CMYK 图形文件。

步骤 2　采用白-黑径向渐变绘制海底背景，如图 1-6-84 所示。使用“钢笔工具”绘制海底的礁石，填充为黑色，如图 1-6-85 所示。

步骤 3　打开符号库，选择“自然”面板中类似海草的植物，添加到图形中，如图 1-6-86 所示。

图 1-6-84　海底背景

图 1-6-85　绘制礁石

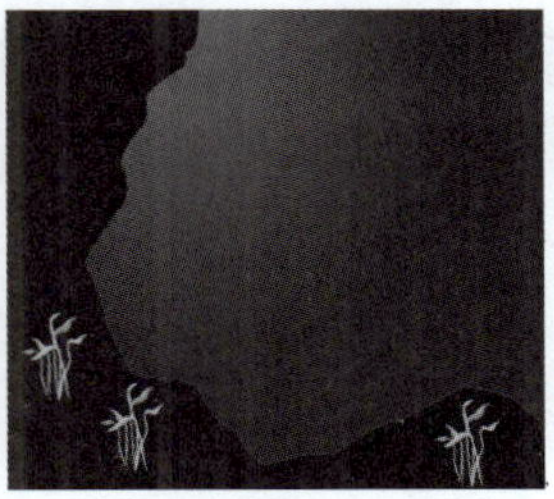

图 1-6-86　添加海草

步骤 4　使用“椭圆工具”绘制一个椭圆形，在原位置复制一个副本（再复制一个备用），用“直接选择工具”选中其中一个椭圆形的顶点，用“↑”键向上移动节点，如图 1-6-87 所示，得到水母轮廓。将两个椭圆形进行混合，得到水母身体部分，如图 1-6-88 所示。

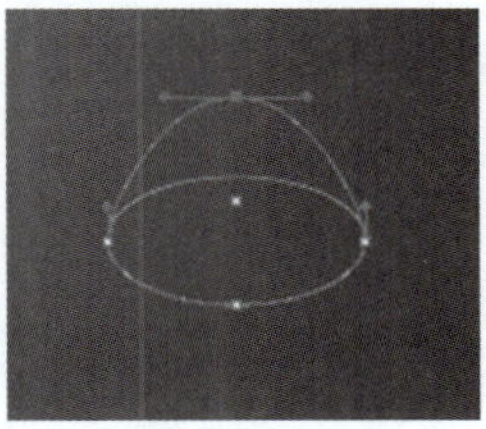

图 1-6-87　水母轮廓

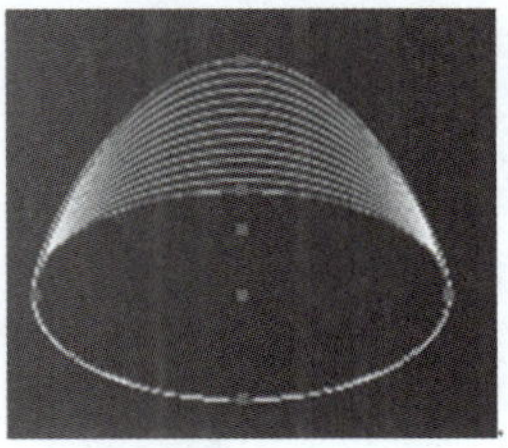

图 1-6-88　水母身体

步骤5　完善水母。绘制一条直线，如图1-6-89所示。使用“旋转工具”精确复制旋转3°，按住“Ctrl+D”组合键重复旋转，效果如图1-6-90所示，并对直线进行编组。

步骤6　将刚才复制备用的水母椭圆形轮廓放置在直线编组上层（可选中编组将其置于底层或将椭圆形置于顶层），同时选中二者，单击鼠标右键，在快捷菜单中选择“建立剪切蒙版”命令，建立蒙版，如图1-6-91所示，并调整到恰当位置。

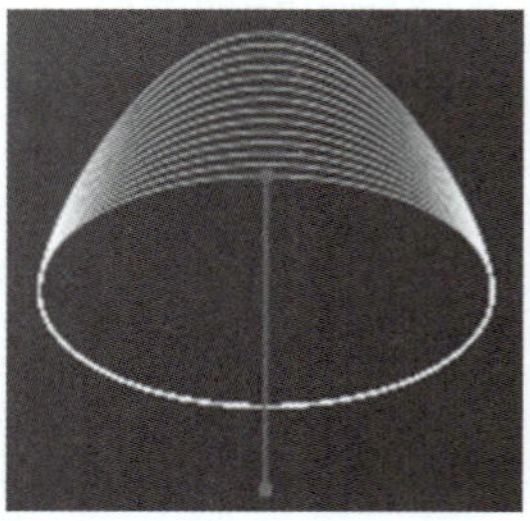
图1-6-89　绘制直线

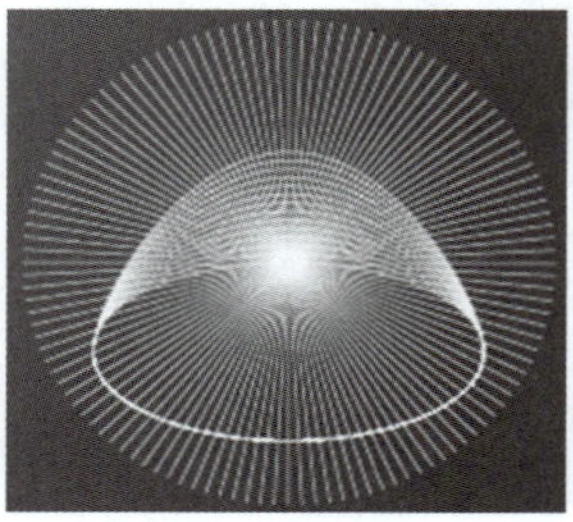
图1-6-90　旋转直线

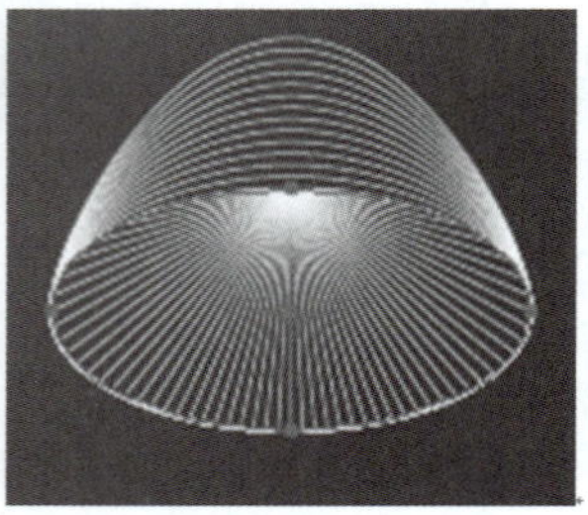
图1-6-91　蒙版后效果

步骤7　使用“钢笔工具”绘制多条曲线，使用“混合工具”两两混合，得到水母须，效果如图1-6-92所示。将整个水母编组，复制多个，可适当调整大小、位置和透明度，如图1-6-93所示。

步骤8　通过“星形工具”和“混合工具”绘制海星，效果如图1-6-94所示，注意是颜色的混合。

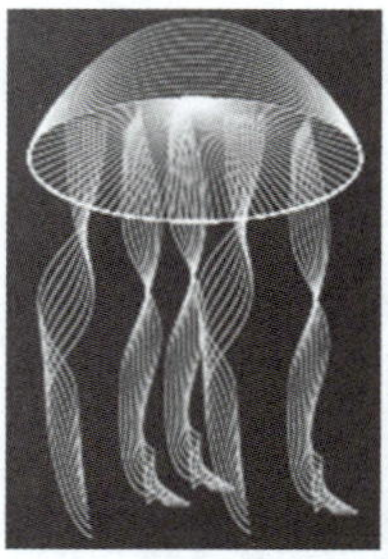
图1-6-92　绘制水母须

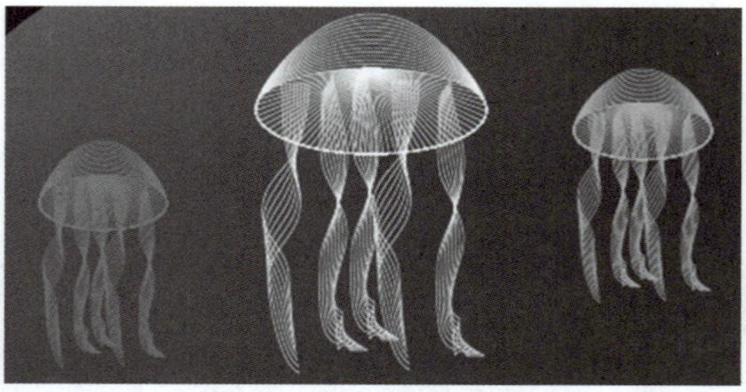
图1-6-93　复制水母

图1-6-94　绘制海星

步骤9　利用符号库选取一些鱼类、鹅卵石、珊瑚等符号添加到图形中，整体调整布局，得到最终效果，如图1-6-83所示。

上机实训

实训

模块1实训

模块2

造型与高级填色

Illustrator 具有强大的造型设计功能，使用“钢笔工具”绘制一些图形更是惟妙惟肖，虚线的绘制也为多种路径的绘制增加了更多的效果，通过其他工具的配合，能够完成高级图形的设计和创作。另外，“网格工具”可以创建更多的图形和色彩效果，配合“选择工具”和“上色工具”使得整个图形设计变得更加得心应手。

项目1 曲线造型设计

能力目标

能熟练使用“钢笔工具”；会熟练进行路径编辑；会进行描边虚线设置；能创建和编辑复杂图形。

知识目标

掌握画笔的使用方法；掌握虚线的设置方法；掌握路径的调整方法；掌握图形的绘制技巧。

职业素养

图案的填充以及线条效果的变换可以帮助学生完成较为复杂的绘图任务。任务中的案例从不同角度培养了学生善于观察的能力，在学习的同时不断提升自己精益求精的工匠精神。

知识准备

1. 利用“钢笔工具”创建一条直线

(1)执行“文件”→“新建”命令，新建一个文档，单击“钢笔工具”，可以看到鼠标指针为钢笔头状，右下角出现一个 * 时，表示即将开始绘制路径。

注意：如果界面上看不到工具箱，可以执行“窗口”→“工具”→“默认”命令，显示工具箱。

(2)在绘图区内单击，可以看到绘图区内出现一个小的实心正方形，它是新创建的锚点，即直线的起始点。

(3)将鼠标指针向下移动，再次单击鼠标，创建第二个锚点，即直线的终点。两个锚点之间便会出现一条直线。

(4)当完成直线的绘制后，再次单击“钢笔工具”，终止路径的绘制。

> **注意：**当完成一个开放路径的时候，必须再次通过单击“钢笔工具”，才能进行下一个路径的绘制。

有时需要绘制一些固定角度的直线，如水平线、垂线以及45°的直线，可以按住Shift键完成，如图2-1-1所示。

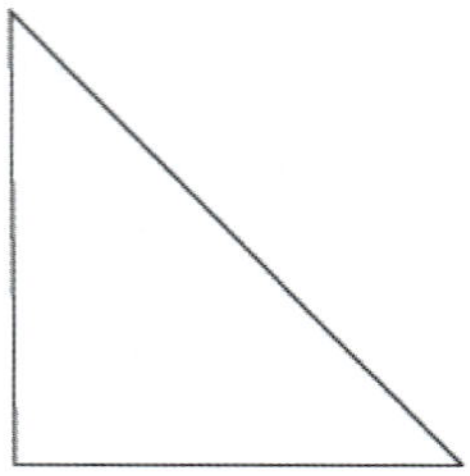

图 2-1-1　创建水平、垂直以及45°直线

2. 利用“钢笔工具”创建等腰直角三角形

(1)执行“文件”→“新建”命令，新建一个文档。单击“钢笔工具”，在绘图区单击鼠标，会出现第一个锚点，即绘制路径的起点。然后按住Shift键不放，将鼠标向右下方移动合适距离后，单击鼠标，绘制出一条倾斜45°的直线，如图2-1-2所示。

(2)用同样的方法，按住Shift键，将鼠标向左平移，这时绘图纸上会出现一根粉色的水平参考线，如图2-1-3所示，沿着参考线一直向左水平移动，与起点垂直时，会出现另一条垂直参考线与水平参考线相交，如图2-1-4所示。在交点上单击鼠标，绘制出一条水平方向的路径，如图2-1-5所示。

图 2-1-2　45°直线

图 2-1-3　水平参考线

图 2-1-4　垂直参考线

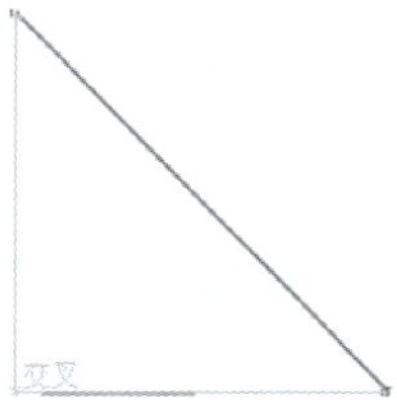

图 2-1-5　绘制水平方向路径

(3)再在起始点单击鼠标，闭合路径，完成路径的绘制。

3. 使用“钢笔工具”绘制曲线

曲线的绘制主要是对方向线和方向点的掌控。下面通过一个例子来体会曲线的绘制技巧，如图2-1-6所示。在这里把曲线分为三组来练习，首先来学习A组简单曲线的绘制方法。

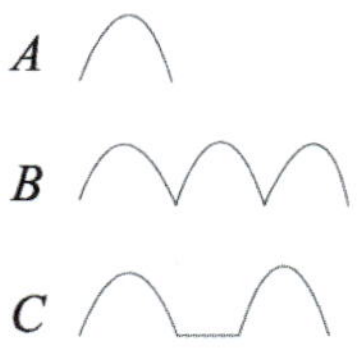

图 2-1-6　绘制曲线

(1)绘制曲线 A

首先执行“文件”→“新建”命令，新建一个文档。单击工具箱中的“钢笔工具”，在绘图区单击鼠标，不要松开，并向上拖曳鼠标，拖曳出锚点的方向线至适当的长度即可，如图 2-1-7 所示。

注意：控制方向线向上拖曳，曲线向上凸，控制方向线向下拖曳，曲线向下凹。

在第一个锚点的正右方适当的位置单击并向下拖曳鼠标。用鼠标单击拖曳方向点调整方向点的位置，如图 2-1-8 所示。在调整过程中体会使用“钢笔工具”的技巧。

再次单击工具箱中的“钢笔工具”，完成路径绘制。

图 2-1-7　方向线

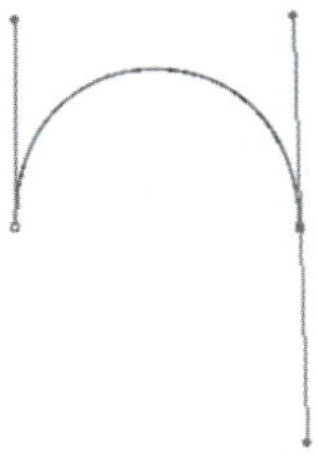

图 2-1-8　曲线 A

(2)绘制曲线 B

前两步和曲线 A 的绘制方法相同，只是在调整好曲线之后，按住 Alt 键，在下方的方向点上单击并向上拖曳鼠标到如图 2-1-9 所示的位置，将“对称曲线锚点”转换成“转角锚点”。放开 Alt 键后，在与前两个锚点平行的适当位置单击鼠标，并向下拖曳鼠标。重复第一步，调整锚点位置。重复第二步，在第四个锚点处向下拖曳鼠标，完成曲线 B 的绘制，如图 2-1-10 所示。

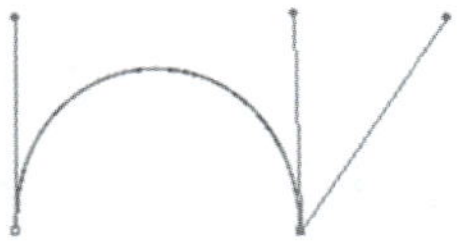

图 2-1-9　拖曳曲线

图 2-1-10　曲线 B

(3)绘制曲线 C

在第一个锚点处用鼠标向上拖曳，在第二个锚点处用鼠标向下拖曳。

在第二个锚点上，当鼠标变成箭头状时单击鼠标，将锚点的下半部分方向线去除。

在第二个锚点的右方水平位置单击，绘制出第三个锚点，这时会发现第二个锚点和第三个锚点之间出现了一条直线，如图 2-1-11 所示。

在第三个锚点的水平右方适当位置单击，并向下拖曳鼠标，绘制出第四个锚点，调整锚点位置，达到所要求的效果，如图 2-1-12 所示。还可以将曲线绘制成凹凸相间的效果，方法雷同。

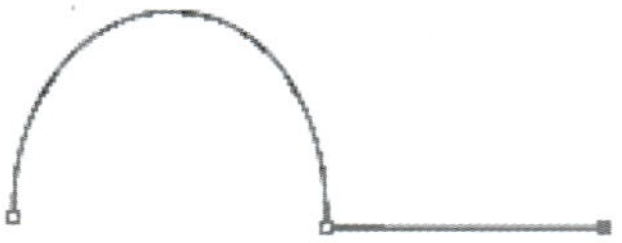

图 2-1-11　曲线和直线

图 2-1-12　曲线 *C*

4. 铅笔工具

“铅笔工具”可以绘制出任意的路径，和日常用铅笔在纸上绘图相似。创建路径后如有需要，还可以及时修改已经绘制完成的路径。

双击工具箱中的“铅笔工具”，会弹出“铅笔工具选项”对话框，如图 2-1-13 所示。

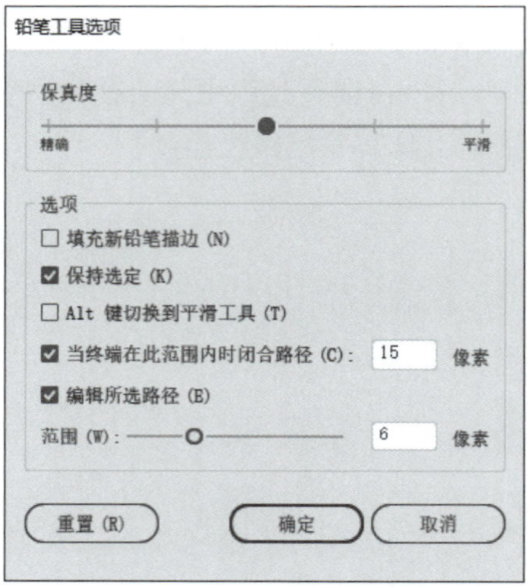

图 2-1-13　“铅笔工具选项”对话框

“铅笔工具选项”对话框包括两大部分：“保真度”和“选项”。

“保真度”用于控制在路径中添加新锚点前，移动鼠标或光笔的最大距离。“保真度”的范围是 0.5～20 像素。数值越小，路径上的锚点越多；数值越大，路径上的锚点越少。

“选项”栏包括“填充新铅笔描边”复选框、“保持选定”复选框“Alt 键切换到平滑工具”复选框、“当终端在此范围内时闭合路径”像素值文本框、“编辑所选路径”复选框、“范围”调节滑块。

选中“填充新铅笔描边”复选框，将对绘制的铅笔描边应用填色，但不对现有铅笔描边。选中“保持选定”复选框，路径绘制完成后将仍处于被选中状态。“编辑所选路径”选项决定是否可使用“铅笔工具”更改现有路径。“范围像素”滑块用于决定鼠标或光笔与现有路径必须达到多大距离，才能使用“铅笔工具”编辑路径。此选项必须在选定“编辑所选路径”后才能使用。设置完成之后，单击“确定”按钮。

5. 使用工具箱填充

在 Illustrator CC 2018 中，用户可以使用多种方法对图形进行填充，如工具箱、“颜色”面板、“色板”面板等。既可以对封闭的路径进行色彩填充，也可以对开放的路径进行色彩填充。

在填充之前，首先要选择好需要填充的对象，然后在工具箱中选择“填充”。如图 2-1-14 所示，使用工具箱中的填色和描边可以选择对象的填色和描边，在填色和描边之间颜色可以相互转换，还可以返回默认的填充和描边颜色。

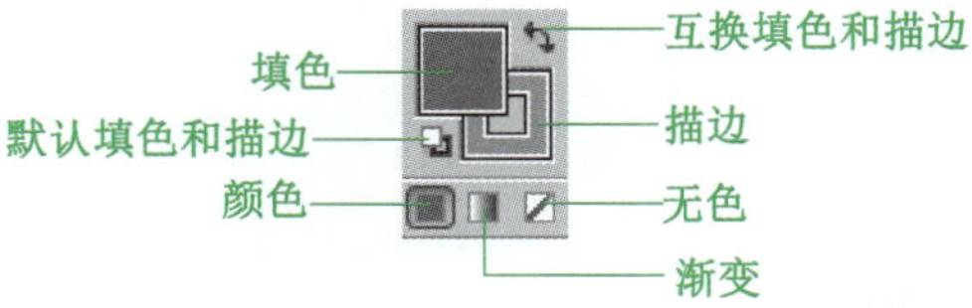

图 2-1-14　填充与笔触选项

双击“填色”按钮或“描边”按钮便会调出“拾色器”对话框，在“拾色器”对话框中可以进行颜色的选择，如图 2-1-15 所示。

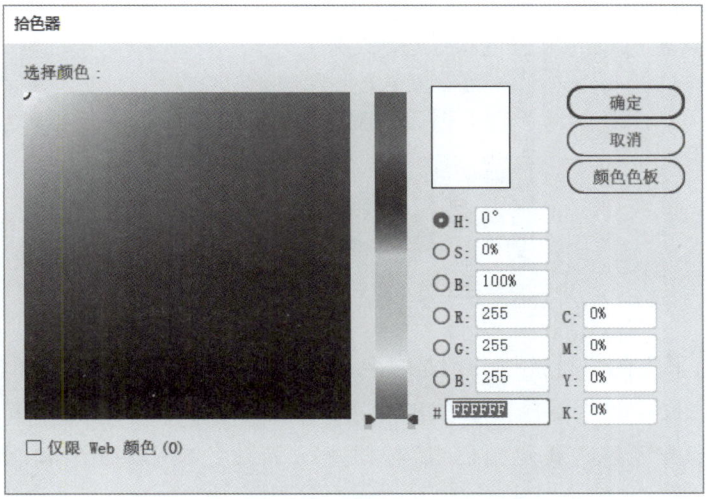

图 2-1-15　“拾色器”对话框

“互换填色和描边”用于切换填充色和描边色；“默认填色和描边”用于返回默认的白色填充和黑色描边色彩设置；“颜色”用于将上次选定的颜色赋予当前选择的图形；“渐变”用于将上次选定的渐变色赋予当前选择的图形；“无色”用于将当前选择的图形色彩取消。

6. “颜色”面板

选择“颜色”面板，如图 2-1-16 所示，可以方便地设置对象的填充色和描边色。单击面板右上角的按钮，在下拉菜单中可以选择不同的颜色模式，如图 2-1-17 所示，菜单中有“灰度”、“RGB”、“HSB”、“CMYK”和“Web 安全 RGB”模式。

使用“颜色”面板编辑填充色和描边色的方法如下：

(1)用“选择工具”选择需要填色的图形。

(2)将鼠标定位在颜色条上，这时鼠标会变成吸管图标，单击鼠标将颜色赋予所选图形。

另外，还可以拖动滑块进行颜色的设置，或者在滑块右边的文本框中输入数值进行颜色的设置。

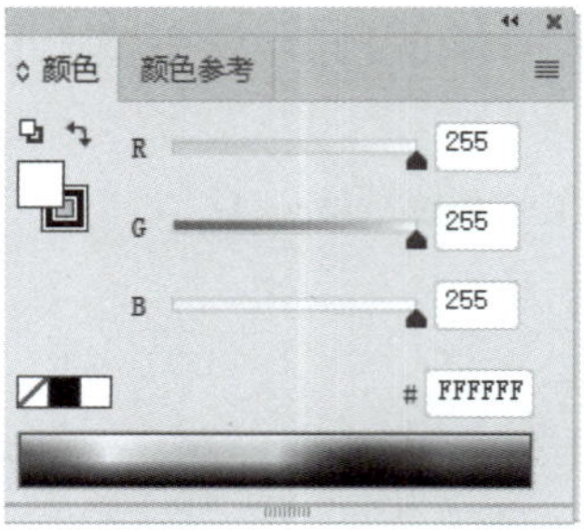

图 2-1-16 “颜色”面板

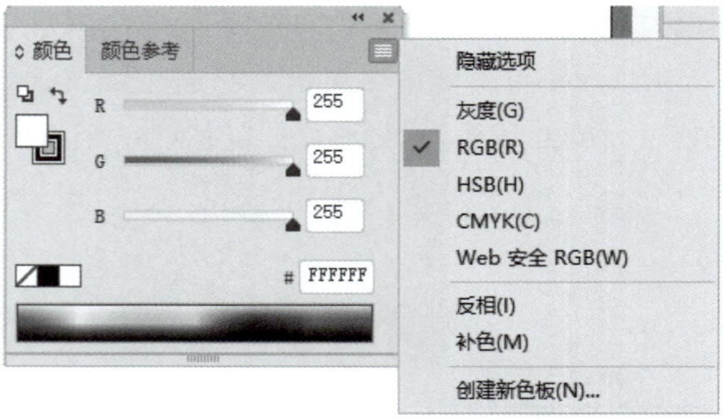

图 2-1-17 不同模式下的“颜色”面板

7.“色板”面板

“色板”面板是可以储存颜色、渐变、图案的面板。选择“色板”面板，如图 2-1-18 所示，可以方便地设置对象的填充色和描边色。

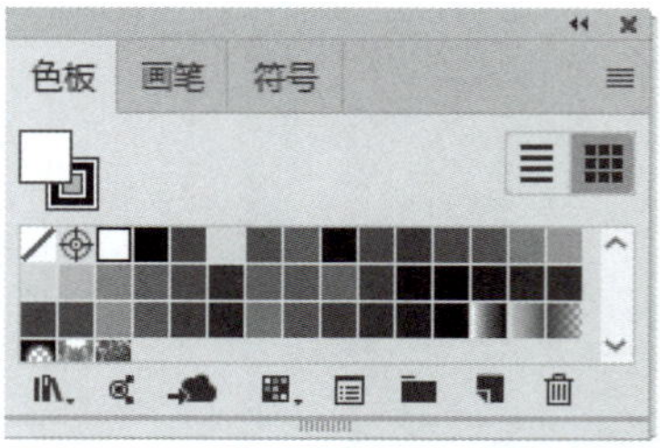

图 2-1-18 “色板”面板

“色板”面板下方的一排按钮分别是“‘色板库’菜单”按钮、“打开颜色主题面板”按钮、“将选定色板和颜色组添加到我的当前库”按钮、“显示‘色板类型’菜单”按钮、“色板选项”按钮、“新建颜色组”按钮、“新建色板”按钮和“删除色板”按钮。单击面板右上角的扩展按钮可以进行更多的“色板”面板操作。

8.“渐变”面板

渐变是指多种颜色之间或者同一颜色的深浅之间的平滑过渡，可以使用“渐变”面板创建新的渐变或者修改一个已经存在的渐变。

打开“渐变”面板，如图 2-1-19 所示，系统默认为黑白渐变色。系统为用户提供了已经预置好的渐变样式，在“渐变”面板左上角的图形上以缩略图的方式显示出来。当鼠标单击缩略图旁的下拉按钮后，弹出系统预置的渐变样式，如图 2-1-20 所示。

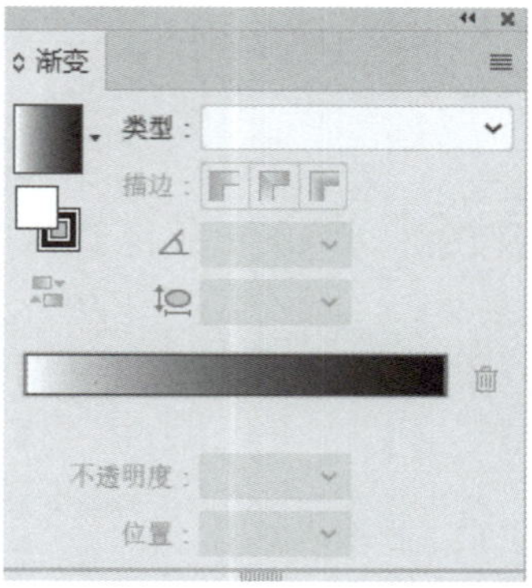

图 2-1-19 “渐变”面板

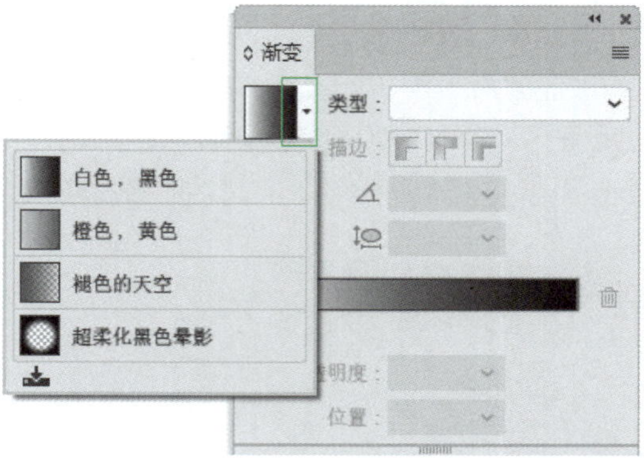

图 2-1-20 预置渐变样式

"类型"包括"径向"渐变和"线性"渐变，如图 2-1-21、图 2-1-22 所示；"反相渐变"按钮使渐变的起始两色进行转换；"角度"指线性渐变的渐变方向；"长宽比"指渐变起始端在图形中的比例位置；"不透明度"指渐变色的不透明度；"位置"指渐变滑块的位置参数。

图 2-1-21　径向渐变

图 2-1-22　线性渐变

渐变颜色由渐变滑块中一系列色标决定。色标是渐变从一种颜色到另一种颜色的转换点，由渐变滑块下方的方块表示。当鼠标双击时，弹出颜色选择界面，如图 2-1-23 所示，在该界面中可以定义渐变色的颜色。

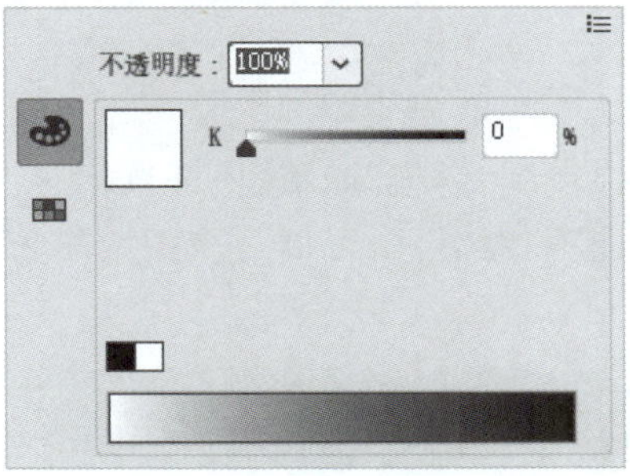

图 2-1-23　"渐变"面板的颜色选择界面

还可以通过"色板"面板来定义渐变色。单击"渐变"面板上的色标后，按住 Alt 键，在色板上单击所需要的颜色，或者将"色板"面板上选择所需要的颜色拖动到"渐变"面板的色标上。

默认情况下渐变为黑白色渐变，当需要多个颜色的渐变时，只需要在"渐变"面板的滑块上单击，就会生成一个新的色标。当不需要某个色标时，可以单击"删除"按钮，也可以用鼠标单击色标之后向下拖曳进行删除。

注意：渐变只能用于路径，而不能用于文字、画笔等。如果需要使用渐变效果，则需要将文字、画笔转化为轮廓后再实现渐变。

9. 图案填充

使用图案填充不但可以对图形进行填充，而且可以对画笔、描边进行填充。既可以使用系统预置的图案，也可以使用自定义的图案。

应用图案填充很简单，首先选择需要填充的对象，然后在"色板"中选择需要的图案进行填充，填充效果如图 2-1-24 所示。

(a) (b) (c)

图 2-1-24 图案填充图形效果

图案除了适用于填充和描边外，还能用于文本，如图 2-1-25 所示。如果软件预置的图案不能满足要求，用户可以自己创建图案。要创建一个图案，必须先创建一个用作图案的线稿。对于一个图案，可以使用带有实心、非实心填充的路径或者文本、复合路径。创建图案的方法如下：

图 2-1-25 图案填充文字效果

(1)在画板中绘制好图案。

(2)将图案选中，用鼠标拖曳到“色板”面板，松开鼠标，就会自动生成图案图标。

(3)双击图案打开“图案选项”对话框，可以对该图案的名称进行修改。

任务 1 绘制迷路的麋鹿

任务描述

“画笔工具”是 Illustrator 中绘制特殊线条的工具，基本图形工具、“钢笔工具”都可以绘制不同的外形，本任务就是使用这些工具绘制一只迷路的麋鹿，效果如图 2-1-26 所示。

图 2-1-26 迷路的麋鹿效果

微课

绘制迷路的麋鹿

设计要点

1. 楼房的绘制。使用“矩形工具”绘制多个矩形，使用“直接选择工具”进行局部变形，使用“矩形工具”拖曳出大小不同的矩形作为楼房的窗户。

2. 麋鹿的绘制。使用“矩形工具”绘制麋鹿的头部、身体和四肢，用“画笔工具”绘制鹿角，使用“多边形工具”和“椭圆工具”绘制嘴和眼睛。

▶ 任务实施

步骤 1　启动 Illustrator CC 2018，执行“文件”→“新建”命令，创建一个长为210 mm、宽为 135 mm 的 CMYK 图形文件，如图 2-1-27 所示。

图 2-1-27　“新建文档”对话框

步骤 2　使用“矩形工具”，拖曳出一个矩形并填充为灰蓝色(C69，M59，Y23，K12)。接着使用“画笔工具”在画面中绘制出地面，填充为深灰蓝色(C90，M65，Y55，K15)作为背景，如图 2-1-28 所示。

步骤 3　绘制近处的楼房。使用“矩形工具”拖曳出不同大小的矩形放置在背景中，填充色为(C90，M90，Y50，K15)，使用“直接选择工具”将部分矩形稍微倾斜变形，使之视觉效果更为夸张。选中近处的楼房的图形，执行“对象”→“编组”命令，使其群组起来，便于后期编辑。选中楼房群组，执行“对象”→“排列”→“后移一层”命令，如图 2-1-29 所示。

图 2-1-28　绘制插图背景

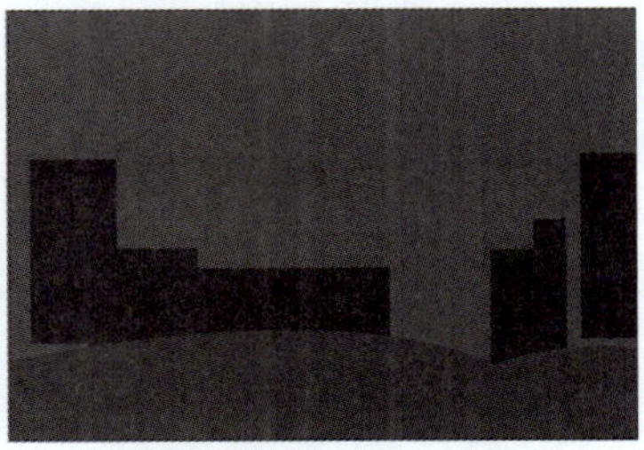
图 2-1-29　绘制远处的楼房

步骤 4　在远处绘制更多的楼房以增加空间感。使用“矩形工具”拖曳出矩形，填充色为(C90，M90，Y50，K35)，使用“直接选择工具”将部分矩形稍微倾斜变形，使之视觉效果更为夸张。选中远处的楼房的图形，执行“对象”→“编组”命令。使其群组起来，便于后期编辑。选中新绘制的楼房群组，使用“对象”→“排列”→“后移一层”命令，使之放置在步骤 3 绘制的楼房之后。为楼房增加细节，使用“矩形工具”拖曳出大小不同的矩形作为楼房的窗户，填充色为(C100，M50，Y50，K0)，如图 2-1-30 所示。

步骤 5　使用“钢笔工具”绘制灌木丛，填充色为(C30，M0，Y85，K20)。选中灌木丛的图形，使用“对象”→“排列”→“后移一层”命令，使之放置在地面层的后面，如图 2-1-31 所示。

图 2-1-30　绘制楼房的窗户

图 2-1-31　绘制灌木丛

步骤 6　绘制麋鹿。首先绘制麋鹿的头部。使用“矩形工具”拖曳出一个矩形，填充色为(C0，M30，Y65，K0)。使用“直接选择工具”对矩形进行变形，效果如图 2-1-32 所示。

步骤 7　麋鹿身体的绘制方法和步骤 6 一样，效果如图 2-1-33 所示。

图 2-1-32　绘制麋鹿的头

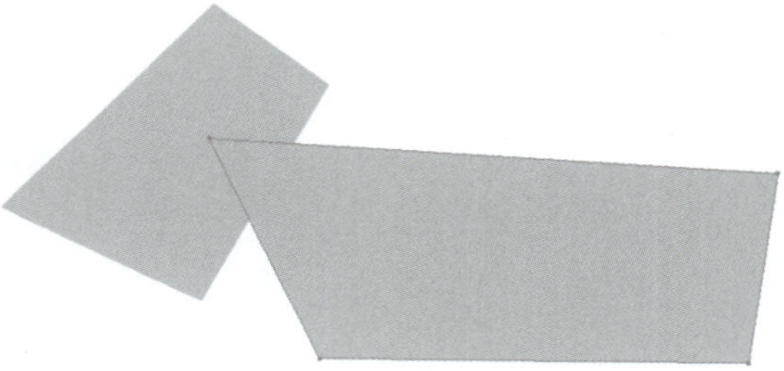

图 2-1-33　绘制麋鹿的身体

步骤 8　接着绘制麋鹿的四肢。使用“矩形工具”拖曳出两个矩形，填充色为(C0，M30，Y65，K0)。使用“直接选择工具”对矩形进行变形，作为麋鹿一侧的两条腿。再使用“矩形工具”拖曳出两个矩形，填充色为(C0，M30，Y70，K25)。使用“直接选择工具”对矩形进行变形，效果如图 2-1-34 所示。

步骤 9　绘制麋鹿的角。使用“斑点画笔工具”，选择填充色为(C0，M30，Y70，K38)，绘制效果如图 2-1-35 所示。

图 2-1-34　绘制麋鹿的四肢

图 2-1-35　绘制麋鹿的角

步骤 10　绘制麋鹿的眼睛。使用“椭圆工具”绘制两个黑色的正圆形，作为麋鹿的眼睛，再绘制两个较小的白色的正圆形，作为眼睛的高光。

步骤 11　绘制麋鹿的嘴巴和尾巴，这里使用的是“多边形工具”。首先需要调出“多边形工具”的控制选项面板，将多边形边数设置为 3。嘴巴的绘制需要 2 个三角形，填充色为(C15,M86,Y100,K0)；尾巴的填充色为(C0,M30,Y65,K0)。嘴巴和尾巴的造型需要使用“直接选择工具”稍微倾斜变形，使其视觉效果更为夸张。效果如图 2-1-26 所示。

步骤 12　绘制麋鹿的阴影。使用“椭圆工具”拖曳出一个椭圆形，填充色为(C90,M70,Y60,K40)，放在麋鹿的脚下。然后将麋鹿各部分全部选中，使用“对象”→“编组”命令，使其群组起来，便于后期编辑。选中麋鹿，将其放置在之前所绘制的背景中。

步骤 13　绘制天空中的星星。使用“星形工具”绘制多个大小不一的星星，填充色为(C0,M0,Y100,K0)。使用“选择工具”将星星放置在天空的不同位置，即完成插画的绘制，最终效果如图 2-1-26 所示。

任务 2　绘制章鱼

任务描述

“铅笔工具”和“钢笔工具”都能够绘制曲线，配合基本图形工具可以绘制各种外形。本任务就是使用这些工具以及路径查找器、渐变填充、路径扩展、不透明蒙版等共同绘制一只可爱的章鱼，效果如图 2-1-36 所示。

图 2-1-36　章鱼效果

微课

绘制章鱼

设计要点

1. 章鱼头部的绘制。使用“椭圆工具”绘制章鱼的头部、眼睛、牙齿、舌头等，使用“路径查找器”减去部分图形得到嘴巴，然后分别上色、对齐组合。

2. 章鱼触角的绘制。使用“钢笔工具”或“铅笔工具”以及路径偏移绘制章鱼的 8 条触角，路径宽度调整为 15 pt。

任务实施

步骤 1　执行“文件”→“新建”命令，创建一个名为“章鱼”，宽度为 300 mm，高度为 210 mm 的 RGB 图形文件。使用“椭圆工具”绘制一个半径为 60 mm 的圆形，填充为绿色，无描边，如图 2-1-37 所示。使用“直接选择工具”选中最下方的锚点，向下拖动一定距离，得到如图 2-1-38 所示的形状。

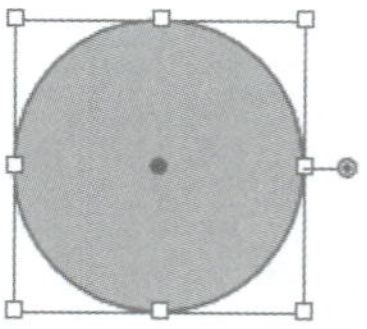
图 2-1-37　绘制并填充圆形

图 2-1-38　拖动锚点变形

步骤 2　复制变形后的圆形，然后选中最下方的锚点，适当向上拖动，并填充为亮绿色，如图 2-1-39 所示。

步骤 3　使用“椭圆工具”绘制 6 个大小不同的椭圆形(绘制一个大的椭圆形，其他 5 个通过等比例缩放得到)，填充为比前一种更亮的亮绿色。选中所有对象并编组，如图 2-1-40 所示。

图 2-1-39　章鱼的脸部

图 2-1-40　章鱼的头部

步骤 4　绘制一个圆形，填充为黑色，无描边。绘制一个矩形，盖住半个圆，选中两个对象，打开“路径查找器”，单击“减去顶层”按钮，得到如图 2-1-41 所示的半圆形。

步骤 5　画两个小圆形作为牙齿。先画出一个圆形，然后按住“Alt＋Shift”快捷键向右拖动得到另外一个圆形(注意按住 Alt 键拖动是复制，按住 Shift 键拖动是水平、垂直移动)，选中两个小圆形，编组。同时选中黑色半圆形，调出“对齐”面板，单击“水平居中对齐”按钮，如图 2-1-42 所示。

图 2-1-41　绘制嘴巴

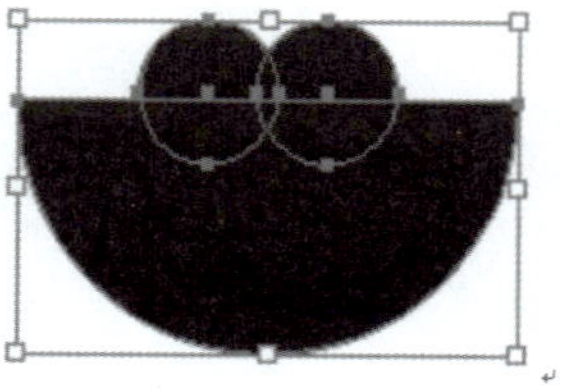
图 2-1-42　绘制牙齿

步骤 6　打开“路径查找器”，单击“联集”按钮拼合两个小圆形，选中嘴巴，按“Ctrl＋C”快捷键和“Ctrl＋F”快捷键复制黑色嘴巴，选中复制的嘴巴和拼合后的小圆形，然后单击“路径查找器”中的“交集”按钮，得到相连的两个半圆形，填充为白色，如图 2-1-43 所示。

步骤 7　绘制舌头。画一个圆形，放置在嘴巴的正下方，选中嘴巴、牙齿和嘴巴下方的圆形，水平居中对齐。像制作牙齿一样，按“Ctrl＋F”快捷键复制嘴巴，然后选中嘴巴和舌头，单击“交集”，得到如图 2-1-44 所示的效果。

步骤 8　选中舌头，进行线性渐变填充，左边为粉色（R255，G15，B255），右边为浅粉色（R246，G179，B208），效果如图 2-1-45 所示。

图 2-1-43　牙齿效果

图 2-1-44　绘制舌头

图 2-1-45　舌头效果

步骤 9　将嘴巴、舌头、牙齿置于头的上一层，选中所有元素并水平居中对齐，效果如图 2-1-46 所示。

步骤 10　绘制眼睛。绘制一个圆形，填充为黑色，然后再绘制两个小圆形并填充为白色，将刚才绘制的三个圆形编组，按住“Alt＋Shift”快捷键向右拖动得到另一只眼睛。调整眼睛位置后，头部绘制完成，效果如图 2-1-47 所示。

图 2-1-46　头部、嘴巴、舌头、牙齿组合效果

图 2-1-47　头部完成效果

步骤 11　从头的左侧 1/3 高度处，使用“铅笔工具”绘制一条曲线。在“属性”面板中，改变“描边”值为 15 pt，端点为“圆头端点”，颜色与脸部一致。选中曲线，选择“对象”→“扩展”命令，在弹出的“扩展”对话框中勾选“填充”，单击“确定”按钮。得到如图 2-1-48 所示的效果。

步骤 12　选中触角，选择“对象”→“路径”→“偏移路径”命令，在弹出的“偏移路径”对话框中，将“位移”设置为－1 mm，得到比原来触角小的路径，颜色与头部阴影颜色一致。用“选择工具”将其向下移动到触角的边缘，这时候就得到了一条完整的触角，如图 2-1-49 所示。

步骤 13　重复如上过程多次，直至画出八条触角。触角的光源要保持一致。例如，第八条触角，高光在右侧，暗部在左侧，刚好跟第一条触角相反。至此，章鱼就画好了，效果如图 2-1-50 所示。

图 2-1-48　绘制触角

图 2-1-49　触角效果

图 2-1-50　章鱼效果

步骤 14　新建图层，命名为“背景”，在该图层中绘制一个跟画布等大的矩形，填充径向渐变，颜色从浅蓝色到深蓝色，如图 2-1-51 所示。新建一个矩形，填充为白色，放置在画布中心，如图 2-1-52 所示。

图 2-1-51　绘制背景

图 2-1-52　绘制矩形

步骤 15　选择“效果”→“扭曲和变换”→“自由扭曲”命令，打开“自由扭曲”对话框，如图 2-1-53 所示，可以看到矩形的各个角点。按住 Shift 键，把矩形上方的两个角点互换位置，调整完毕后单击“确定”按钮，得到如图 2-1-54 所示的效果。

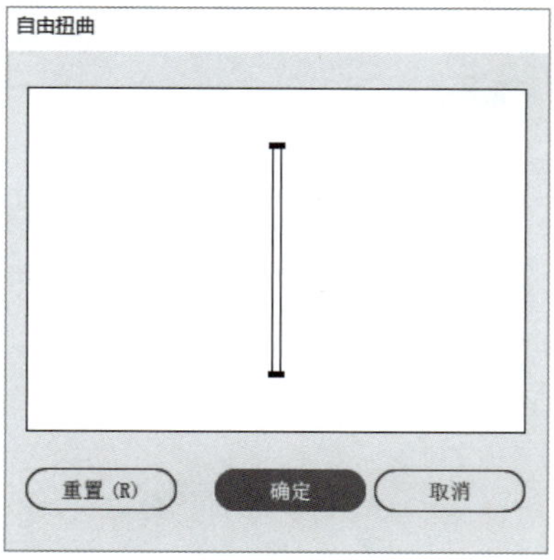

图 2-1-53　“自由扭曲”对话框

步骤 16　选中变形得到的图形，选择“对象”→“扩展外观”命令，通过扩展外观确认变形后才能继续旋转。在工具箱中双击“旋转”按钮，在弹出的“旋转”对话框中输入 20°，如图 2-1-55 所示，单击“复制”按钮，然后按住“Ctrl＋D”快捷键不断复制。得到完整的白色放射状图形后，编组并把不透明度调为 50％，效果如图 2-1-56 所示。

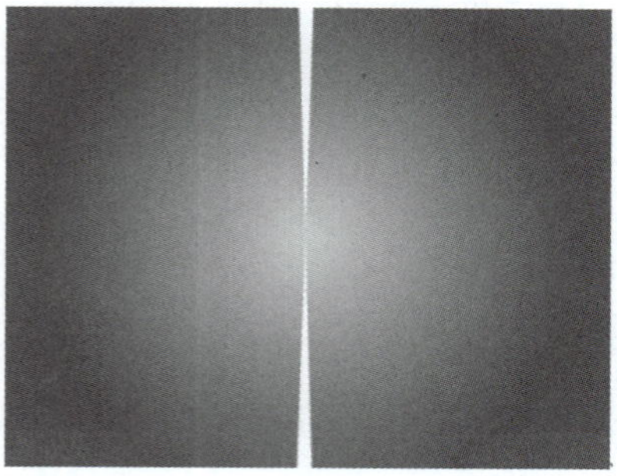

图 2-1-54　扭曲效果

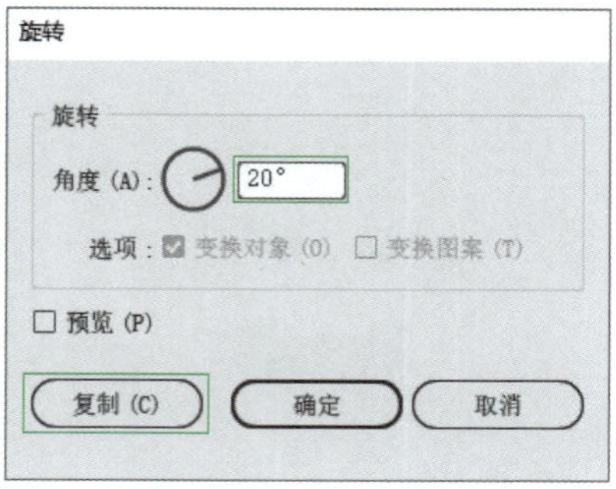

图 2-1-55　“旋转”对话框

步骤 17　创建一个与蓝色矩形宽度一样的正方形，添加白色到黑色的径向渐变，同时选中正方形和白色放射体，打开“透明度”面板，展开扩展菜单，选择“新建不透明蒙版为剪切蒙板”，效果如图 2-1-57 所示。

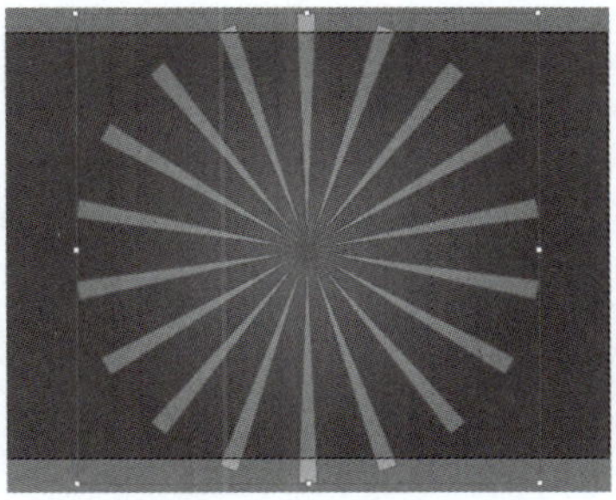

图 2-1-56　旋转图形

图 2-1-57　建立蒙版

步骤 18　将此图层调到底层，把章鱼所在层与此层调整好位置，得到最终效果，如图 2-1-36 所示。

任务 3　绘制可爱女孩

任务描述

插画制作是 Illustrator 的主要应用领域之一，本任务通过“基本图形工具”、“渐变工具”、“钢笔工具”以及符号的运用，绘制一幅可爱女孩的插画，效果如图 2-1-58 所示。

图 2-1-58　可爱女孩

设计要点

1. 女孩五官的绘制。使用“椭圆工具”和“钢笔工具”绘制女孩的头部、眼睛、嘴巴、头发等，使用渐变填充分别上色、组合。

2. 女孩身体的绘制。使用“钢笔工具”绘制女孩的衣服、手臂和脚，使用渐变填充分别上色、组合。

任务实施

步骤 1　执行“文件”→“新建”命令，创建一个名为“可爱女孩”，宽度为 230 mm，高度为 200 mm 的 RGB 图形文件。

步骤 2　使用“椭圆工具”绘制一个椭圆形，逆时针旋转一定的角度，作为女孩的头部，如图 2-1-59 所示。选中椭圆形，填充 RGB 值分别为(R248，G197，B160)的肉色到白色的线性渐变，无描边，效果如图 2-1-60 所示。

步骤 3　使用“椭圆工具”绘制两个小椭圆形，并填充为黑色，作为女孩的眼睛，如图 2-1-61 所示。

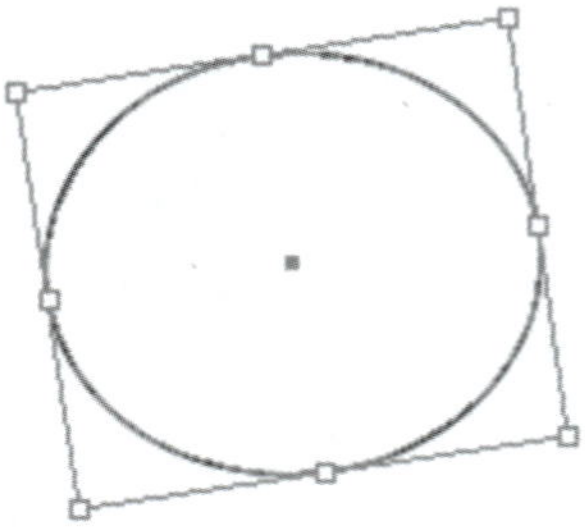

图 2-1-59　绘制头部

图 2-1-60　头部填充颜色

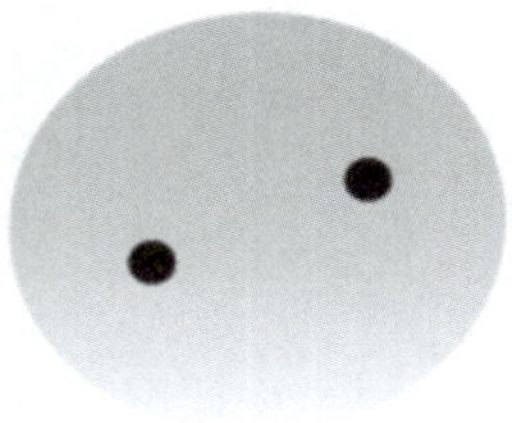

图 2-1-61　绘制眼睛

步骤 4　绘制两个椭圆形，分别放在女孩脸部的两侧，填充肉粉色(R245，G181，B159)，选中这两个椭圆形，选择“效果”→“模糊”→“高斯模糊”命令，设置参数如图 2-1-62 所示，单击“确定”按钮，得到脸颊。用“钢笔工具”绘制一条弧线作为女孩的嘴巴，效果如图 2-1-63 所示。

步骤 5　使用“钢笔工具”绘制女孩的头发，并填充 RGB 值分别为(R245，G178，B114)到(R89，G64，B29)的线性渐变。绘制头饰，填充 RGB 值分别为(R250，G237，B0)到(R23，G85，B19)的径向渐变。效果如图 2-1-64 所示。

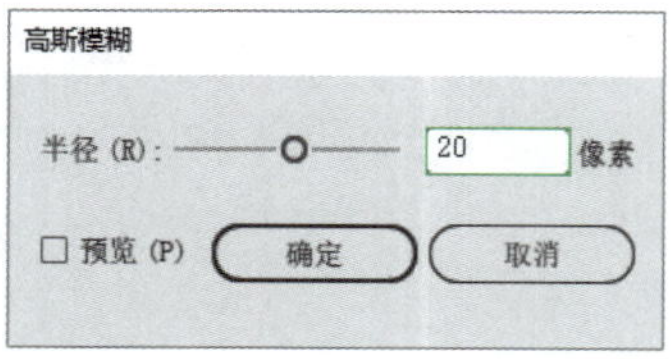

图 2-1-62　“高斯模糊”对话框

图 2-1-63　绘制嘴巴

图 2-1-64　绘制头发和头饰

步骤 6　使用“钢笔工具”和“椭圆工具”绘制女孩的衣服，并填充 RGB 值分别为(R242，G241，B162)到(R238，G124，B37)的线性渐变，效果如图 2-1-65 所示。

步骤 7　使用“钢笔工具”绘制女孩的手臂，并填充为绿色(R156，G202，B93)，效果如图 2-1-66 所示。

步骤 8　使用“钢笔工具”绘制女孩的手掌、腿和脚等，并填充 RGB 值分别为(R252，G244，B205)到(R241，G150，B92)的线性渐变，调整好层次位置，最终效果如图 2-1-67 所示。

图 2-1-65 绘制衣服

图 2-1-66 绘制手臂

图 2-1-67 绘制手掌、腿、脚

步骤 9 打开符号库中的“庆祝”面板，如图 2-1-68 所示，选择“气球”符号添加到画板中，调整好位置，如图 2-1-69 所示。

步骤 10 选择“文件”→“置入”命令，选择本书配套资源中的“模块 2\项目 1\素材\背景.ai”，将其置入文档中作为背景，如图 2-1-70 所示，移动女孩到背景中，并调整大小，得到如图 2-1-58 所示的最终效果。

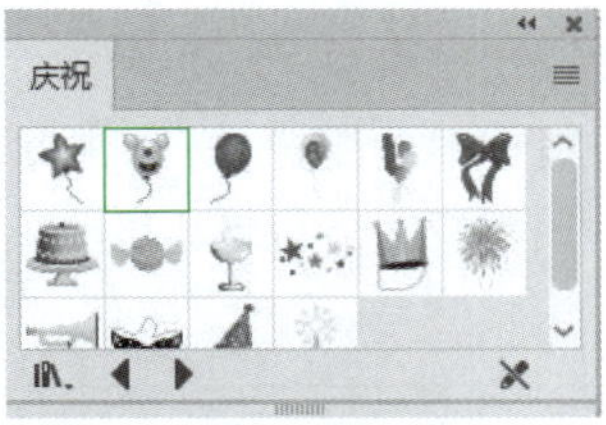

图 2-1-68 符号库“庆祝”面板

图 2-1-69 调整位置

图 2-1-70 置入背景

项目 2 渐变网格和封套扭曲

能力目标

会创建、编辑网格点；掌握渐变网格的使用；学会使用多种方式建立封套扭曲；学会“封套扭曲工具”的运用。

知识目标

熟练掌握“渐变工具”的使用方法；理解并能熟练运用网格点为制作图片服务；熟练掌握“封套扭曲工具”的几种建立方式并能熟练应用；在实际操作中熟练运用渐变网格与封套扭曲。

职业素养

复杂工具的熟练应用需要时间与耐心的结合。在反复操作练习后，学生面对较为抽象的图形、图像时可以得心应手，这既培养了学生刻苦耐劳的优秀品质，同时又提高了学生勇于探索，坚持不懈的良好品质。

知识准备

1. 网格对象

网格对象是一种多色对象，其上的颜色可以沿不同方向顺畅分布且从一点平滑过渡到另一点。创建网格对象时，将会有多条线(称为网格线)交叉穿过对象，这为处理对象上的颜色过渡提供了一种简便方法。通过移动和编辑网格线上的点，可以更改颜色的变化强度，或者更改对象上的着色区域范围，如图 2-2-1 所示。

在两条网格线相交处有一种特殊的锚点，称为网格点。网格点以菱形显示，且具有锚点的所有属性，只是增加了接受颜色的功能。可以添加和删除网格点、编辑网格点，或更改与每个网格点相关联的颜色。

网格中也同样会出现锚点（区别在于其形状为正方形而非菱形），这些锚点与 Illustrator 中的其他锚点一样，可以添加、删除、编辑和移动。锚点可以放在任何网格线上。可以单击一个锚点，通过拖动其方向控制手柄来修改该锚点。

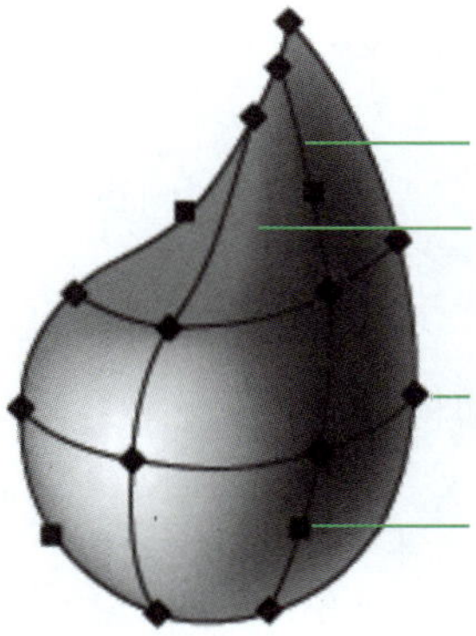

图 2-2-1　网格对象

任意 4 个网格点之间的区域称为网格面片，可以用更改网格点颜色的方法来更改网格面片的颜色。

2. 创建网格对象

可以基于矢量对象（复合路径和文本对象除外）来创建网格对象，但无法通过链接的图像来创建网格对象。

若要提高性能、加快重新绘制速度，请将网格对象保持为最小的大小。复杂的网格对象会使系统性能大大降低。因此，最好创建若干个小而简单的网格对象，而不要创建单个复杂的网格对象。如果要转换复杂对象，用“创建网格”命令可以得到最佳结果。

(1)使用不规则的网格点图案来创建网格对象

选择“网格工具”，然后为网格点选择填充颜色。单击第一个网格点将要放置到的位置。该对象将被转换为一个具有最低网格线数的网格对象。继续单击可添加其他网格点。按住 Shift 键并单击可添加网格点而不改变当前的填充颜色。

(2)使用规则的网格点图案来创建网格对象

选择该对象，然后选择“对象”→“创建渐变网格”命令。在弹出的“创建渐变网格”对话框中，设置行数和列数，然后从“外观”菜单中选择高光的方向：

- 平淡色：在表面上均匀应用对象的原始颜色，从而导致没有高光。
- 至中心：在对象中心创建高光。
- 至边缘：在对象边缘创建高光。

输入高光的百分比以应用于网格对象，值为 100%可将最大白色高光应用于对象，值为 0%不会在对象中应用任何白色高光。

(3)将渐变填充对象转换为网格对象

选择该对象，然后选择“对象”→“扩展”命令。在弹出的“扩展”对话框中，选择“渐变网格”，然后单击“确定”按钮。所选对象将被转换为具有渐变形状的网格对象：圆形（径向）或矩形（线性）。

(4)将网格对象转换回路径对象

选择网格对象，选择“对象”→“路径”→“偏移路径”命令，在弹出的“偏移路径”对话框中，输入 0 作为位移值。

3. 编辑网格对象

可以使用多种方法来编辑网格对象，如添加、删除和移动网格点，更改网格点和网格面片的颜色，以及将网格对象恢复为常规对象等。

执行下列任一操作来编辑网格对象：

(1)若要添加网格点，请选择“网格工具”，然后为新网格点选择填充颜色。接下来，单击网格对象中的任意一点。

(2)若要删除网格点，请按住 Alt 键，选择“网格工具”并单击该网格点。

(3)若要移动网格点，请选择“网格工具”或“直接选择工具”并拖动它。按住 Shift 键并单击“网格工具”后拖动网格点，可使该网格点保持在网格线上。要沿一条弯曲的网格线移动网格点而不使该网格线发生扭曲，这不失为一种简便的方法。

(4)若要更改网格点或网格面片的颜色，请选择网格对象，然后将“颜色”面板或“色板”面板中的颜色拖到该点或面片上。或者，取消选择所有对象，选择一种填充颜色，然后选择网格对象，使用“吸管工具”将填充颜色应用于网格点或网格面片。

4. 设置渐变网格的透明度

可以设置渐变网格中的透明度，还可以指定单个网格点的透明度。指定透明度的步骤如下：

(1)选择一个或多个网格点或网络面片。

(2)通过“透明度”面板中的控制板或“外观”面板中的控制板设置不透明度。

5. 关于封套

封套是对选定对象进行扭曲和改变形状的对象，如图 2-2-2、图 2-2-3 所示。可以利用画板上的对象来制作封套，或使用预设的变形形状或网格作为封套。除图表、参考线或链接对象以外，可以在任何对象上使用封套。

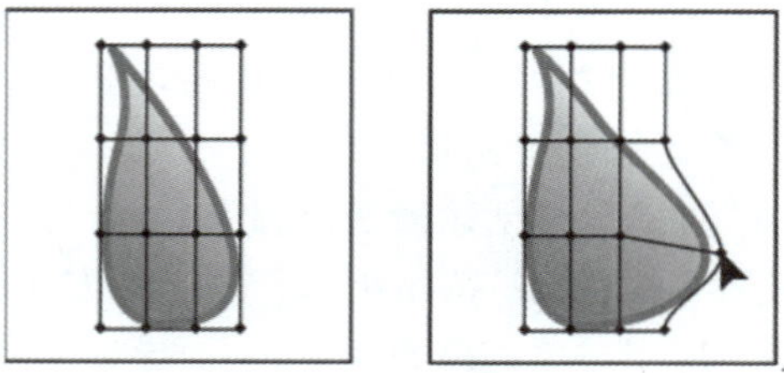

(a) (b)

图 2-2-2 网格封套

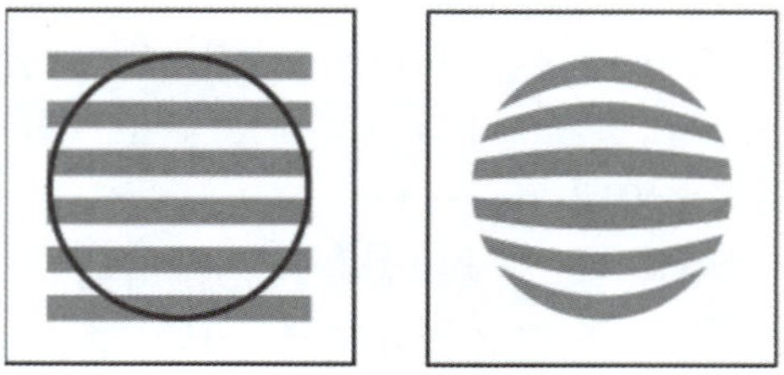

(a) (b)

图 2-2-3 从其他对象创建封套

"图层"面板以"封套"形式列出了封套。在应用了封套之后，仍可继续编辑原始对象。还可以随时编辑、删除或扩展封套。可以编辑封套形状或被封套的对象，但不可以同时编辑这两项。

6. 使用封套扭曲对象

选择一个或多个对象，使用下列方法之一创建封套：

●要使用封套的预设变形形状，请选择"对象"→"封套扭曲"→"用变形建立"命令。在"变形选项"对话框中，选择一种变形样式并设置选项。

●要设置封套的矩形网格，请选择"对象"→"封套扭曲"→"用网格建立"命令。在"封套网格"对话框中，设置行数和列数。

●若要使用一个对象作为封套的形状，请确保对象的堆栈顺序在所选对象之上。如果不是这样，请使用"图层"面板或"排列"命令将该对象向上移动，然后重新选择所有对象。接下来，选择"对象"→"封套扭曲"→"用顶层对象建立"命令。

执行下列任一操作来改变封套形状：

●单击"直接选择工具"或"网格工具"拖动封套上的任意锚点。

●若要删除网格上的锚点，请使用"直接选择工具"或"网格工具"选择该锚点，然后按 Delete 键。

●若要向网格添加锚点，请使用"网格工具"在网格上单击。

要将描边或填充应用于封套，请使用"外观"面板。

7. 编辑封套内容

选择封套，然后执行下列操作之一：

●单击"属性"面板中的"编辑内容"按钮。

●选择"对象"→"封套扭曲"→"编辑内容"命令。

如果封套是由编组路径组成的，请单击"图层"面板中展开按钮以查看和定位要编辑的路径。在修改封套内容时，封套会自动偏移，以使结果和原始内容的中心点对齐。

要将对象恢复为其封套状态，请执行下列操作之一：

●单击"属性"面板中的"编辑封套"按钮。

●选择"对象"→"封套扭曲"→"编辑封套"命令。

任务 1　绘制北极光

任务描述

"网格工具"是 Illustrator 中绘制、编辑特殊路径的工具，"网格工具"、"直接选择工具"及一些上色工具经常会配合使用，本任务就是使用这些工具绘制北极光，效果如图 2-2-4 所示。

图 2-2-4　北极光效果

微课

绘制北极光

设计要点

在制作简单的几何形状(通常是矩形)时,先设置网格点,然后再变形为复杂图形,这样对网格线的分布比较容易控制。

任务实施

步骤 1　执行“文件”→“新建”命令,创建一个长度、宽度均为 200 mm 的 RGB 图形文件。选择工具箱里的“矩形工具”,在绘图区绘制一个大小适中的矩形,如图 2-2-5 所示。

步骤 2　执行“对象”→“创建渐变网格”命令,在弹出的对话框中设置“行数”为 1,“列数”为 1,其他默认,如图 2-2-6 所示,单击“确定”按钮,这样就将矩形转变为一个最简单的渐变网格,在此基础上可以添加更多的细节,创建各种各样的渐变效果。

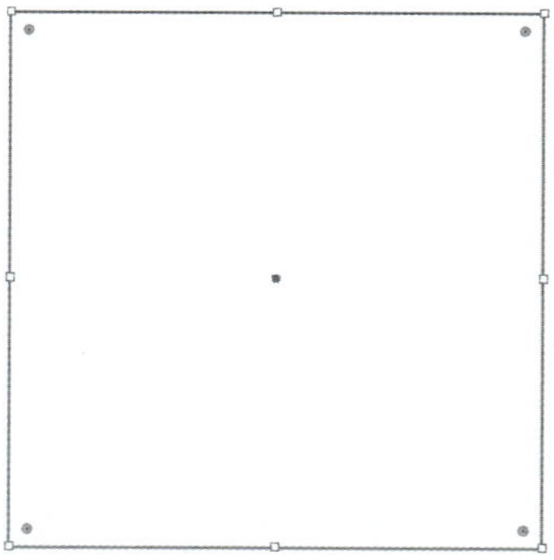

图 2-2-5　矩形

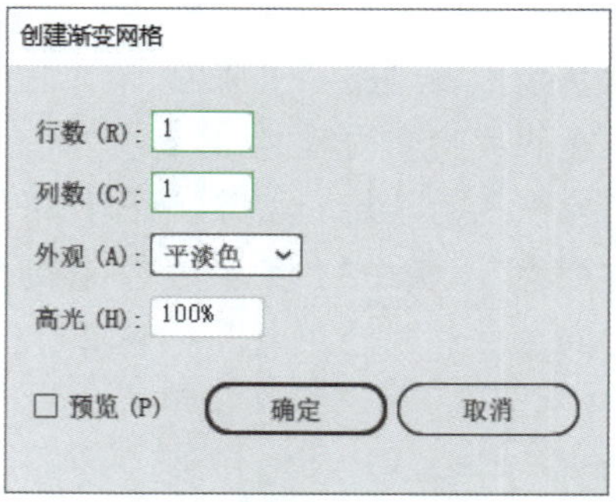

图 2-2-6　“创建渐变网格”对话框

步骤 3　将渐变网格的 4 个“锚点”均设置为黑色或较深的背景色,利用工具箱里的“直接选择工具”移动锚点,利用“锚点工具”调整锚点之间线条的曲度,交替使用此两种工具直至调整为如图 2-2-7 所示外形。

步骤 4　选择工具箱中的“网格工具”,在渐变网格边缘处单击,并调整锚点位置如图 2-2-8 所示。每次只添加一条曲线,并在先前的曲线上单击。不要在渐变网格内部随意添加,以免产生多余的不可猜测的线条和锚点。

步骤 5　在新添加的曲线上再次单击,即可产生一条新的曲线和锚点,设置中间锚点的颜色为(R181,G220,B215),效果如图 2-2-9 所示。

图 2-2-7　更改锚点后

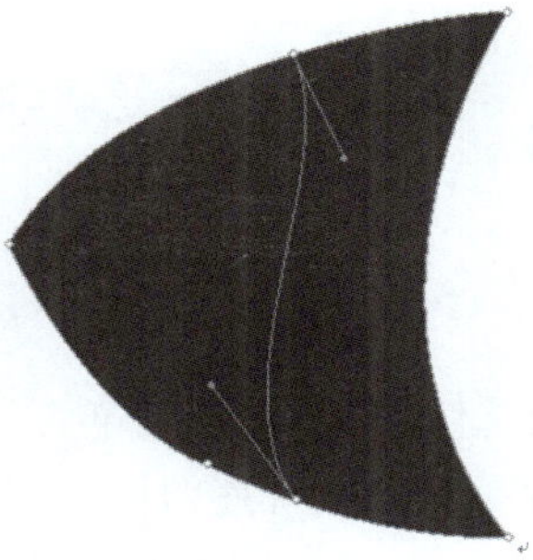

图 2-2-8　添加渐变线条(1)

步骤 6　持续添加细节并设置锚点颜色为(R22,G108,B125)。这里要说明的一点是,为什么一开始要从最简单的渐变网格开始(只有 4 个锚点的渐变网格),因为从一开始就要大致塑造对象的外形,而先前添加并编辑的锚点位置和曲线外形将影响后续要添加的锚点位置和曲线外形,效果如图 2-2-10 所示。

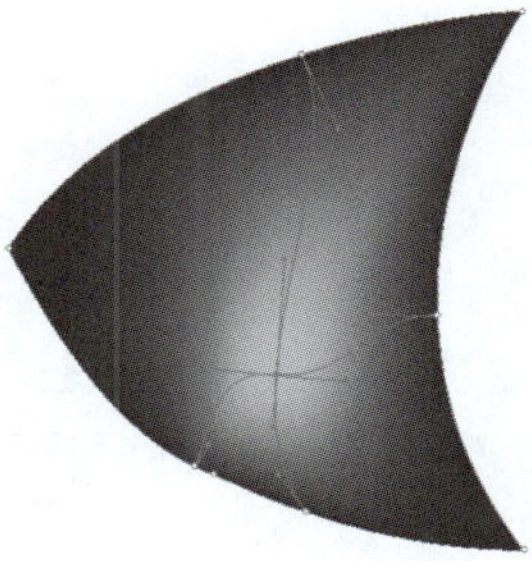

图 2-2-9　添加渐变线条(2)

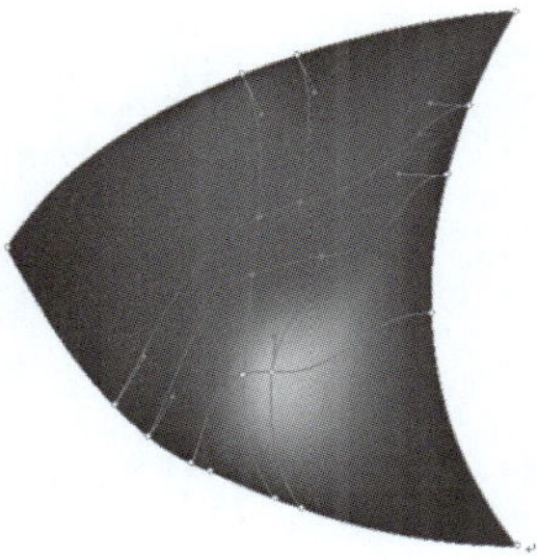

图 2-2-10　添加渐变线条(3)

步骤 7　持续添加细节,并设置锚点颜色为浅色、深色的交替来塑造外形。适当加入一些新的颜色,以增加一些变化,如图 2-2-11 所示。

步骤 8　添加背景时假如新建一个图层作为背景,那北极光与背景就会产生明显边界,显得很不自然,所以在这里用另外一种方法添加背景。在靠近北极光两侧处添加细节,然后将最外层锚点逐个移动到边缘处,并将边缘处锚点颜色调整为较深的背景色。这样北极光和背景之间就很自然地过渡了,效果如图 2-2-12 所示。

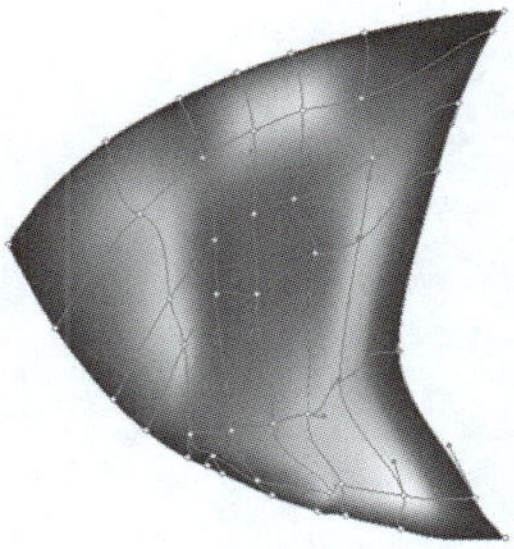

图 2-2-11　添加渐变线条(4)

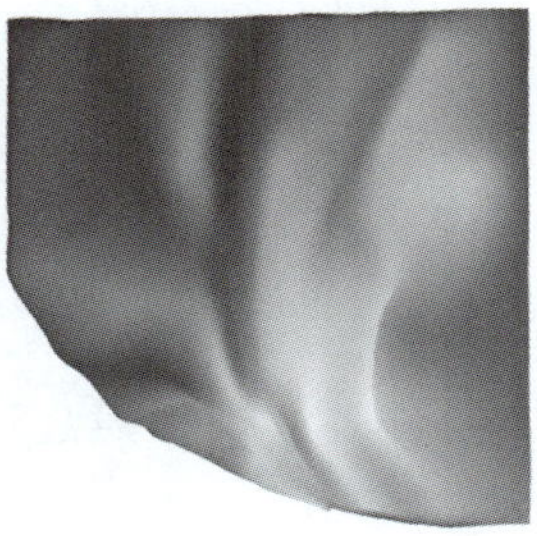

图 2-2-12　添加背景

步骤 9　持续添加细节后,最终效果如图 2-2-4 所示。

任务 2　绘制荷花碧莲

任务描述

本任务主要讲述图形工具、“画笔工具”和混合命令、网格渐变、分割、“渐变”面板等的综合运用，本绘制一幅荷花碧莲的风景图，效果如图 2-2-13 所示。

图 2-2-13　荷花碧莲

微课

绘制荷花碧莲

设计要点

1. 荷花的绘制。绘制椭圆形，通过旋转、分割、渐变填色生成含苞待放的荷花。
2. 荷花的茎。绘制矩形，使用“变形工具”和“网格渐变”命令得到深浅不一的效果。

任务实施

步骤 1　执行“文件”→“新建”命令，新建一个名为“荷花碧莲”，宽度为 280 mm、高度为 220 mm 的 RGB 图形文件。选择工具箱里的“椭圆工具”，在绘图区绘制一个大小适中的椭圆形，如图 2-2-14 所示。

步骤 2　选中绘制的椭圆形，双击工具箱里的“比例缩放工具”按钮，弹出“比例缩放”对话框。按照图 2-2-15 设置各项参数，设置完成后单击“复制”按钮，效果如图 2-2-16 所示。

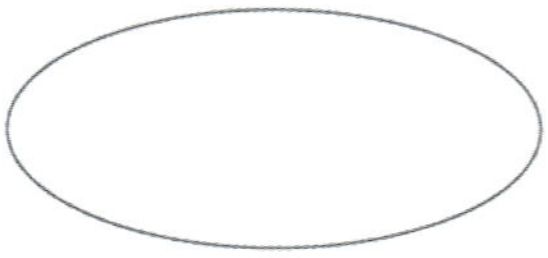

图 2-2-14　绘制椭圆形

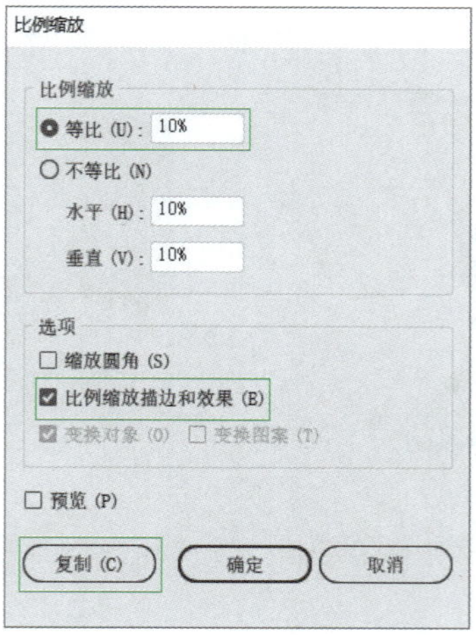

图 2-2-15　“比例缩放”对话框

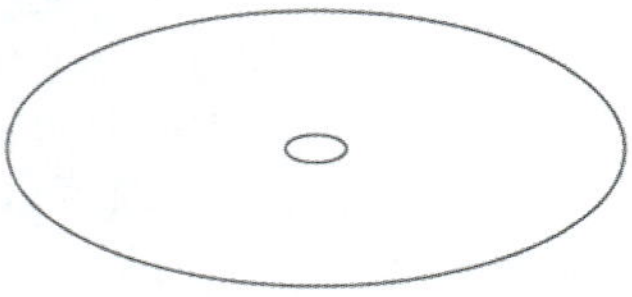

图 2-2-16　同心椭圆形

步骤 3　将大椭圆形填充为绿色（R102，G188，B88），描边设为无，使用相同的方法将小椭圆形填充为墨绿色(R0,G136,B55),效果如图 2-2-17 所示。

步骤 4　同时选中两个椭圆形,单击“对象”→“混合”→“混合选项”命令,弹出“混合选项”对话框,在其中的“间距”下拉列表中选择“指定的步数”选项,并在其后的文本框里输入“100”,其他选项不变,如图 2-2-18 所示。单击“确定”按钮,然后单击“对象”→“混合”→“建立”命令,两个椭圆形间形成 100 个过渡图形,效果如图 2-2-19 所示。

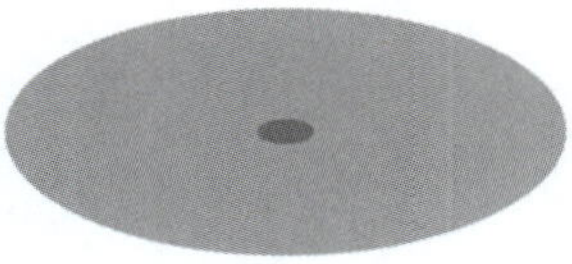

图 2-2-17　填充图形

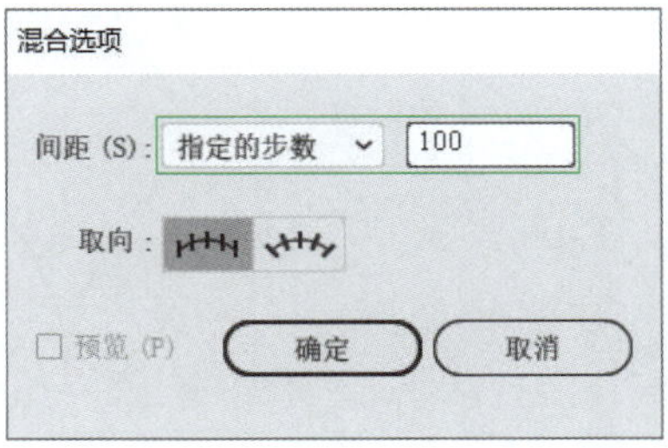

图 2-2-18　“混合选项”对话框

图 2-2-19　混合后效果

步骤 5　在“颜色”面板中设置填充为无色,描边设置为深绿色(R48,G150,B41),然后选取“铅笔工具”,在混合后的图形上绘制叶脉,效果如图 2-2-20 所示,选中所有图形,编组。

步骤 6　选取“椭圆工具”,在画板上绘制一个大小合适的纵向椭圆形,使用“直接选择工具”选中椭圆形,再选择工具箱里的“转换锚点工具”单击椭圆形的上部锚点,改变所选锚点的属性,效果如图 2-2-21 所示。

图 2-2-20　绘制叶脉

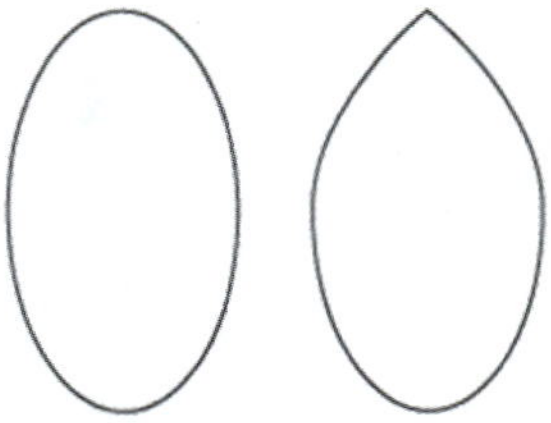

图 2-2-21　绘制椭圆形并改变某一锚点属性

步骤 7　再绘制一个比刚才略小的椭圆形,通过“旋转工具”将其沿逆时针方向旋转适当的角度,然后单击鼠标右键,选择“变换”→“对称”命令,在弹出的“镜像”对话框中设置参数,如图 2-2-22 所示。单击“复制”按钮,完成椭圆形的镜像。选中镜像后的椭圆形并调整位置,直到出现如图 2-2-23 所示的效果。

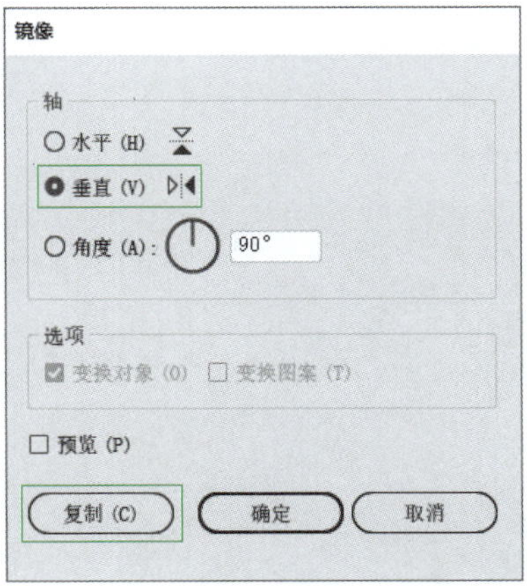

图 2-2-22　“镜像”对话框

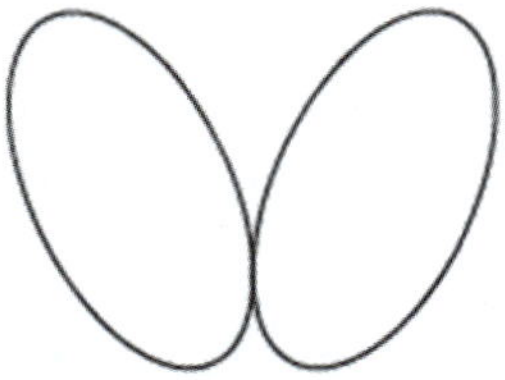

图 2-2-23　绘制椭圆形并执行镜像

步骤 8　使用“直接选择工具”选中图 2-2-23 所示的图形，将其与图 2-2-21 所示的图形进行重叠摆放，效果如图 2-2-24 所示。

步骤 9　选中三个椭圆形，打开“路径查找器”面板，单击“分割”按钮，即可分割图形，使用“直接选择工具”将多余部分删除，得到如图 2-2-25 所示的图形效果。

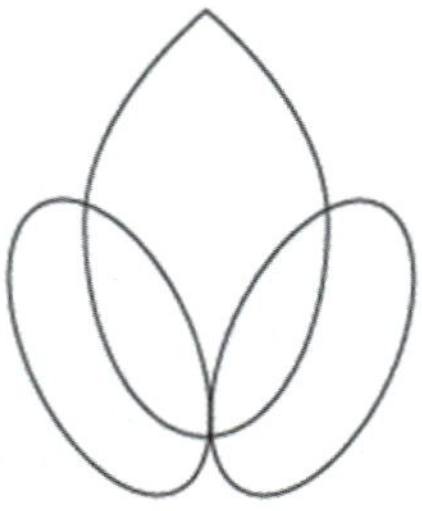

图 2-2-24　重叠摆放图形

图 2-2-25　分割图形后生成的新图形

步骤 10　利用“直接选择工具”选中中间的图形，打开“渐变”面板，“类型”为“线性”，设置起始颜色为白色，终止颜色为玫瑰红(R230,G29,B140)，填充所选图形，得到如图 2-2-26 所示的效果。

步骤 11　采用相同的方法填充两边的图形，并适当调整角度。选中局部图形，将其描边设置为白色，粗细设为 2 pt，最终效果如图 2-2-27 所示，将荷花进行编组。

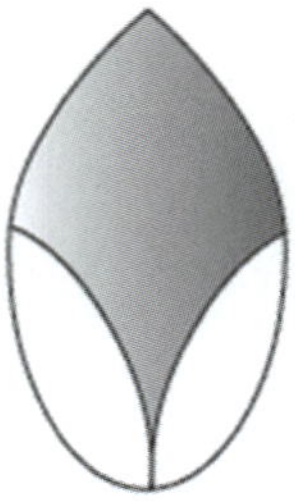

图 2-2-26　填充渐变色

图 2-2-27　生成的荷花

步骤 12　选择“矩形工具”，绘制一个细长的矩形，如图 2-2-28(a)所示。选取该矩形，使用“添加锚点工具”、“删除锚点工具”和“锚点工具”调整矩形的形状，得到如图 2-2-28(b)所示的效果。使用“对象”→“创建渐变网格”命令，弹出“创建渐变网格”对话框，按照图 2-2-29 所示设置参数，然后单击“确定”按钮完成网格创建。

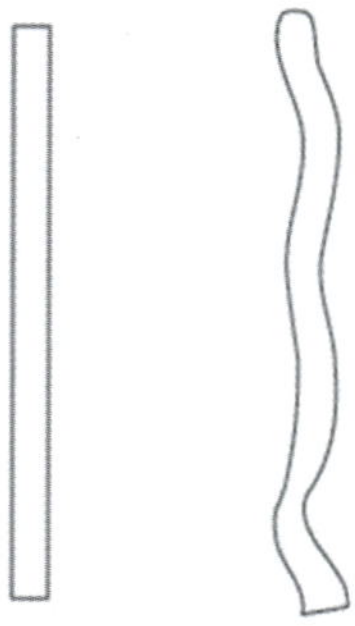

(a)　(b)

图 2-2-28　绘制并调整矩形

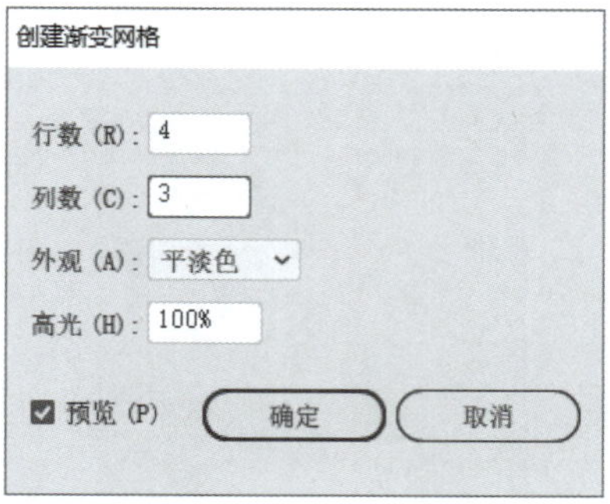

图 2-2-29　“创建渐变网格”对话框

步骤 13　使用“直接选择工具”，在按住 Shift 键的同时选中中间一列锚点，填充淡黄色(R250,G253,B57)，得到如图 2-2-30 所示的效果。

步骤 14　调整花苞和茎之间的层次关系和位置，选中两个图形并编组，通过按“Ctrl+C”快捷键和“Ctrl+V”快捷键进行复制，然后用鼠标调整位置，得到如图 2-2-31 所示的效果。

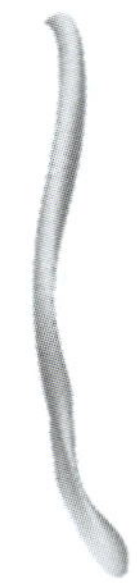

图 2-2-30　绘制荷花的茎

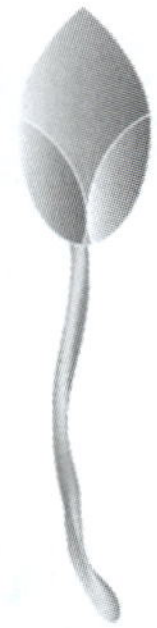

图 2-2-31　绘制好的荷花

步骤 15　使用“选择工具”分别选中荷花和荷叶，进行复制，然后调整图形位置，得到如图 2-2-32 所示的效果。

步骤 16　选择“窗口”→“符号库”命令，打开“自然”面板，如图 2-2-33 所示。选择其中一些动物样本，选取“画笔工具”，在适当位置绘制符号，效果如图 2-2-34 所示。

图 2-2-32　复制图形

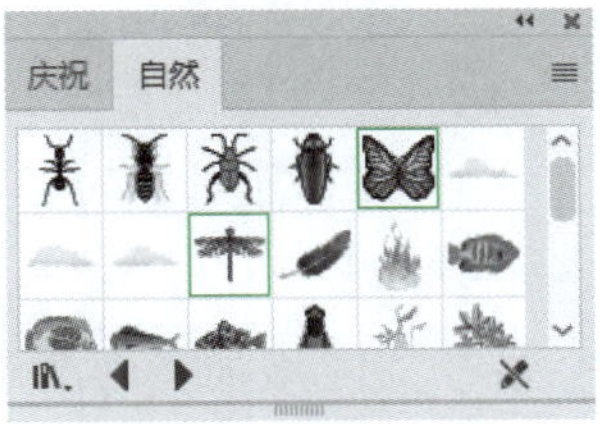

图 2-2-33　“自然”面板

步骤 17　选取“矩形工具”创建如图 2-2-35 所示的背景图形，颜色自定，排列在最底层。将所有的图形进行布局调整，最后得到图 2-2-13 所示的效果。

图 2-2-34　添加符号

图 2-2-35　创建背景

任务 3　绘制苹果

任务描述

Illustrator 的“网格工具”能产生自由和丰富的渐变色彩填充，其色彩过渡的表现非常出色，甚至成为许多设计师进行艺术创作的主要工具。本任务就是用这个神奇的工具绘制一个逼真的大苹果，效果如图 2-2-36 所示。

图 2-2-36　苹果

微课
绘制苹果

设计要点

苹果主体制作。首先绘制矩形，添加锚点，通过改变锚点性质和位置形成苹果主体外形，并通过“网格工具”添加节点，添加明暗色。上沿部分和柄的制作方法相同。

任务实施

步骤 1　执行“文件”→“新建”命令，新建一个名为“苹果”，宽度和高度均为 220 mm 的 CMYK 图形文件。用“矩形工具”画出适当大小的矩形，并填充苹果的主色，然后用“网格工具”在矩形上增加一个节点，如图 2-2-37 所示。

步骤 2　用“直接选择工具”调节外形以符合苹果的形状，由于操作时的节点很少，很容易利用方向线控制形状，如图 2-2-38 所示。

图 2-2-37　绘制苹果主体

图 2-2-38　调整出苹果形状

步骤 3　不断用“网格工具”增加节点，并在横向方向上分别按明暗关系设置适当的颜色，如图 2-2-39 所示。

步骤 4　进一步增加节点，细化苹果的明暗变化，并在竖向方向上分别按明暗关系设置颜色，表现苹果的立体感，如图 2-2-40 所示。

图 2-2-39 增加网格

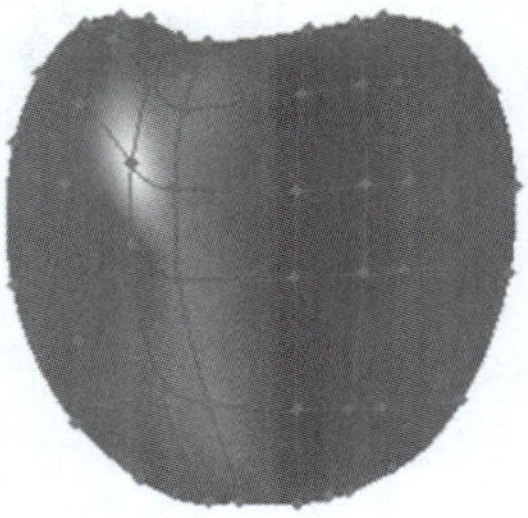

图 2-2-40 添加颜色

步骤 5 再绘制一个矩形并填充苹果的主色，然后用“网格工具”在矩形上增加一个节点，如图 2-2-41 所示。

步骤 6 同样用“直接选择工具”调节外形以符合苹果的形状，注意两端的尖角实际上是各由两个节点几乎重合在一起而形成的，如图 2-2-42 所示。

图 2-2-41 绘制苹果上沿

图 2-2-42 调整形状

步骤 7 由于网格不能形成闭合的环形，所以设置网格时要尽可能按苹果的环形明暗变化来进行布局，如图 2-2-43 所示。

步骤 8 画出与苹果柄形状相似的矩形，填充苹果主色，如图 2-2-44 所示，增加网格，并调节形状，设置颜色的明暗，如图 2-2-45 所示。

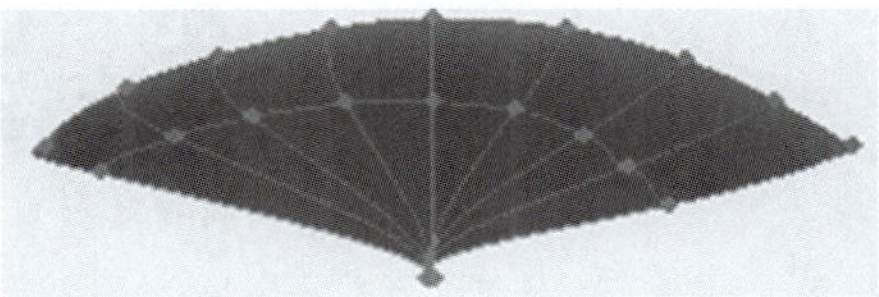

图 2-2-43 填充颜色

图 2-2-44 绘制苹果柄

图 2-2-45 填充网格渐变颜色

步骤 9 阴影的制作方法与其他部分类似，不同的是它的颜色为灰-白-灰，如图 2-2-46 所示。利用“直接选择工具”调节形状，设置网格颜色时要注意边缘所有节点的颜色都必须是白色，这样才能产生与白色背景过渡成自然的阴影，效果如图 2-2-47 所示。

图 2-2-46 绘制阴影

图 2-2-47 设置网格

步骤 10 将几个部分调整层次并编组，得到图 2-2-36 所示的最终效果。

任务4　制作电影广告

任务描述

Illustrator 的“封套扭曲工具”可以产生丰富的变形效果，这在很多作品中都有体现。本任务就是用“封套扭曲工具”中的“变形”功能得到弯曲胶片的外形，作为整个电影广告的主体部分。同时，本任务还要综合使用“矩形工具”、“文字工具”和“置入”命令、“颜色”面板、“透明度”面板等，效果如图 2-2-48 所示。

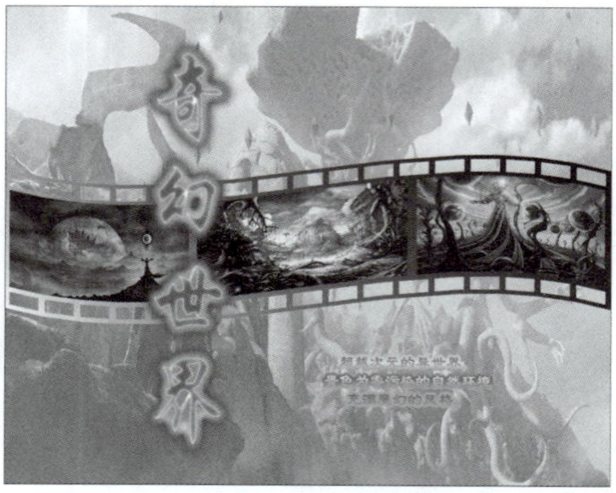

图 2-2-48　电影广告

微课

制作电影广告

设计要点

胶片的制作。首先绘制长条矩形，然后绘制多个小矩形块作为胶片边缘的小孔，通过“路径查找器”、渐变、封套扭曲等得到影片的胶片。

操作步骤

制作电影广告

任务实施

具体步骤请扫描二维码获取。

上机实训

实训

模块2实训

模块3 文字特效与图表

Illustrator 具有强大的文本处理功能，除了能在工作页面任何位置生成横排或直排的区域文本外，还具有生成沿任意路径排列的路径文本，以及文字排版控制和文字与段落样式设置等功能，结合强大的绘图功能和效果处理，能得到很多文字特效。图表功能与其他软件相比也有独特之处，值得大家学习和探究。

项目1 文字特效

能力目标

熟练使用“文字工具”制作各种类型的文字；会设置文本和段落格式；能熟练地进行文本编辑；学会创建和编辑文字特效。

知识目标

了解文字特性；掌握“文字工具”的使用方法；掌握设置文本和段落格式的方法；掌握文字特效的制作方法和技巧。

职业素养

不同的文字效果可以改变图像的呈现效果，本任务的学习，可以进一步提高学生主动思考的能力，培养不断创新，追求极致的职业品质。

知识准备

为了能多方面地制作和控制文本，在 Illustrator CC 2018 的工具箱中，提供了 7 种文字工具。单击工具箱中的“文字工具”，右击，即可从弹出的工具箱中选取需要使用的文字制作工具，如图 3-1-1 所示。如果单击弹出菜单右边的小双三角形，还可以把“文字工具”作为一个单独的工具箱排列在绘图窗口中。

1.“文字工具”：选取此工具后，在页面上需输入文字之处单击，即可输入文字，如图 3-1-2 所示。

2.“区域文字工具”：在应用此工具前，应先绘制一个路径，用此工具单击该路径，即可在路径区域内输入文字，如图 3-1-3 所示。

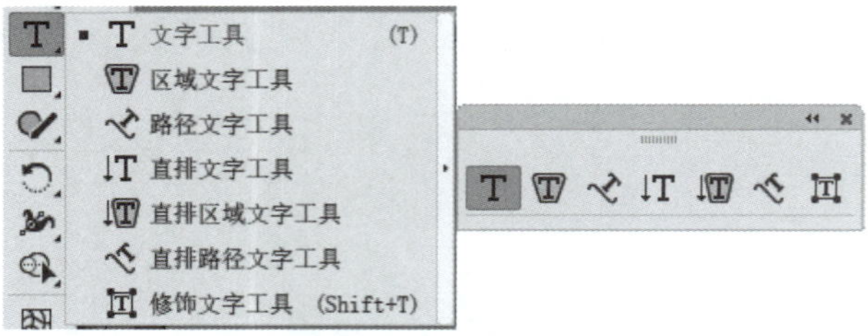

图 3-1-1 文字制作工具

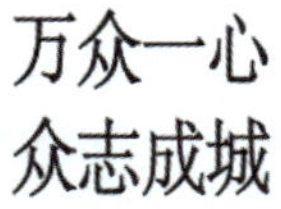

图 3-1-2 “文字工具”创建的文本

3.“路径文字工具”：以此工具单击路径，就可把输入的文字沿路径排列。使用“直接选择工具”拖动文字光标，可以改变文本在路径上的位置和方向，如图 3-1-4 所示。

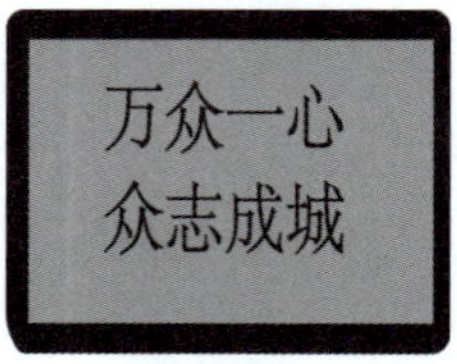

图 3-1-3 “区域文字工具”创建的文本

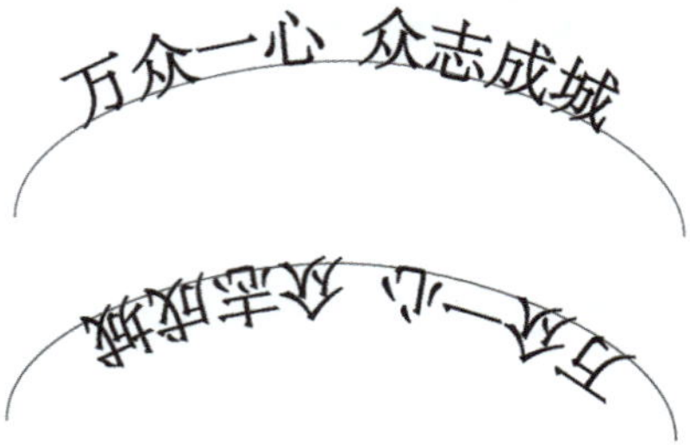

图 3-1-4 “路径文字工具”创建的文本

注意：“区域文字工具”和“路径文字工具”所用的路径不能是复合路径和蒙版路径。

4.“直排文字工具”：与“文字工具”应用方法一样，所不同的是文字垂直排列。

5.“直排区域文字工具”：在路径内文字垂直排列，如图 3-1-5 所示。

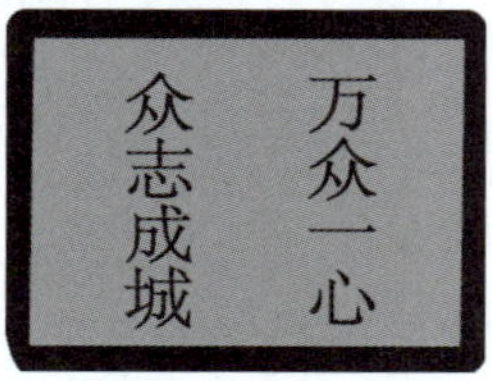

图 3-1-5 “直排区域文字工具”创建的文本

6.“直排路径文字工具”：文字沿路径垂直排列，如图 3-1-6 所示。要改变文字沿路径的位置和效果，可选中文字对象，再执行“文字”→“路径文字”命令，打开如图 3-1-7 所示的“路径文字选项”对话框即可调整。

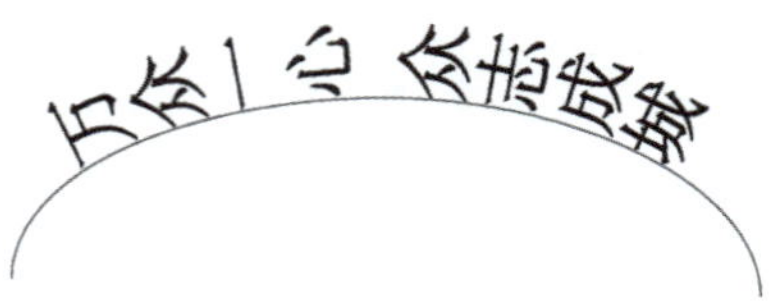

图 3-1-6 “直排路径文字工具”创建的文本

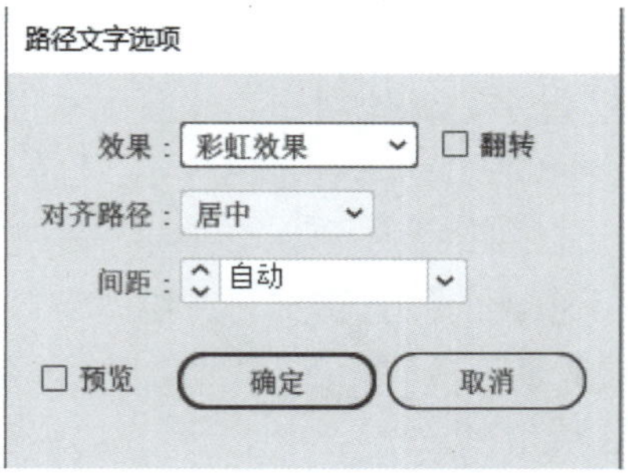

图 3-1-7 “路径文字选项”对话框

7.“修饰文字工具”：可以把一组文字进行不同角度的旋转或者放大，如图 3-1-8 所示。

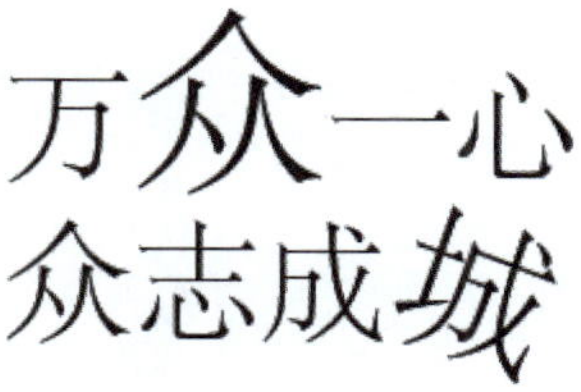

图 3-1-8 修饰的文本

在 Illustrator CC 2018 中设置文字的属性，需要先选中文字，打开“字符”面板后，再进行字体、字号及填充等各项设置。

1. 文字的选择

(1)字符的选择

单击“文字工具”中的任一种，拖曳鼠标选择一个或多个字符。也可以按住 Shift 键，并拖曳鼠标进行选择。将光标定位到文字段落上，双击鼠标左键可以选择相应的字或整句，三击鼠标左键可以选择整行或整段的文字。如果执行“选择”→“全部”命令，可以选择文字对象中的所有字符。

(2)选择文字对象

单击“选择工具”或“直接选择工具”，在文字上单击，即可选中文字对象；如果按住 Shift 键同时单击可选择多个文字对象。

在“图层”面板中，用鼠标单击定位文字所在的图层，然后在对象右侧的选择列表中单击，即可选中要选择的文字对象，如图 3-1-9 所示。如果要选择多个文字对象，可按住 Shift 键的同时单击“图层”面板中文字项目的右边缘即可，如图 3-1-10 所示。如果要选择全部文字对象，可执行“选择”→“对象”→“文本对象”命令。

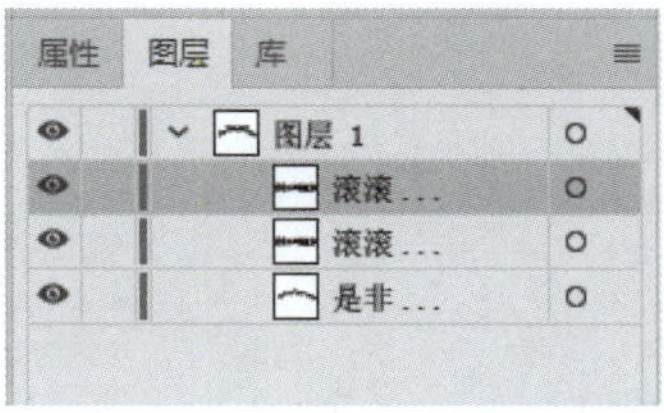

图 3-1-9 在图层中选择单个文字对象

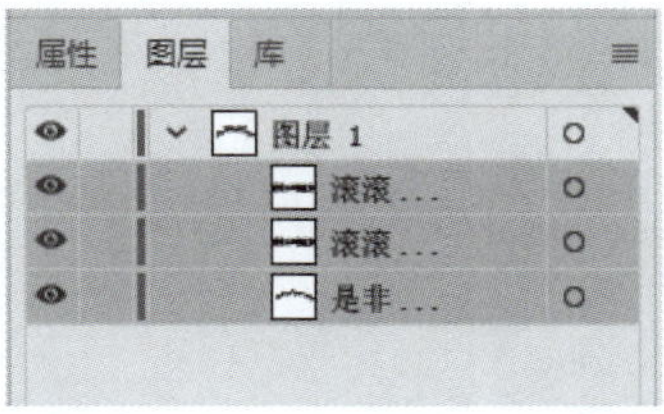

图 3-1-10 在图层中选择多个文字对象

(3)选择文字路径

单击“直接选择工具”或“编组选择工具”，在文字路径上单击，即可选中文字路径。

2.“字符”面板

执行“窗口”→“文字”→“字符”命令，打开“字符”面板，如图 3-1-11 所示，通过它对文档中的字符进行字体、字距、方向等格式设置。

如图 3-1-11 所示为默认情况，只显示最常用的选项，单击“字符”面板右上角的扩展按钮，可以显示“字符”面板菜单中的其他命令和选项，如图 3-1-12 所示。单击面板选项卡上左上角的小双三角形，可对显示大小进行循环切换。

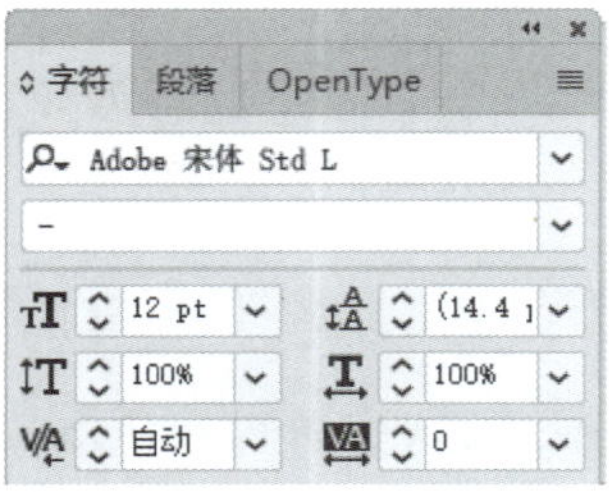

图 3-1-11 “字符”面板(1)

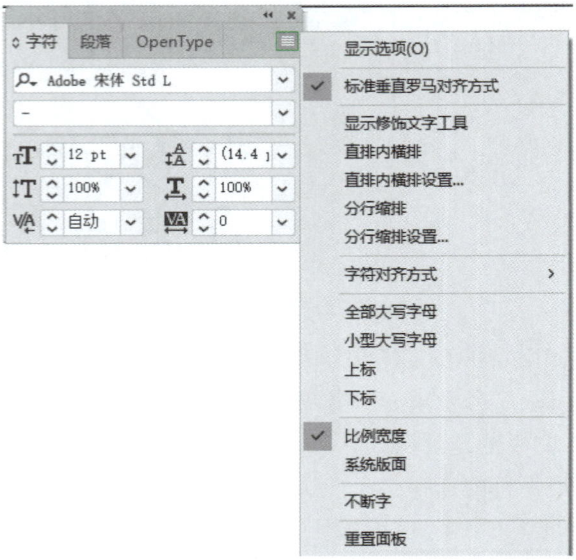

图 3-1-12 显示“字符”面板选项

3. 设置字体、字号

方法 1:选择文字,在“字符”面板的“设置字体系列”下拉列表中选择所需的字体;在“字符”面板的“设置字体大小”下拉列表中选择所需的字号。

方法 2:执行“文字”→“字体”命令,在打开的二级子菜单中选择需要的字体,如图 3-1-13 所示。执行“文字”→“大小”命令,在打开的二级子菜单中选择所需的字号。

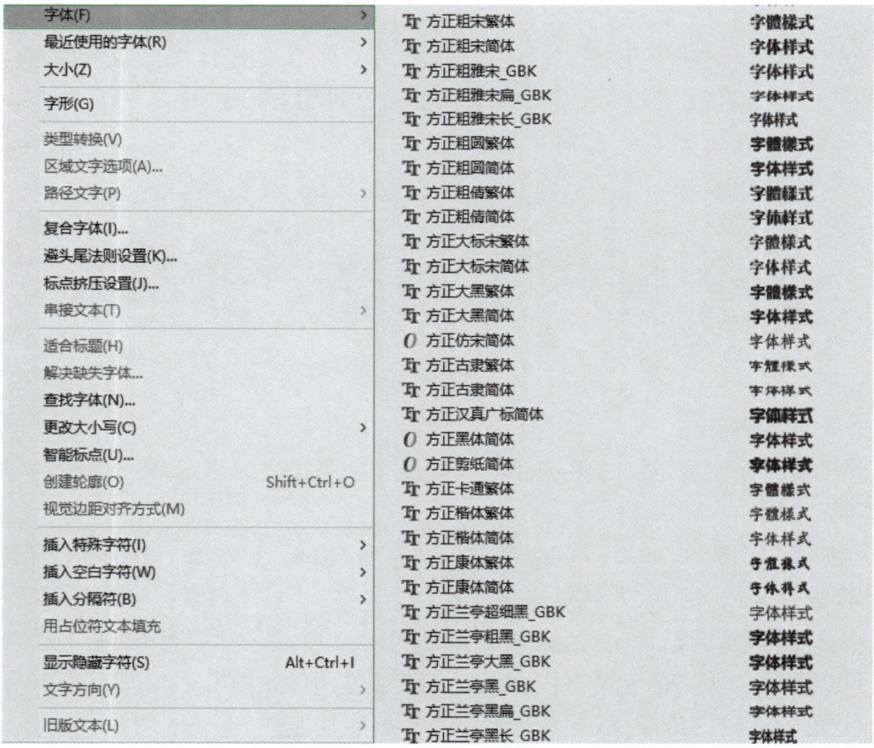

图 3-1-13 设置字体的子菜单

方法 3：选择文字，在“属性”面板中也可设置其字体和字号，如图 3-1-14 所示。

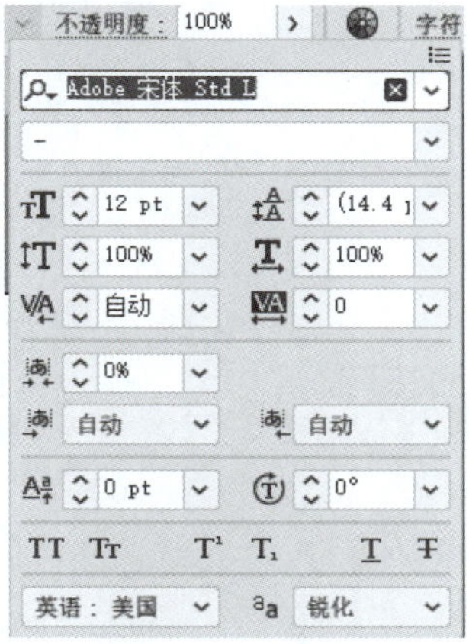

图 3-1-14　设置字体、字号的控制面板

4. 填充文字

（1）单色或图案的填充

方法 1：选中文字，在“颜色”面板中单击所需填充的颜色，如图 3-1-15 所示。用同样的方法，也可以为文本框添加背景色。

方法 2：选中文字，在工具箱中也可以对其颜色或图案填充以及字体描边颜色进行修改，如图 3-1-16 所示。

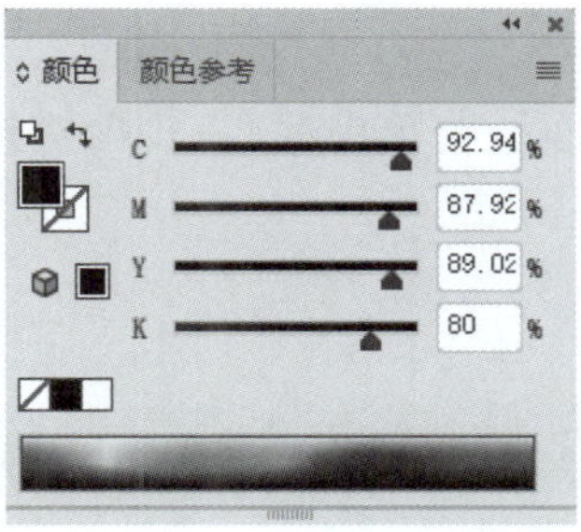

图 3-1-15　“颜色”面板

图 3-1-16　字符颜色设置控制面板

（2）渐变色的填充

输入文字，单击“选择工具”，再执行“文字”→“创建轮廓”命令或按快捷键“Ctrl＋Shift＋O”，把文字转换为曲线后，就可以对其填充渐变色，效果如图 3-1-17 所示。

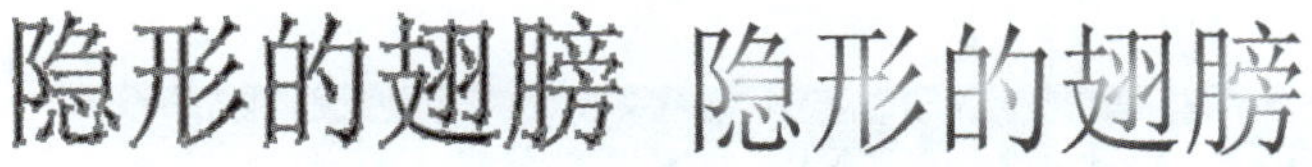

图 3-1-17　字符渐变色填充效果

5. 缩放与旋转文字

在“字符”面板中，可以对文字进行旋转、镜像、比例缩放和倾斜等操作。同时，选择文字的方式也会影响变换的结果，如图 3-1-18 所示。选择要更改的字符或文字对象，如果未选择任何文本，所做的设置会应用于创建的新文本。

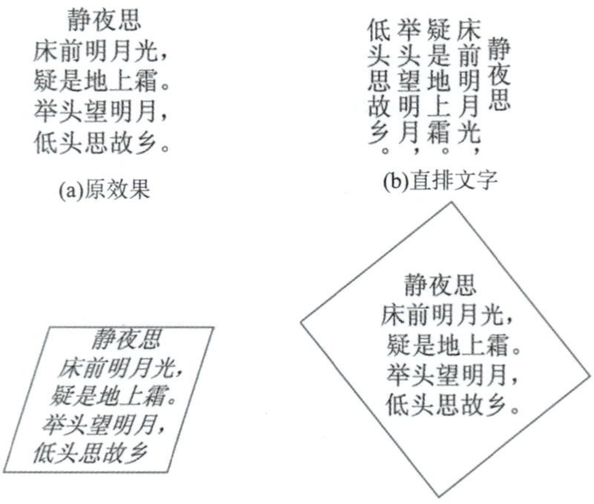

(a)原效果　(b)直排文字

(c)选择文字　(d)选择文字和路径

图 3-1-18　选择不同对象旋转后的效果对比

(1)调整文字缩放比例

在“字符”面板中设置“垂直缩放”选项或“水平缩放”选项可选择或输入所需的比例。

(2)旋转文字

在“字符”面板中设置“字符旋转”选项即可旋转文字。要将横排文字更改为直排文字，选择文字对象，然后执行“文字”→“文字方向”→“垂直”命令，反之亦然。要旋转整个文字对象(字符和文字边框)，选择文字对象，然后使用边框拖动，也可单击鼠标右键，在弹出的快捷菜单中执行“变换”→“旋转”命令来旋转。

要旋转直排文本中的多个字符，单击“字符”面板菜单中的“直排内横排”选项以旋转多个字符。

任务 1　制作金属字

任务描述

通过文字转化路径和“路径偏移”命令以及“刻刀工具”制作金属字，效果如图 3-1-19 所示。

图 3-1-19　金属字效果

微课

制作金属字

设计要点

路径偏移的设置以及“刻刀工具”的使用技巧。

▶ 任务实施

步骤 1　执行“文件”→“新建”命令，创建一个名为“金属字”，长度和宽度均为 200 mm 的 CMYK 图形文件。单击“文字工具”，输入字符串“Illustrator”，字体设为“微软雅黑”，大小可通过“选择工具”调整，如图 3-1-20 所示。

图 3-1-20　输入文字(1)

步骤 2　选中文字对象，单击鼠标右键，在弹出的快捷菜单中选择“创建轮廓”命令，将文字转化为路径图形，如图 3-1-21 所示。执行“对象”→“路径”→“偏移路径”命令，打开“位移路径”对话框，参数设置如图 3-1-22 所示。

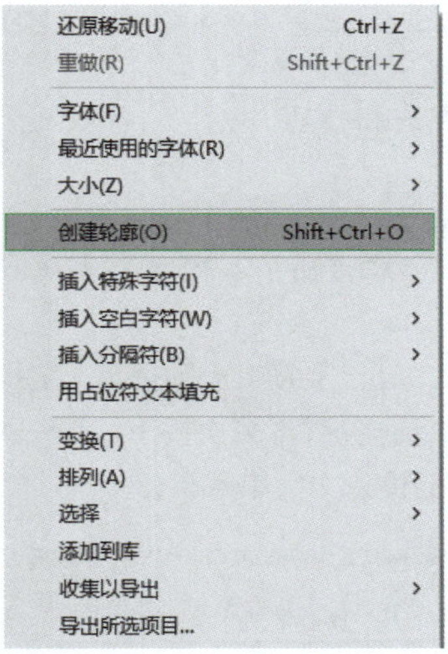

图 3-1-21　“创建轮廓”命令

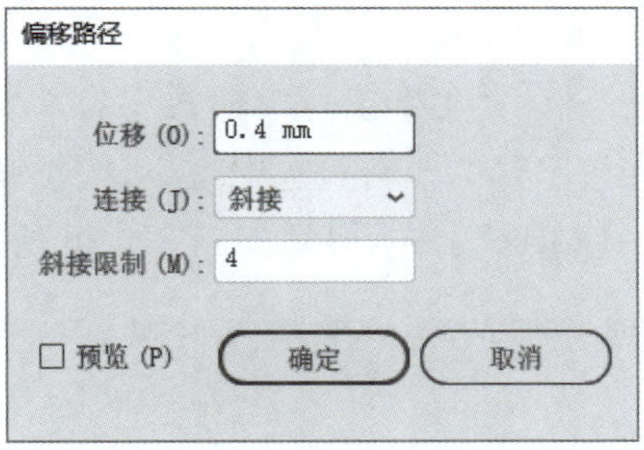

图 3-1-22　“位移路径”对话框

步骤 3　通过图层选中产生的位移路径，对其填充渐变色蓝-白-蓝，如图 3-1-23 所示。通过菜单或图层将该路径锁定。

步骤 4　单击“刻刀工具”，按住 Alt 键，在原文字图形上拖过，将图形分为上、下两部分。上部分填充为白色，下部分还填充原来用过的渐变色，如果无法选中并填充，可以选择全部文字，右击，在弹出的快捷菜单中选择“取消编组”。效果如图 3-1-24 所示。

图 3-1-23　偏移路径并填充渐变色

图 3-1-24　切割路径并填充颜色

步骤 5　解除锁定，并选取所有图形对象，将描边设为无。添加黑色矩形背景框，完成制作，最终效果如图 3-1-19 所示。

任务 2　制作透视字

任务描述

通过“文字工具”、“混合工具”和“创建轮廓”命令以及“文字效果”面板，制作透视字，效果如图 3-1-25 所示。

图 3-1-25　透视字效果

微课

制作透视字

设计要点

“创建轮廓”命令以及“文字效果”面板的使用方法和技巧。

任务实施

步骤 1　执行“文件”→“新建”命令，创建一个名为“透视字”，宽度为 320 mm、高度为 220 mm 的 CMYK 图形文件。

步骤 2　单击“文字工具”，输入字符串“ADOBE”，在“字符”面板中设置字体为“Times New Roman”，字号为 14 pt，选中文字，按下“Ctrl+C”快捷键，再多次按下“Ctrl+V”快捷键，复制多个“ADOBE”字样，得到如图 3-1-26 所示的一个长条文字串效果。

图 3-1-26　制作长条文字串

步骤 3　选中文字串，单击鼠标右键，从弹出的快捷菜单中选择“创建轮廓”命令，将文字转化为路径，并将这一个文字串编组。

步骤 4　按下“Alt+Shift”快捷键的同时，使用“选择工具”移动并复制得到一个新的字符串。然后按下“Ctrl+D”快捷键七次（重复上一步操作），得到七个文字串，此时的文字串是等间距的，从上到下依次将这七个文字串填充色设为绿色、蓝色、青色、紫色、红色、橙色、黄色，如图 3-1-27 所示。

图 3-1-27　复制、填充与排列文字串

步骤 5　在工具箱中双击“混合工具”按钮，打开“混合选项”对话框。在“间距”下拉列表中选择“指定的步数”选项，并在其后的文本框中输入“2”，单击“确定”按钮，然后依次单击上一步得到的七个文字串，得到如图 3-1-28 所示的混合效果。

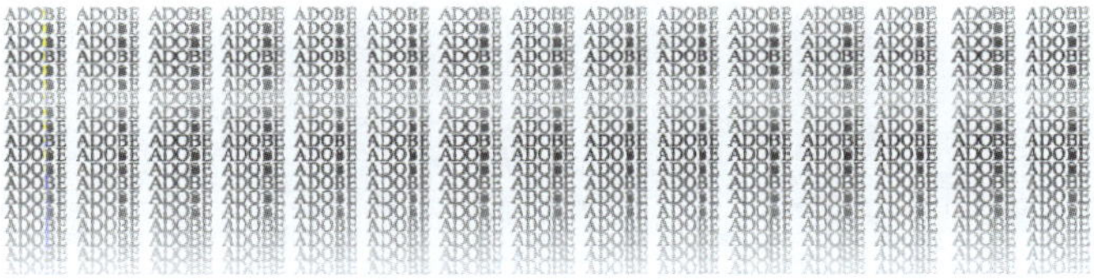

图 3-1-28　混合效果(1)

步骤 6　单击“文字工具”，输入字符串“ADOBE”，在“字符”面板中设置字体为“Times New Roman”，字体大小为 220 pt，如图 3-1-29 所示。

步骤 7　选中文字，选择“窗口”→“图形样式库”中的“文字效果”，打开如图 3-1-30 所示的面板，在面板中选择一种样式，并将该样式应用到此文字中，如图 3-1-31 所示。

图 3-1-29　输入文字(2)

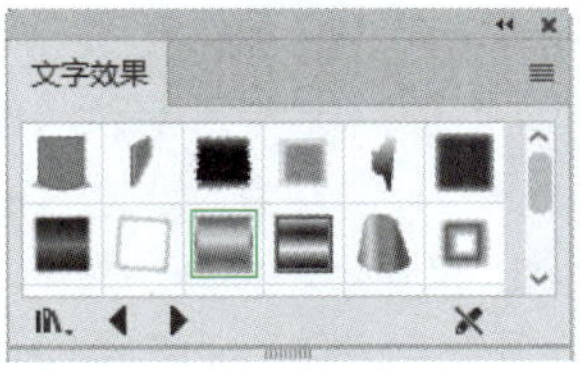

图 3-1-30　“文字效果”面板

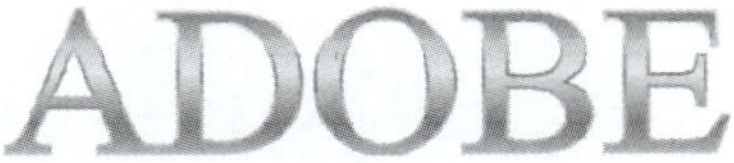

图 3-1-31　应用样式

步骤 8　单击“窗口”→“透明度”命令，打开“透明度”面板，在左侧的“混合模式”下拉列表中选择“柔光”选项，最终效果如图 3-1-25 所示。

任务 3　制作彩色边框字

任务描述

通过“文字工具”和控制面板制作彩色边框字，效果如图 3-1-32 所示。

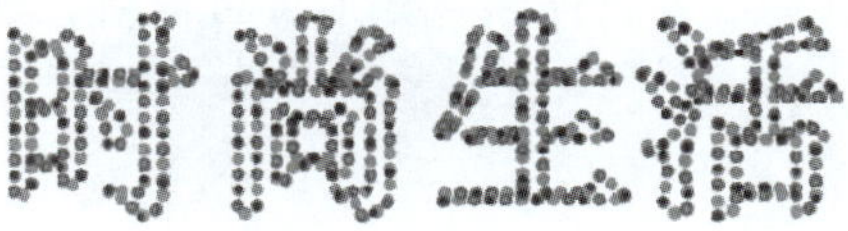

图 3-1-32　彩色边框字效果

微课

制作彩色边框字

设计要点

控制面板中虚线的使用方法和技巧。

任务实施

步骤 1　执行“文件”→“新建”命令，创建一个名为“彩色边框字效果”，宽度为 280 mm、高度为 160 mm 的 CMYK 图形文件。

步骤 2　单击“文字工具”，在画板上输入文字“时尚生活”，在“字符”面板中设置字体为“华文中宋”，字体大小为 138 pt，其他选项按图 3-1-33 所示进行设置，得到如图 3-1-34

所示的文字效果。

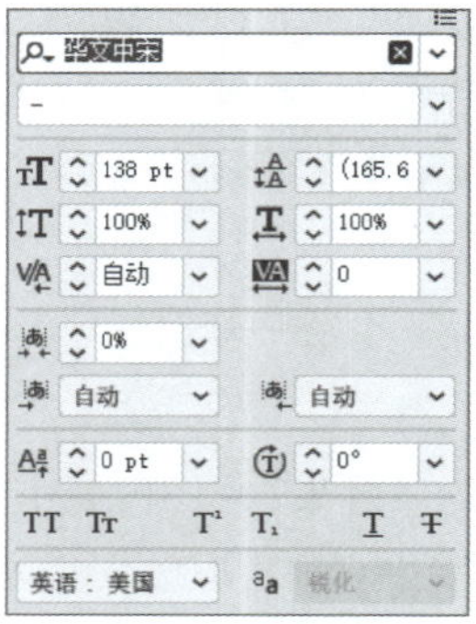

图 3-1-33　设置文字属性

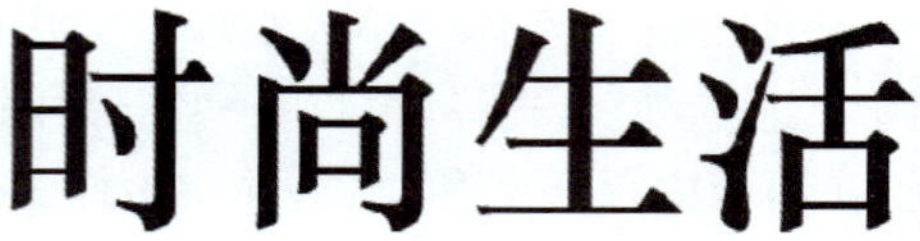

图 3-1-34　文字效果(1)

步骤 3　使用“选择工具”选中文字后，将文字填充设置为“无”，描边设置为绿色(C50，M10，Y85，K10)；在“描边”面板中将描边粗细设置为 8 pt，并勾选“虚线”复选框，分别在“虚线”和“间隙”文本框中输入 0.1 pt 和 10 pt，如图 3-1-35 所示。单击“圆头端点”按钮和“圆角连接”按钮，即可得到如图 3-1-36 所示的文字效果。

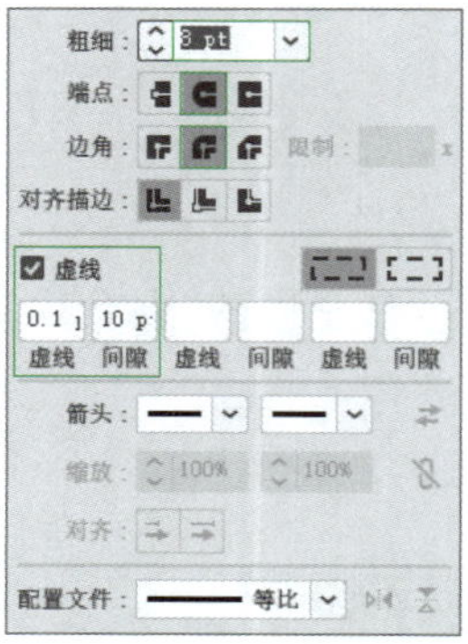

图 3-1-35　设置文字描边

图 3-1-36　文字效果(2)

步骤 4　选中文字，先按下“Ctrl＋C”快捷键，再按下“Ctrl＋F”快捷键，复制该文字并将其粘贴在原文字之上，然后将粘贴的文字的描边设置为红色(C8，M80，Y70，K8)，填充色仍然设置为“无”。在“描边”面板中将描边粗细设置为 8 pt，在“虚线”和“间隙”文本框中分别输入 0.1 pt 和 20 pt，并单击“圆头端点”按钮和“圆角连接”按钮，即可得到如图 3-1-37 所示的文字效果。

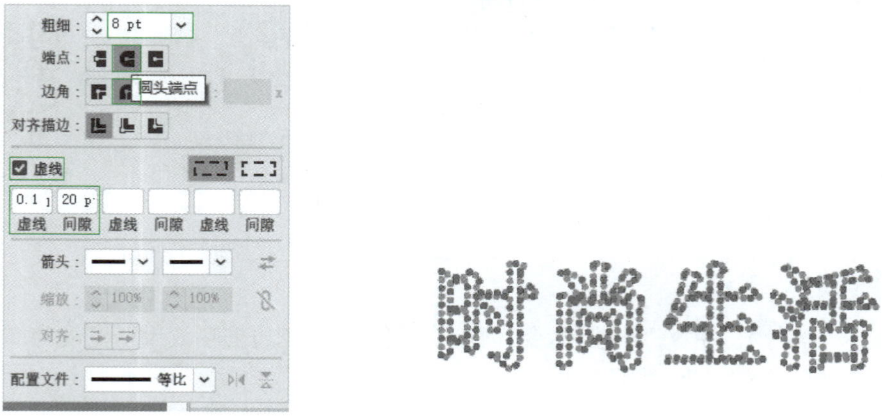

(a)　　(b)

图 3-1-37　设置文字描边属性及其效果

步骤 5　选取“选择工具”，选中位于上层的文字，重复步骤 4 的操作，不同之处是将描边粗细设为 3.5 pt，在“间隙”文本框中输入 10 pt，得到的效果如图 3-1-38 所示。

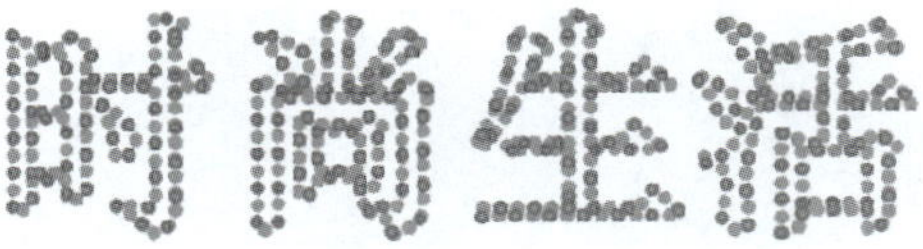

图 3-1-38　重复粘贴文字并设置属性

步骤 6　再次重复步骤 4 的操作，不同之处是将描边设置为绿色（C50，M10，Y85，K10），描边粗细设置为 3.5 pt，在“间隙”文本框中输入 20 pt。

步骤 7　再次重复步骤 4 的操作，不同之处是将描边设置为蓝色（C92，M75，Y0，K0），描边粗细设置为 5 pt，在“间隙”文本框中输入 30 pt，最终效果如图 3-1-32 所示。

任务 4　制作三维立体字

任务描述

利用工具制作三维立体字，效果如图 3-1-39 所示。

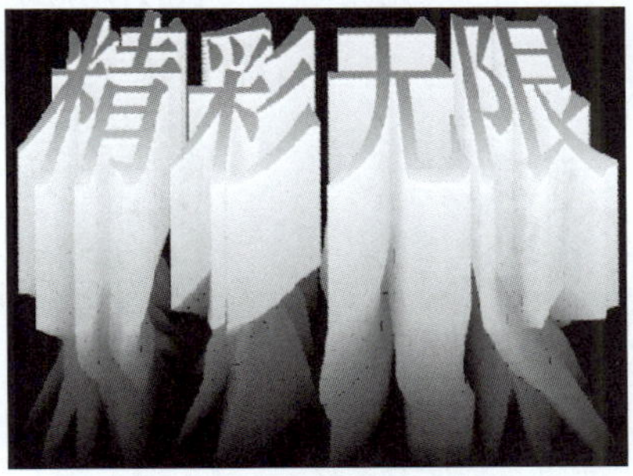

图 3-1-39　三维立体字效果

微课

制作三维立体字

设计要点

“文字工具”、“自由变换工具”、“混合工具”和“对齐”面板及“字符”面板等的具体应用。

任务实施

步骤 1　执行“文件”→“新建”命令，创建一个名为“三维立体字”，宽度为 220 mm、高度为 180 mm 的 CMYK 图形文件。

步骤 2　在“字符”面板中将字体设置为“华文中宋”、字号为 120 pt，其他选项的设置如图 3-1-40 所示。选择工具箱里的“文字工具”，在画板上输入文字“精彩无限”，如图 3-1-41 所示。

步骤 3　选中文字，单击鼠标右键，在弹出的快捷菜单中选择“创建轮廓”命令，将文字转化为路径，然后将文字的填充色设置为黑色，描边设置为“无”。

步骤 4　选取文字，在工具箱里选取“自由变换工具”，将鼠标指针移动到文字选取框的右上角顶点处，按下 Ctrl 键的同时，单击并拖动鼠标，即可对文字进行变形操作，如图 3-1-42

所示。选中变形后的文字，按住“Ctrl+C”快捷键复制文字到剪贴板中，以备后续步骤使用。

图 3-1-40　设置文字属性

图 3-1-41　输入文字(3)

步骤 5　选择工具箱里的“矩形工具”，在画板上绘制一个矩形，并使用黑色填充，然后将复制后的文字粘贴两份，分别用灰色(C0,M0,Y0,K20)和白色进行填充，将这三行文字放置在矩形的背景上，同时选中三行文字，在“对齐”面板中，单击“水平居中分布”和“垂直居中分布”按钮，使三行文字均匀分布，得到如图 3-1-43 所示的效果。

图 3-1-42　变形后的文字效果

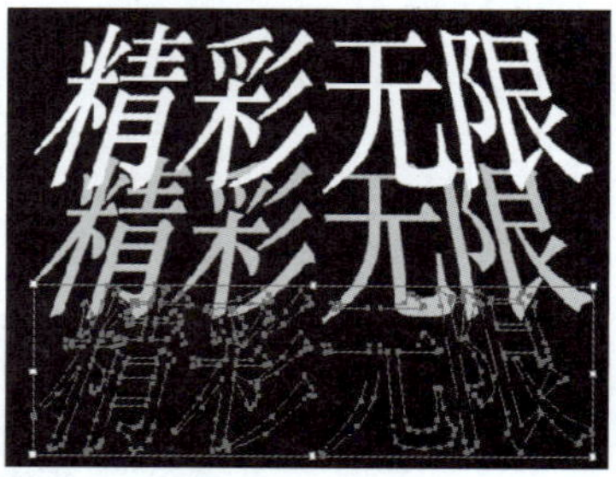

图 3-1-43　对齐文字

步骤 6　双击工具箱中的“混合工具”按钮，打开“混合选项”对话框，在其中“间距”下拉列表中选择“指定的步数”选项，并在其后的文本框中输入“40”，将取向设置为“对齐页面”，如图 3-1-44 所示。单击“确定”按钮，用“混合工具”依次单击三行文字，即可得到如图 3-1-45 所示的图形效果。

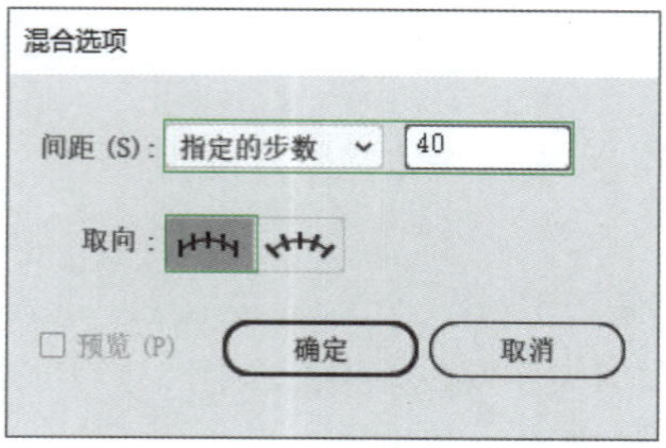

图 3-1-44　“混合选项”对话框(1)

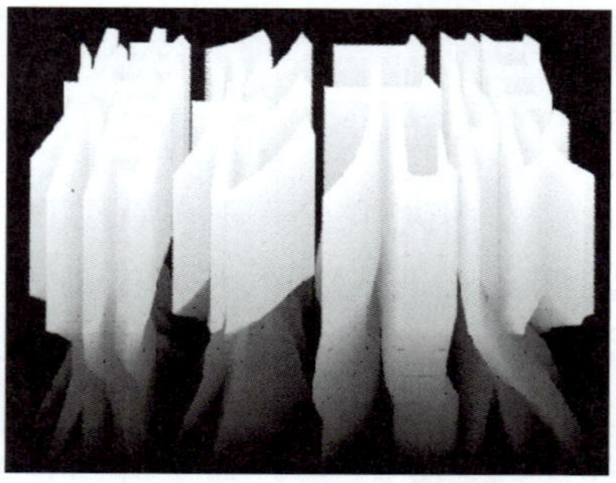
图 3-1-45　混合图形效果

注意：由于有一行字的颜色和背景色一样，不容易分辨，可以在混合前通过“图层”面板将黑色矩形锁定，避免混合时选错对象。

步骤 7　按下“Ctrl+V”快捷键，将步骤 4 中的文字粘贴到画板上，使用“选择工具”将文字移至混合图形之上，并填充白色到黑色的线性渐变色，仔细调整图形和文字的位置，使其较好地重合在一起，得到的最终效果如图 3-1-39 所示。

任务 5　制作蒸汽文字

任务描述

利用“路径文字工具”制作仿佛水汽升腾状态的文字，效果如图 3-1-46 所示。

图 3-1-46　蒸汽文字效果

微课

制作蒸汽文字

设计要点

使用“钢笔工具”和“椭圆工具”绘制咖啡杯的外形以及放置杯子的托盘，利用“路径文字工具”绘制如水汽升腾的文字。

任务实施

步骤 1　执行“文件”→“新建”命令，创建一个名为“蒸气文字”，宽度和高度均为 200 mm 的 RGB 图形文件。

步骤 2　使用“钢笔工具”和“椭圆工具”绘制出咖啡杯的外形以及放杯子的盘子，为其填充颜色，杯口为黑白渐变、杯身为(R237，G143，B37)、边为(R194，G153，B107)，效果如图 3-1-47 所示。

步骤 3　绘制一个椭圆形置于杯口以下的部分，作为杯内的咖啡饮料，效果如图 3-1-48 所示，需要注意各部分的层次关系。

图 3-1-47　绘制咖啡杯及放杯子的盘子

图 3-1-48　绘制咖啡饮料

步骤 4　用“钢笔工具”在杯口绘制四条开放的曲线路径，作为水汽升腾的“路线”，将曲线路径以虚线的形式表示，如图 3-1-49 所示。

步骤 5　选中工具箱里的“路径文字工具”，在页面上单击输入文字，调整好字体、字号，将文字选中后按“Ctrl＋C”快捷键复制，然后单击其中一条曲线，按下“Ctrl＋V”快捷键，把输入好的文字粘贴过来，效果如图 3-1-50 所示。用同样的方法把其他三条曲线也赋予文字效果，如图 3-1-51 所示。

图 3-1-49　绘制曲线

图 3-1-50　粘贴文字

注意： 步骤 4 和 5 也可以通过首先用钢笔绘制一条曲线，直接选取“路径文字工具”单击曲线开始处输入文字，再调整方向来实现。

步骤 6　在图 3-1-51 中可以看出文字有大有小，其原因是文本太多，在曲线上排不下，造成多余文字不能显示。可选择曲线上的节点直接对其调整，调整后效果如图 3-1-52 所示。

图 3-1-51　全部粘贴文字效果

图 3-1-52　调整文字大小

步骤 7　对曲线上的文字进一步编辑。单击曲线，再单击工具箱里的“倾斜工具”，在弹出的对话框中进行设置，具体参数如图 3-1-53 所示。字符路径的趋势为垂直方向的倾斜，这里产生一种有趣的三维效果，如图 3-1-54 所示。

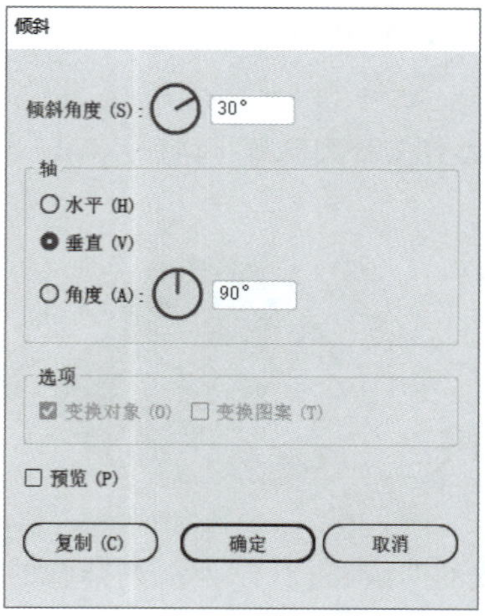

图 3-1-53　“倾斜”对话框

图 3-1-54　路径文字倾斜后效果

步骤 8　用“文字工具”将经过杯子内部的文字选中后，将它们的颜色设为白色，最后效果如图 3-1-46 所示。

任务 6　制作百货招贴

任务描述

使用绘图工具、“文字工具”等制作百货招贴，效果如图 3-1-55 所示。

图 3-1-55　百货招贴效果

微课

制作百货招贴

设计要点

使用“钢笔工具”、“网格工具”和“路径查找器”面板、“渐变工具”制作招贴背景；使用“文字工具”和“字符”面板添加文字；使用“混合工具”制作文本混合效果。

任务实施

步骤 1　执行“文件”→“新建”命令，创建一个名为“百货招贴”，宽度为 150 mm、高度为 210 mm，取向为纵向的 CMYK 图形文件。

步骤 2　选择“钢笔工具”绘制一个图形，如图 3-1-56 所示。设置图形填充色为(C31，M23，Y21，K0)，设置描边为“无”，效果如图 3-1-57 所示。

步骤 3　按“Ctrl＋C”快捷键，复制图形，按“Ctrl＋F”快捷键，将复制的图形粘贴在前面。使用“选择工具”选中图形的同时按住 Shift 键，拖曳右上角的控制手柄，等比例缩小图形，如图 3-1-58 所示。填充缩小的图形为白色，效果如图 3-1-59 所示。

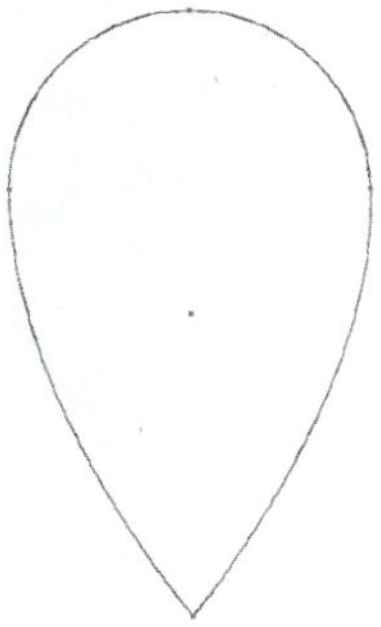

图 3-1-56　绘制图形(1)

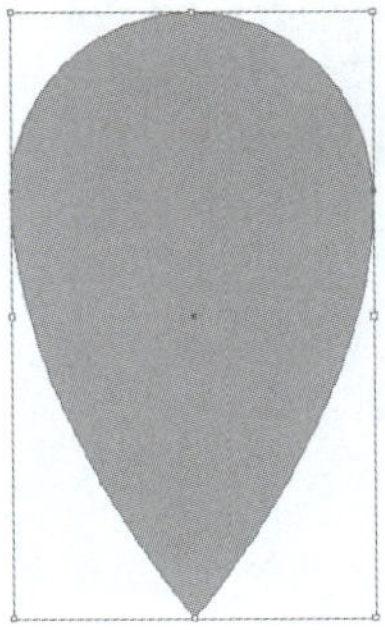

图 3-1-57　填充图形(1)

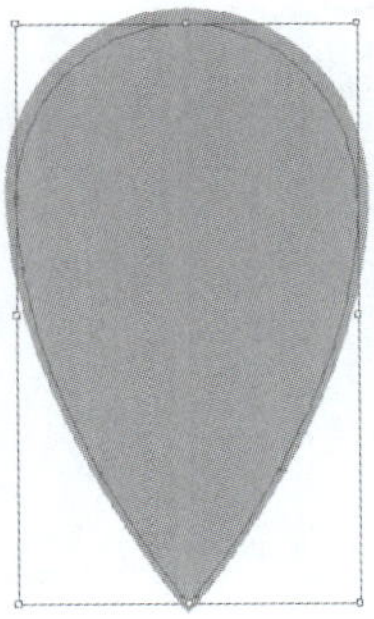

图 3-1-58　复制并缩小图形(1)

步骤 4　用相同的方法复制并等比例缩小图形，如图 3-1-60 所示。选择“选择工具”，按住 Shift 键的同时，将两个白色图形同时选取。选择“窗口”→“路径查找器”命令，弹出“路径查找器”面板，单击“减去顶层”按钮，剪切后的效果如图 3-1-61 所示。

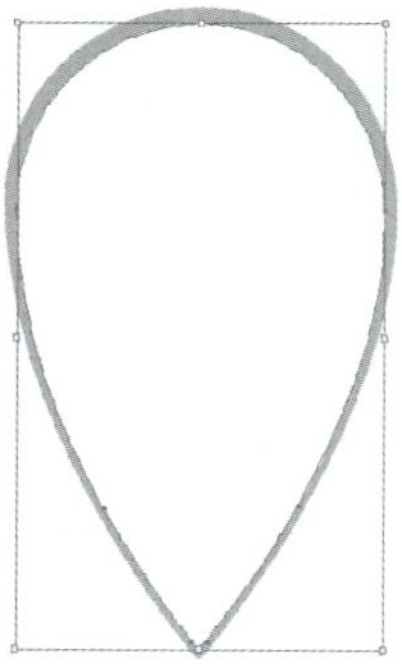
图 3-1-59　填充图形(2)

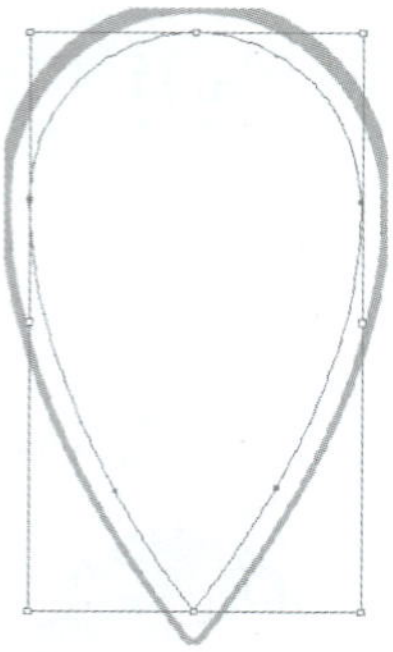
图 3-1-60　复制并缩小图形(2)

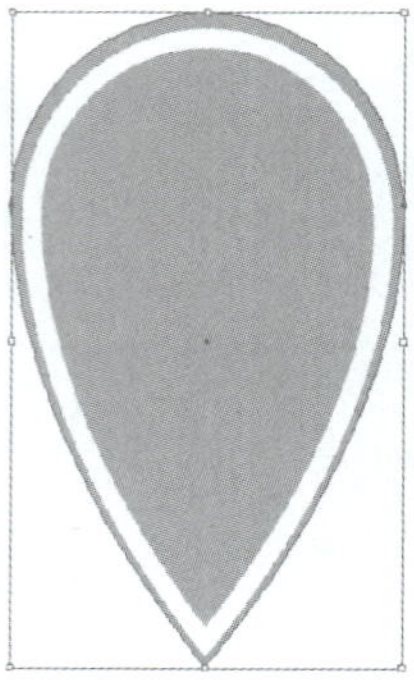
图 3-1-61　减去顶层

步骤 5　选取底部的图形，按住鼠标左键的同时按住 Alt 键，向外拖曳图形进行复制。选择“网格工具”，在复制的图形上单击添加网格点，如图 3-1-62 所示。选择“直接选择工具”，选取需要的节点，设置图形填充色为(C76，M0，Y3，K0)，效果如图 3-1-63 所示。

图 3-1-62　添加网格点

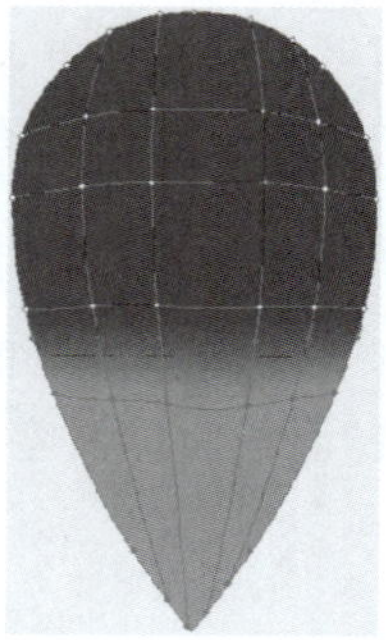
图 3-1-63　为节点上色

步骤 6　再次选取需要的节点，设置图形填充色为(C100，M0，Y3，K0)，效果如图 3-1-64 所示。再次选取需要的节点，设置图形填充色为(C100，M43，Y3，K0)，效果如图 3-1-65 所示。再次选取需要的节点，设置图形填充色为(C100，M100，Y3，K0)，效果如图 3-1-66 所示。

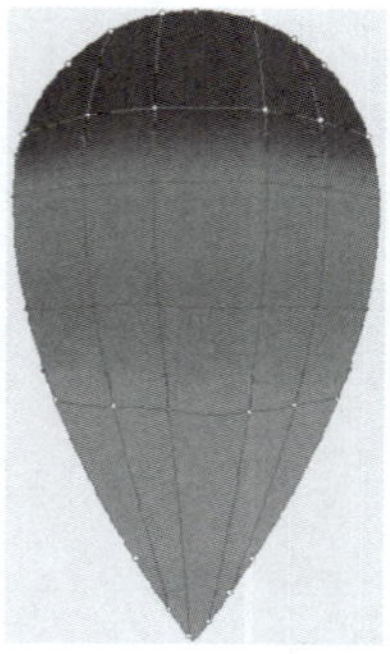
图 3-1-64　第二次设置填充色后

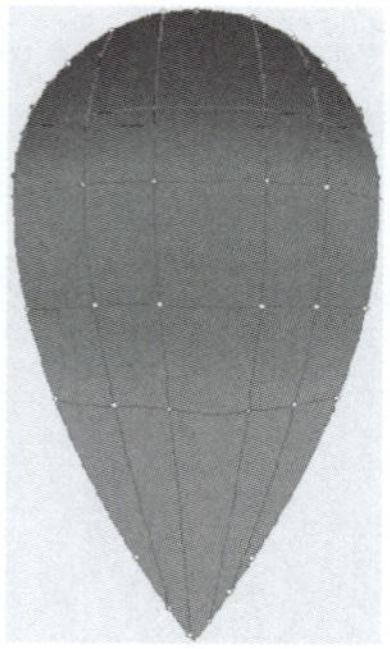
图 3-1-65　第三次设置填充色后

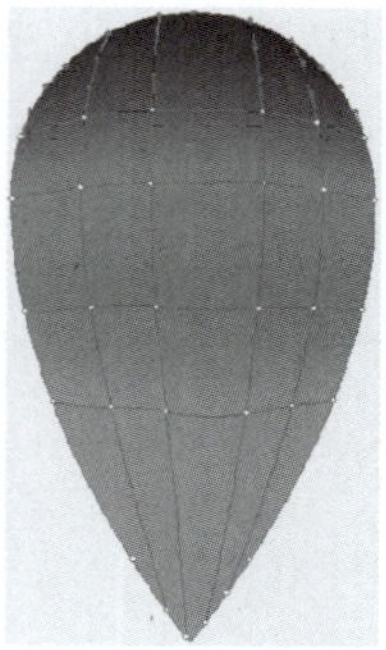
图 3-1-66　第四次设置填充色后

步骤 7　使用“选择工具”，拖曳图形到适当的位置，并调整其大小，效果如图 3-1-67 所示。按“Ctrl+[”快捷键，将其后移一层，效果如图 3-1-68 所示。选择“钢笔工具”在适当位置绘制一个图形，效果如图 3-1-69 所示。

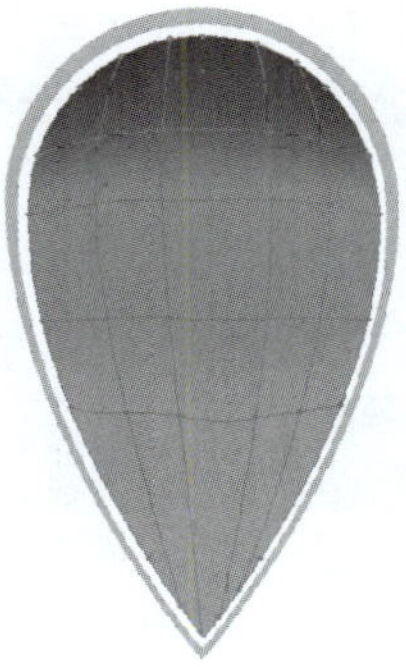

图 3-1-67　拖曳图形

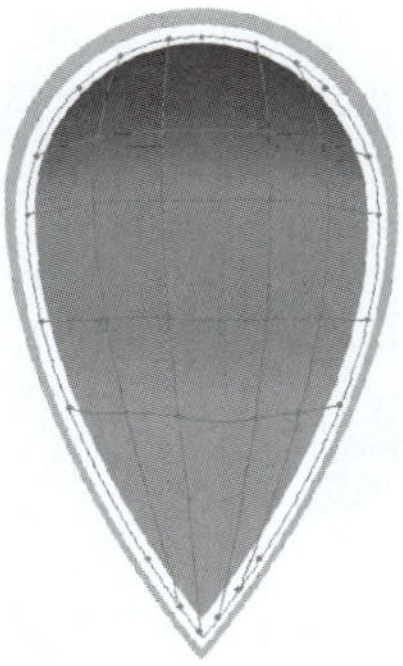

图 3-1-68　后移图形(1)

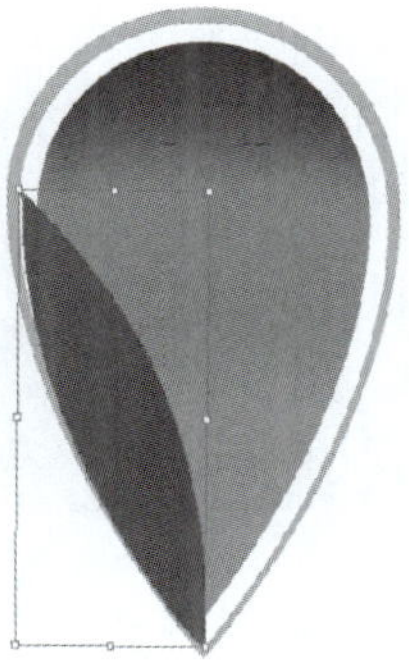

图 3-1-69　绘制图形(2)

步骤 8　打开“渐变”面板，在色带上设置 4 个渐变色块，分别将渐变色块的位置设为 28%，69%，85%，100%，并设置色值分别为：28%位置处为(C21，M15，Y15，K0)，69%位置处为(C0，M0，Y0，K0)，85%位置处为(C49，M39，Y35，K0)，100%位置处为(C68，M77，Y63，K28)，其他选项的设置如图 3-1-70 所示，图形被填充为渐变色，设置描边为“无”，效果如图 3-1-71 所示。用相同的方法绘制右侧的图形，并填充相似的渐变色，效果如图 3-1-72 所示。

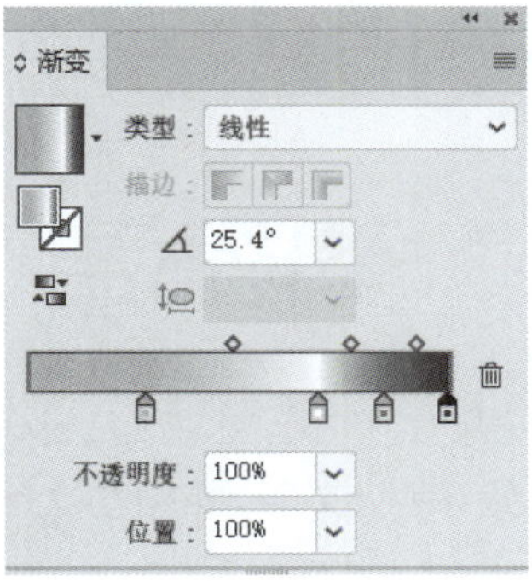

图 3-1-70　“渐变”面板

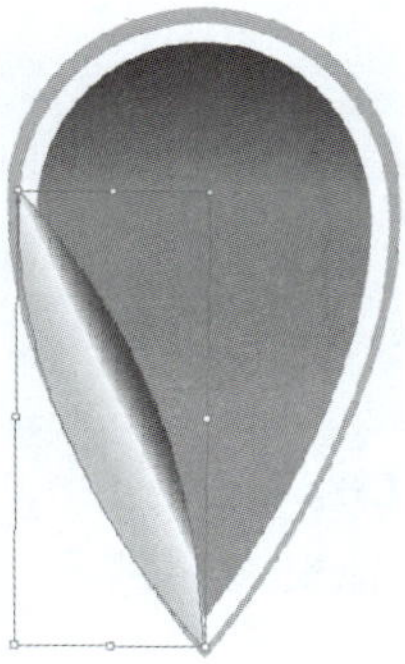

图 3-1-71　填充渐变色

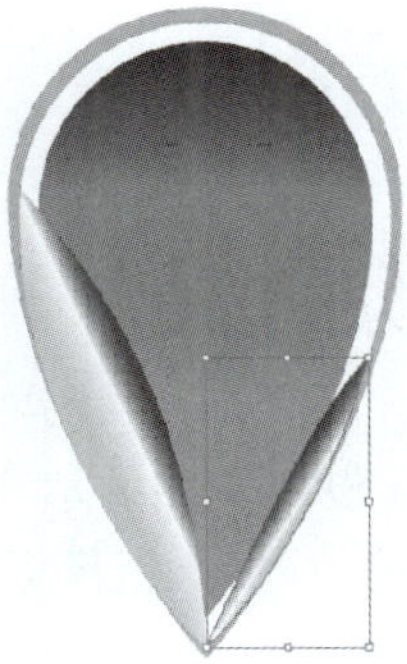

图 3-1-72　绘制填充图形

步骤 9　使用“选择工具”，选取左侧的图形，复制图形并拖曳到适当的位置，设置图形填充色为(C71，M63，Y59，K13)，效果如图 3-1-73 所示。在“属性”面板中将“不透明度”选项设为 48%，效果如图 3-1-74 所示。连续按“Ctrl+[”快捷键，将图形后移至适当的位置，效果如图 3-1-75 所示。

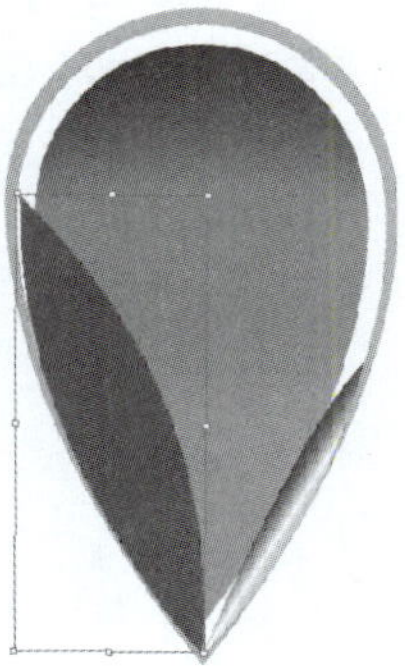

图 3-1-73　复制图形

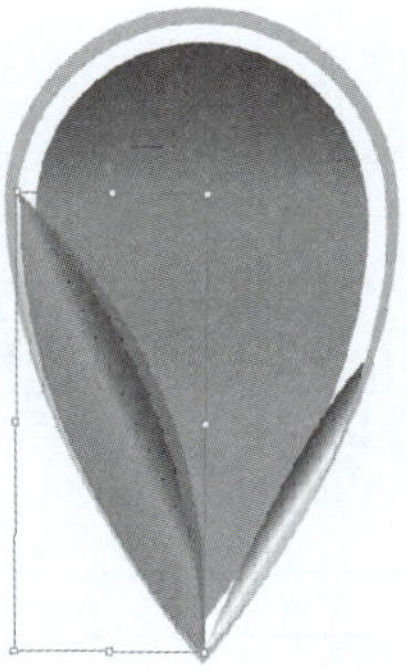

图 3-1-74　设置不透明度

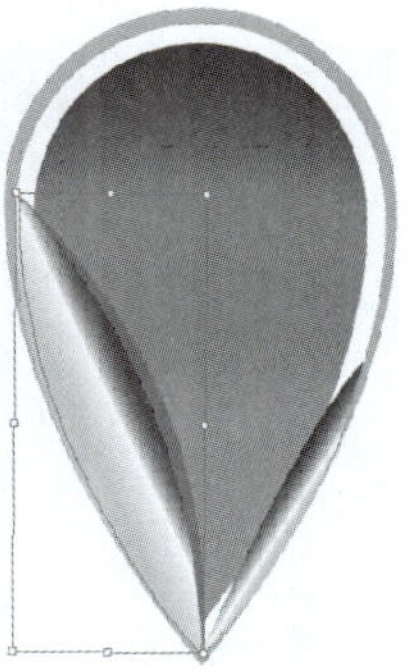

图 3-1-75　后移图形(2)

步骤 10　选择“文字工具”，在页面上分别输入需要的文字，用“选择工具”选中文字后，分别设置适当的文字大小，填充文字为白色，效果如图 3-1-76 所示。选择“钢笔工具”，在适当的位置绘制一条路径，描边色为白色，并在“属性”面板中设置“描边”为 0.5 pt，效果如图 3-1-77 所示。

图 3-1-76　输入文字(4)

图 3-1-77　绘制一条路径

步骤 11　选择“文字工具”，在页面上输入需要的文字，如图 3-1-78 所示。用“选择工具”选中文字后，打开“字符”面板，选项的设置如图 3-1-79 所示，设置后文字效果如图 3-1-80 所示。

图 3-1-78　输入文字(5)

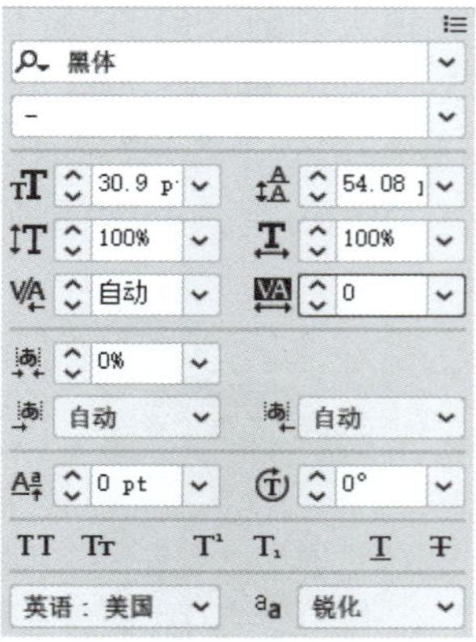

图 3-1-79　“字符”面板(2)

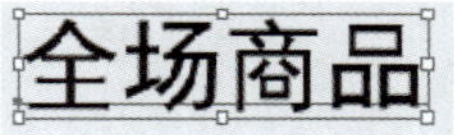

图 3-1-80　文字效果(3)

步骤 12　设置文字的填充色为(C0,M39,Y100,K0)，效果如图 3-1-81 所示。选中文字，按住 Alt 键的同时，用鼠标向下方拖曳文字到适当的位置，复制文字，并缩小文字，如图 3-1-82 所示。

图 3-1-81　填充文字(1)

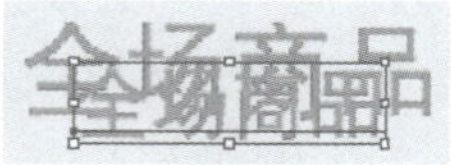
图 3-1-82　复制文字

步骤 13　设置缩小后的文字的填充色为(C0,M100,Y0,K0)，并填充描边为白色，在“属性”面板中设置“描边”为 0.25 pt，效果如图 3-1-83 所示。将两个文字同时选中，双击“混合工具”，在弹出的对话框中进行设置，如图 3-1-84 所示。单击“确定”按钮，在两个文字上单击鼠标，生成混合效果，如图 3-1-85 所示。

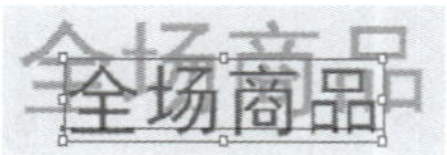
图 3-1-83　设置文字

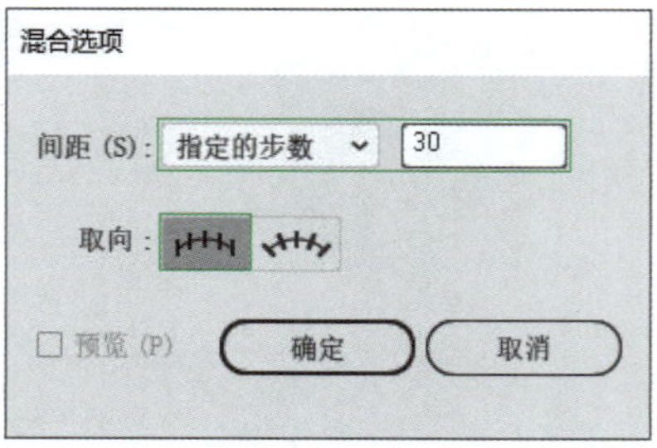

图 3-1-84　“混合选项”对话框(2)

图 3-1-85　混合效果(2)

步骤 14　选择“文字工具”，在页面上输入需要的文字，用“选择工具”选中文字后，打开“字符”面板，参数如图 3-1-86 所示，文字效果如图 3-1-87 所示。设置文字的填充色为(C0,M33,Y100,K0)，描边颜色为白色，效果如图 3-1-88 所示。

图 3-1-86　设置字符

图 3-1-87　文字效果(4)

图 3-1-88　填充文字(2)

步骤 15　选择“效果”→“风格化”→“投影”命令，在弹出的对话框中进行设置，如图 3-1-89 所示。单击“确定”按钮，效果如图 3-1-90 所示。选择“文件”→“置入”命令，选择“模块 3\项目 1\素材\01”文件，单击“置入”按钮，单击控制面板中的“嵌入”按钮，嵌入图片。拖曳图片到适当的位置并调整大小，最终效果如图 3-1-55 所示。

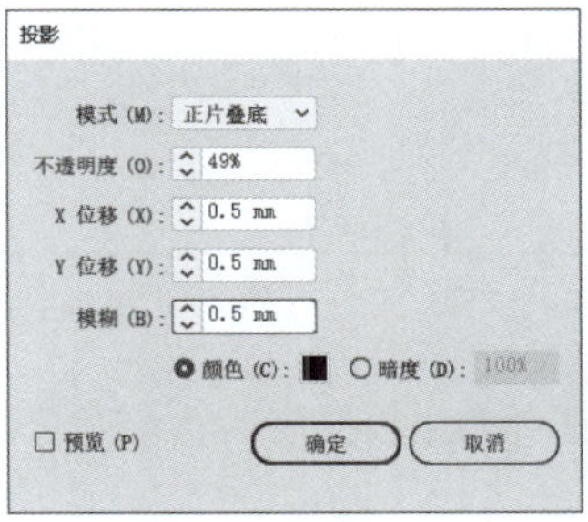

图 3-1-89　“投影”对话框

图 3-1-90　投影效果

项目2 图表

能力目标

学会普通图表的制作；学会各种类型图表的转换；学会图案图表的设计。

知识目标

了解图表的使用方法；理解并能熟练运用图表工具制作图表；了解不同类型图表的特点和区别。

职业素养

利用图表不仅可以丰富图形效果，更能锻炼学生的思维能力，提高学生转换不同方式方法来思考问题的能力。

知识准备

图表以可视化的方式交流统计信息。在 Illustrator 中，可以创建 9 种类型的图表并自定义这些图表以满足不同的需要。单击并按住“工具”面板中的“图表工具”可以查看能创建的所有不同类型的图表。

1. 创建图表

(1)选择一个图表工具。

最初使用的工具确定了 Illustrator 生成的图表类型，但日后也可以方便地更改图表的类型。

(2)可以按照以下任何一种方式定义图表的尺寸：

●从希望图表开始的角沿对角线向另一个角拖动。按住 Alt 键拖移可从中心绘制。按住 Shift 键拖移可将图表限制为一个正方形。

●单击要创建图表的位置，在弹出的对话框中输入图表的宽度和高度，然后单击“确定”按钮。

注意：定义的尺寸是图表的主要部分，并不包括图表的标签和图例。

（3）在“图表数据”窗口中输入图表的数据。

图表数据必须按特定的顺序排列，该顺序根据图表类型的不同而变化。输入数据之前，一定要明白如何在工作表中组织标签和数据组。单击“应用”按钮，或者按 Enter 键，以创建图表。除非将其关闭，否则“图表数据”窗口将保持打开。这可以在编辑图表数据和在画板中工作轻松转换。

2. 设置图表格式和自定义图表

可以用多种方式来设置图表格式。例如，可以更改图表轴的外观和位置，添加投影，移动图例，组合显示不同的图表类型。通过用“选择工具”选定图表并选择“对象”→“图表”→“类型”命令，可以查看图表的设置格式选项。

还可以用多种方式手动自定义图表。可以更改底纹的颜色，更改字体和文字样式，移动、对称、切变、旋转或缩放图表的任何部分或所有部分，并自定义列和标记的设计。可以对图表应用透明、渐变、混合、画笔描边、图表样式和其他效果。切记要最后应用这些改变，因为重新生成图表将会删除它们。

请记住，图表是与其数据相关的编组对象。绝不可以取消图表编组，如果取消图表编组，就无法更改图表。要编辑图表，使用“直接选择工具”或“编组选择工具”在不取消图表编组的情况下选择要编辑的部分。

还有一点非常重要的是，要了解图表的图素是如何相关的。带图例的整个图表是一个组；所有数据组是图表的次组；相反，每个带图例框的数据组是所有数据组的次组；每个值都是其数据组的次组等。绝不要取消或重做图表中对象的编组。

3. 更改图表类型

用“选择工具”选择图表：选择“对象”→“图表”→“类型”命令或者双击“工具”面板中的“图表工具”，在“图表类型”对话框中，单击与所需图表类型相对应的按钮，然后单击“确定”按钮。

注意：一旦用渐变的方式对图表对象进行上色，更改图表类型就会导致意外的结果。要防止出现不需要的结果，请在图表结束后再应用渐变，或使用“直接选择工具”选择渐变上色的对象，并用印刷色对这些对象上色，然后重新应用原始渐变。

4. 设置图表的轴的格式

除了饼图之外，所有的图表都有显示图表的测量单位的数值轴。可以选择在图表的一侧显示数值轴或者两侧都显示数值轴。条形、堆积条形、柱形、堆积柱形、折线和面积图有在图表中定义数据类别的类别轴。可以控制每个轴上显示多少个刻度线，改变刻度线的长度，并将前缀和后缀添加到轴上。用“选择工具”选择图表：选择“对象”→“图表”→“类型”或者双击“工具”面板中的“图表工具”。要更改数值轴的位置，请选择“数值轴”菜单中的选项。要设置刻度线和标签的格式，请从对话框顶部的弹出菜单中选择一个轴，并设置如下选项：

刻度值：确定数值轴、左轴、右轴、下轴或上轴上的刻度线的位置。选择“忽略计算出的值”以手动计算刻度线的位置。创建图表时接受数值设置或者输入最小值、最大值和标签之间的刻度数量。

刻度线：确定刻度线的长度和各刻度线/刻度的数量。对于类别轴，选择“在标签之间绘制刻度线”以在标签或列的任意一侧绘制刻度线，或者取消选择将标签或列上的刻度线居中的选项。

添加标签：确定数值轴、左轴、右轴、下轴或上轴上的数字的前缀和后缀。例如，可以将美元符号或百分号添加到轴数字。

5. 为数值轴指定不同比例

如果图表在两侧都有数值轴，则可以为每个轴都指定不同的数据组。这样使 Illustrator 可以为每个轴生成不同的比例。在相同图表中组合不同的图表类型时此技术特别有用。

（1）选择“编组选择工具”，单击要指定给轴的数据组的图例。

（2）在不移动图例的“编组选择工具”指针的情况下，再次单击。选定用图例编组的所有柱形。

（3）选择“对象”→“图表”→“类型”命令或者双击“工具”面板中的“图表工具”。

（4）在“数值轴”弹出菜单中选择要指定数据的轴，单击“确定”按钮。

任务 1　创建柱形图表

任务描述

图表能够以简洁的方式观察数据的变化，Illustrator 中的图表工具可以创建柱形图表、条形图表和折线图表等不同类型的图表。本任务就是以足球比赛各队的比赛数据为基础，创建一个简单、直观的柱形图表，效果如图 3-2-1 所示。

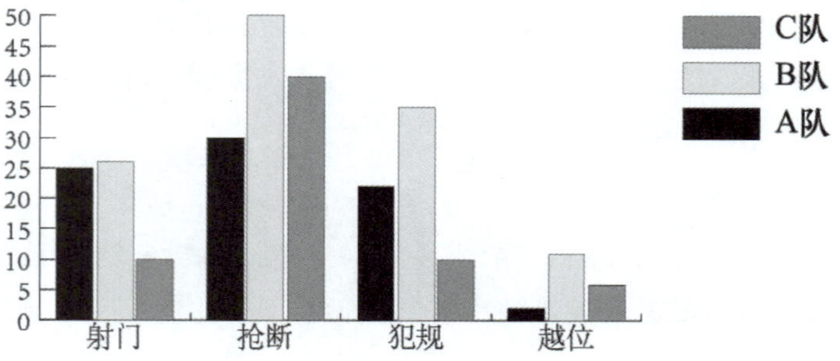

图 3-2-1　柱形图表效果

设计要点

1. 输入图表数据。选择“柱形图工具”后，在页面上单击鼠标，在弹出的“图表”对话框里设置图表的宽度和高度，确定后进入输入数据工作窗口，输入数据。

2. 编辑数据轴的刻度。在“图表类型”中选择“数值轴”，设置数值轴的相关参数，改变数值轴的表现形式。

▶ 任务实施

步骤 1　执行“文件”→“新建”命令，创建一个名为“柱形图表”，宽度为 320 mm、高度为 180 mm 的 CMYK 图形文件。

步骤 2　选择“柱形图工具”，在绘图区单击鼠标，弹出“图表”对话框，设置“宽度”和“高度”的值如图 3-2-2 所示。

步骤 3　单击“确定”按钮，进入表格工作窗口，如图 3-2-3 所示，在这里可以输入数据，以便根据这些数据生成图表。

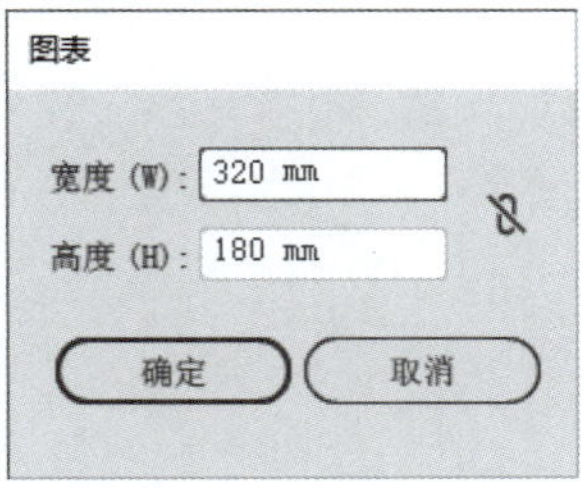

图 3-2-2　“图表”对话框(1)

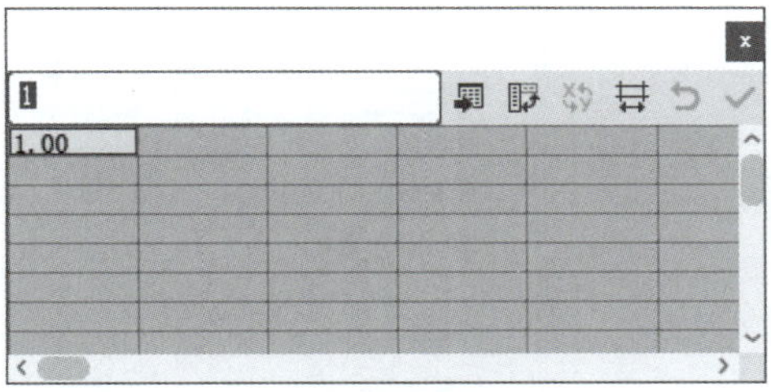

图 3-2-3　表格工作窗口

步骤 4　将表格左上角第一个单元格的数字“1.00”删除，然后激活第二个单元格，如图 3-2-4 所示，可以通过单击鼠标的方式激活单元格，也可以使用方向键激活。

步骤 5　在激活的单元格中输入“A 队”，然后再激活第三个单元格，如图 3-2-5 所示。

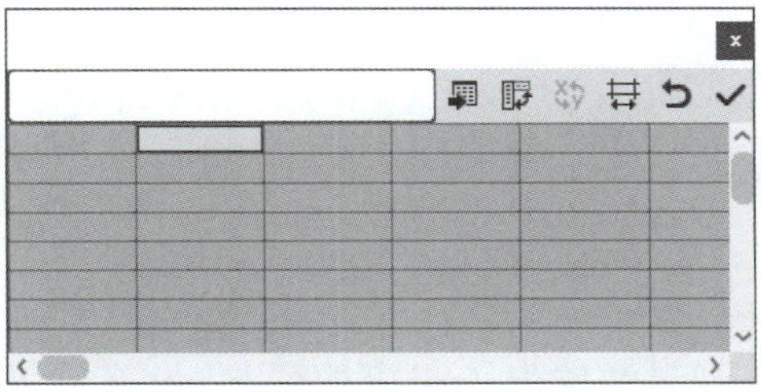
图 3-2-4　激活单元格(1)

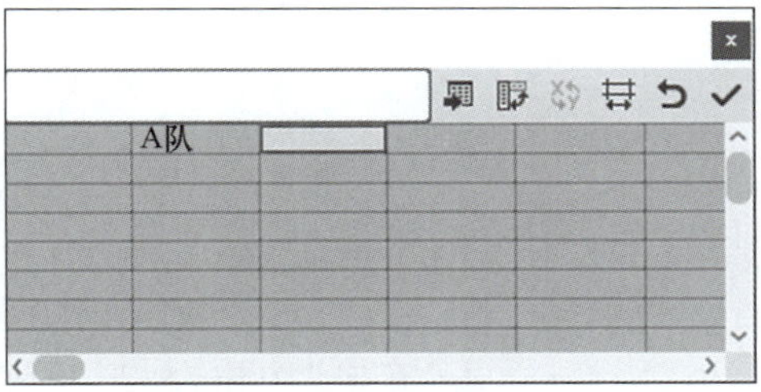

图 3-2-5　继续激活单元格

步骤 6　用同样的方法，输入文字“B 队”，然后在下一个单元格中输入文字“C 队”，最后激活第一列的第二个单元格，如图 3-2-6 所示。

步骤 7　参照前面的方法，在表格中输入文字“射门”、“抢断”、“犯规”和“越位”，如图 3-2-7 所示。

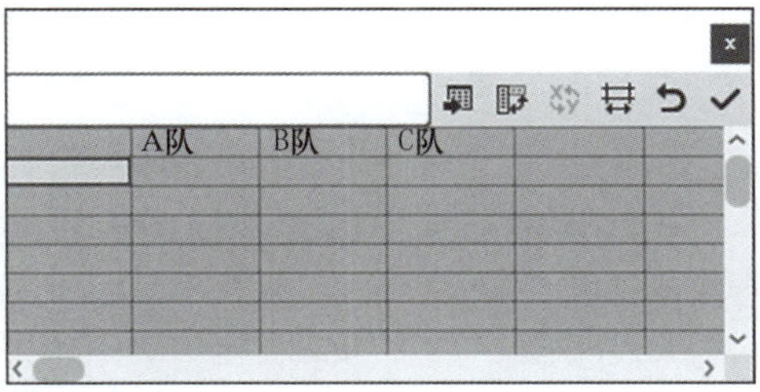

图 3-2-6　激活单元格(2)

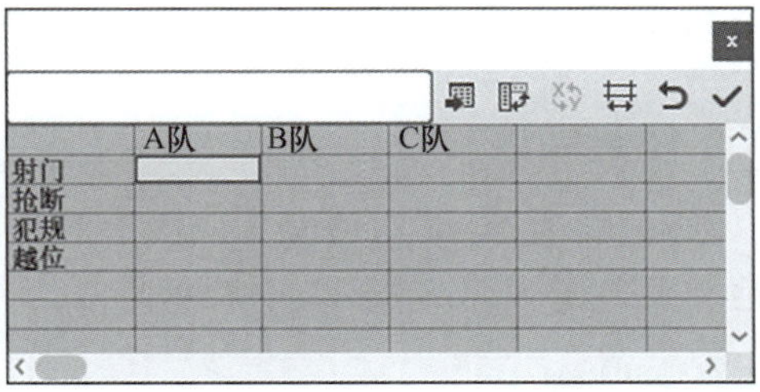

图 3-2-7　输入的文字

步骤 8　结合使用四个方向键，分别在表格中输入相对应的数字，如图 3-2-8 所示。

步骤 9　单击表格工作窗口右上角✓按钮，则得到一个柱形图表，如图 3-2-9 所示。

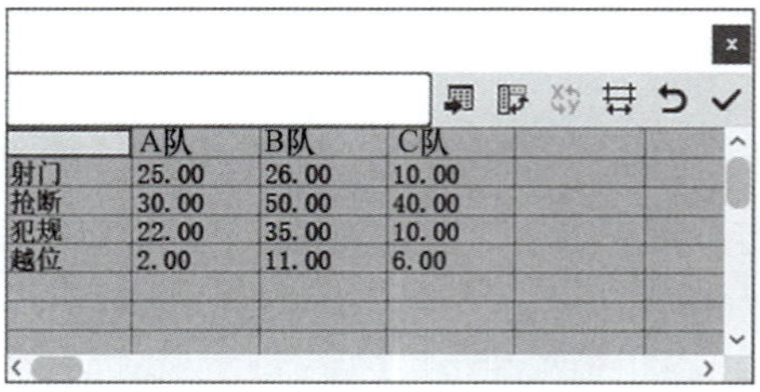

	A队	B队	C队
射门	25.00	26.00	10.00
抢断	30.00	50.00	40.00
犯规	22.00	35.00	10.00
越位	2.00	11.00	6.00

图 3-2-8　输入的数字

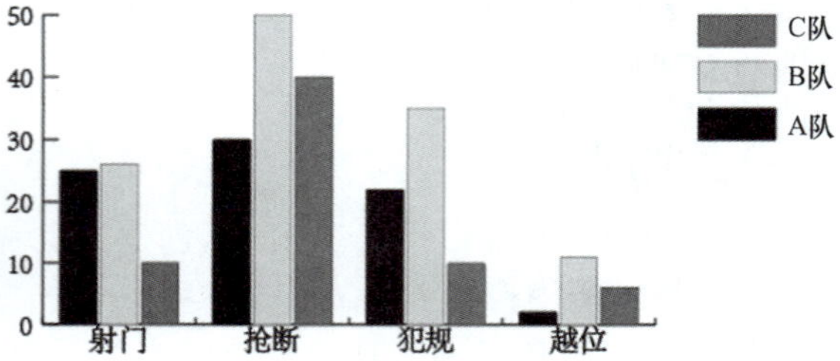

图 3-2-9　柱形图表效果

步骤 10　关闭表格工作窗口。选中柱形图表，在工具箱中双击“柱形图工具”，在弹出的“图表类型”对话框中设置“数值轴”中的各选项，如图 3-2-10 所示。

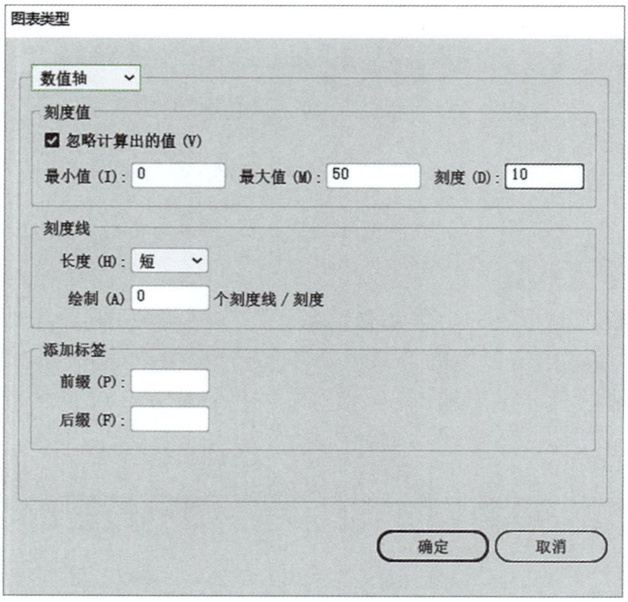

图 3-2-10　“图表类型”对话框(1)

步骤 11　单击“确定”按钮，柱形图表的数值刻度发生了相应的变化，最终效果如图 3-2-1 所示。

任务 2　设置图表转换

任务描述

通过“图表类型”对话框更改图形的类型，本任务就是将任务 1 已建好的图表转换为其他类型的图表，如图 3-2-11 所示为本任务转换的图表类型之一。

设计要点

如何转换图表的类型：通过“图表类型”对话框中“图表选项”选取想转换的类型即可。

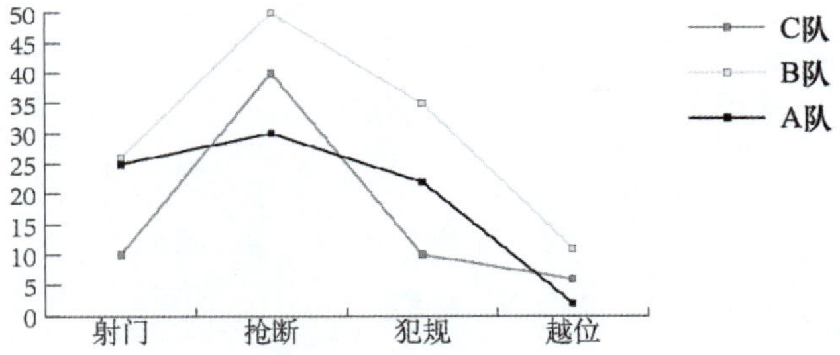

图 3-2-11　图表效果

任务实施

步骤 1　执行“文件”→“打开”命令，打开任务 1 中创建的柱形图表。

步骤 2　选取柱形图表，双击工具箱中的“柱形图工具”，在弹出的“图表类型”对话框中选择“图表选项”，然后单击“条形图”按钮，并如图 3-2-12 所示设置参数。

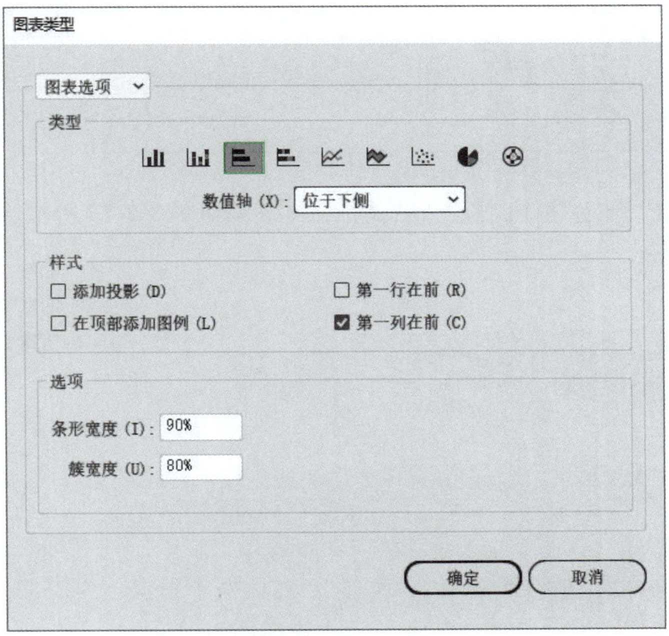

图 3-2-12　“图表类型”对话框(2)

步骤 3　单击“确定”按钮，则原来的柱形图转换成条形图，效果如图 3-2-13 所示。

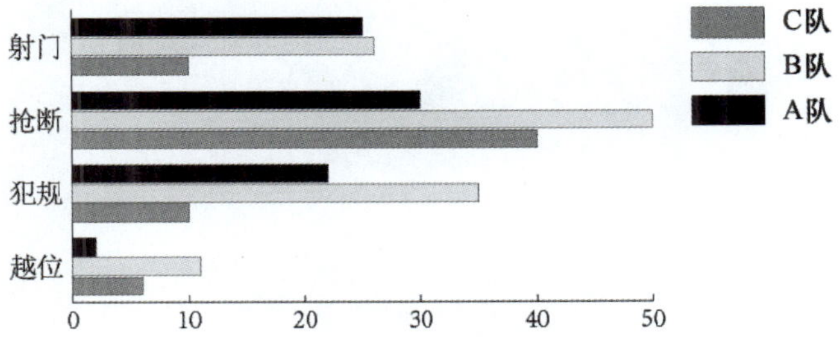

图 3-2-13　条形图表效果

步骤 4　选中条形图表，再次双击工具箱的“条形图工具”，在弹出的“图表类型”对话框中选择“图表选项”，然后单击“折线图”按钮，并设置其他参数，如图 3-2-14 所示。

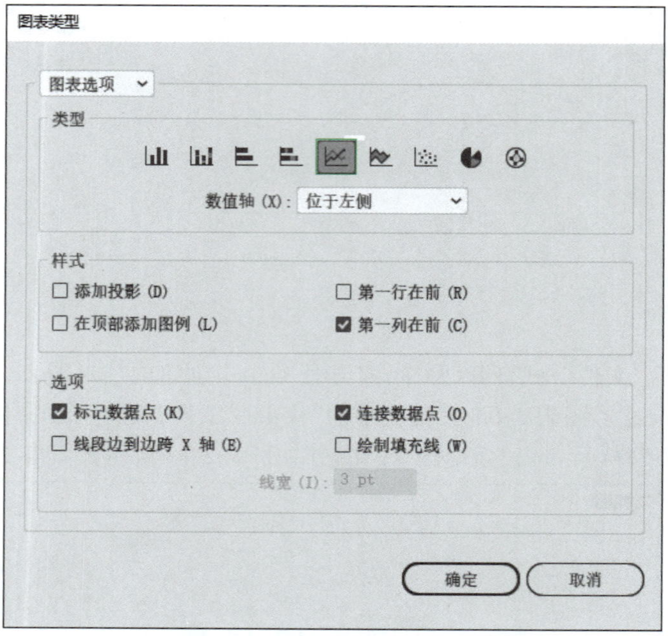

图 3-2-14 “图表类型”对话框(3)

步骤 5 单击“确定”按钮，则生成折线图表，效果如图 3-2-15 所示。

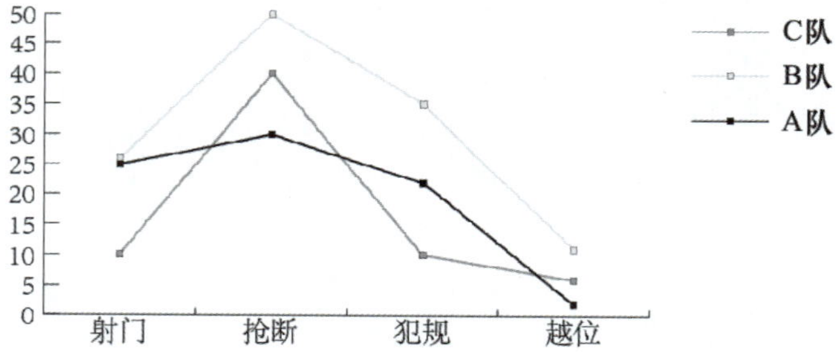

图 3-2-15 折线图表效果

步骤 6 用同样的方法，通过在“图表选项”对话框中单击不同类型的图表类型按钮，可以得到不同的图表效果，如图 3-2-16 所示为饼形图表效果。

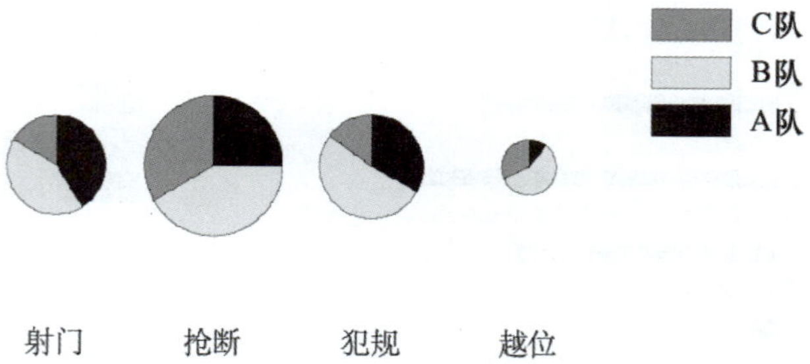

图 3-2-16 饼形图表效果

任务 3　制作图案图表

任务描述

使用“柱形图工具”、设计命令制作图案图表，效果如图 3-2-17 所示。

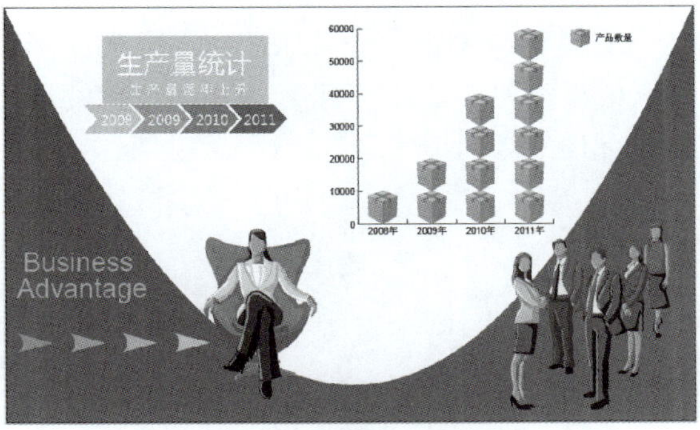

图 3-2-17　图案图表效果

微课

制作图案图表

设计要点

先使用“柱形图工具”建立柱形图表，然后使用设计命令定义图案，最后，使用柱形图命令制作图案图表。

任务实施

步骤 1　执行“文件”→“新建”命令，新建一个名为“图案图表”，宽度为 350 mm，高度为 210 mm，取向为横向的 CMYK 图形文件。

步骤 2　使用“钢笔工具”绘制如图 3-2-18 所示的图形。双击“渐变工具”，弹出“渐变”面板，填充色分别为(C10，M100，Y56，K0)、(C25，M100，Y75，K25)，其他选项的设置如图 3-2-19 所示，图形被填充为渐变色，无描边，效果如图 3-2-20 所示。

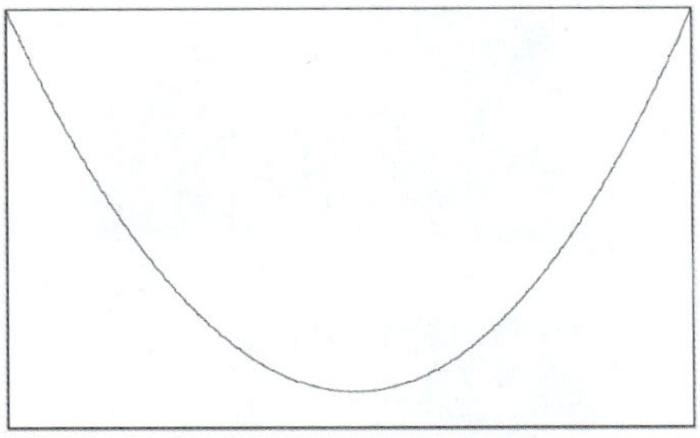

图 3-2-18　绘制图形

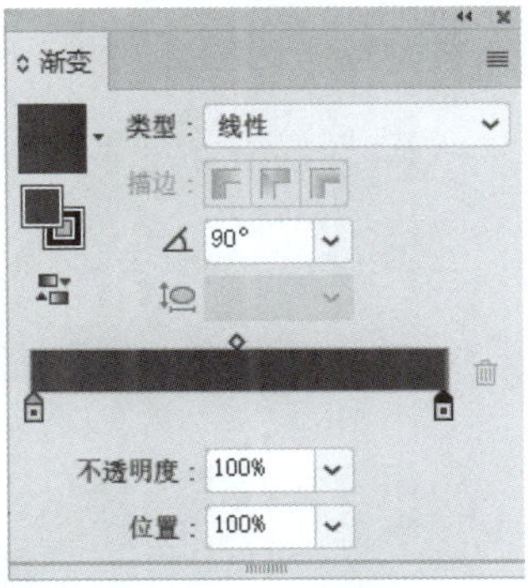

图 3-2-19　“渐变”面板

步骤 3　使用“矩形工具”绘制一个宽度为 84 mm、高度为 34 mm 的矩形，设置填充色为(C0，M20，Y100，K0)，无描边，效果如图 3-2-21 所示。

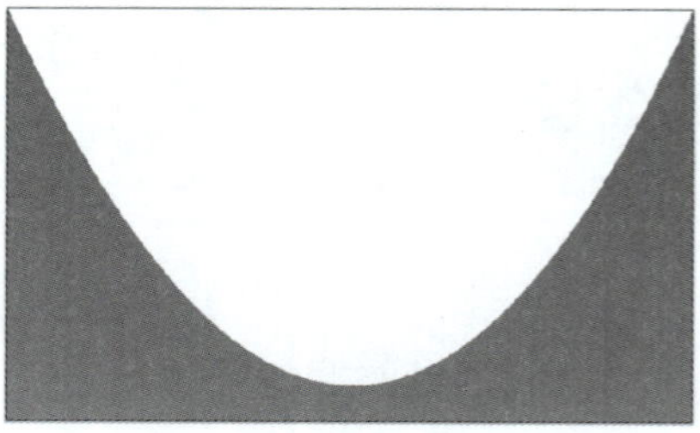

图 3-2-20　填充渐变色

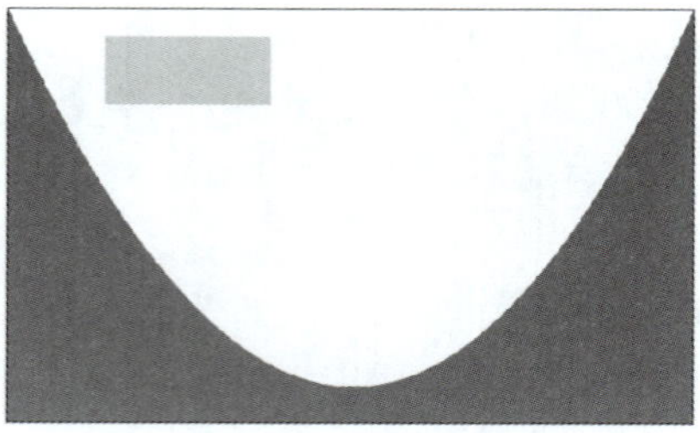

图 3-2-21　绘制矩形

步骤 4　选择“钢笔工具”绘制如图 3-2-22 所示的箭头图形，设置填充色为(C10，M10，Y100，K0)，无描边，效果如图 3-2-23 所示。按住 Alt 键的同时，用鼠标向右拖曳图形，将图形进行复制，效果如图 3-2-24 所示。

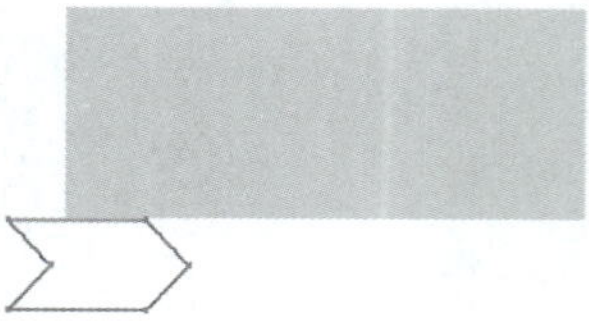

图 3-2-22　绘制箭头(1)

图 3-2-23　填充颜色

图 3-2-24　复制图形(1)

步骤 5　用同样的方法复制多个图形，分别设置不同的颜色，效果如图 3-2-25 所示。

步骤 6　选择“文字工具”，输入需要的文字，并设置字体和大小，如图 3-2-26 所示，用同样的方法添加其他文字，效果如图 3-2-27 所示。

图 3-2-25　复制多个图形

图 3-2-26　输入文字(1)

图 3-2-27　添加所有文字

步骤 7　在背景上输入需要的文字，并设置字体和大小，并将其不透明度选项设为“50”，效果如图 3-2-28 所示。

步骤 8　选择“钢笔工具”绘制箭头图形，并填充白色，无描边，效果如图 3-2-29 所示。按住 Alt 键的同时，用鼠标向右拖曳图形，将图形进行复制，效果如图 3-2-30 所示。在属性栏中分别设置不同的透明度，效果如图 3-2-31 所示。

图 3-2-28　输入文字(2)

图 3-2-29　绘制箭头(2)

图 3-2-30　复制图形(2)

图 3-2-31　设置透明度

步骤 9　选择“柱形图工具”后，双击该按钮，设置“图表类型”中“数据轴”忽略计算出的值，“最小值”为 0，“最大值”为 60 000，“刻度”为 6。单击页面，在弹出的“图表”对话框中进行设置，如图 3-2-32 所示，单击“确定”按钮，进入表格工作窗口，在窗口中输入需要的文字，如图 3-2-33 所示。

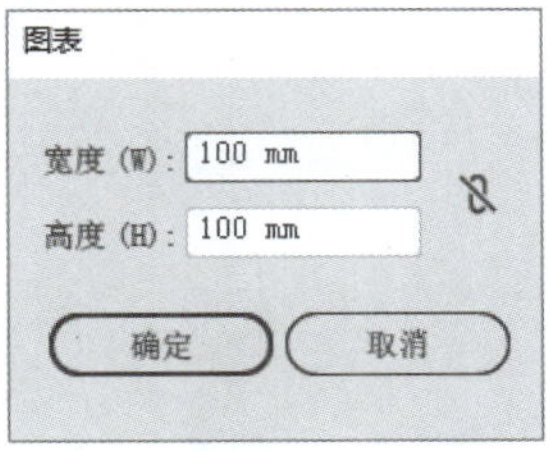

图 3-2-32　“图表”对话框(2)

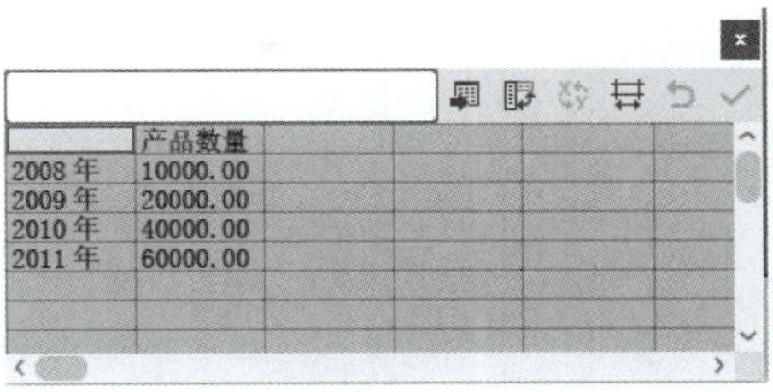

图 3-2-33　输入图表数据

步骤 10　输入完成后关闭表格工作窗，建立柱形图表，如图 3-2-34 所示。打开配套资源中的“模块 3\项目 2\素材\01”文件，选中图形，将其复制并粘贴到正在编辑的页面中，效果如图 3-2-35 所示。

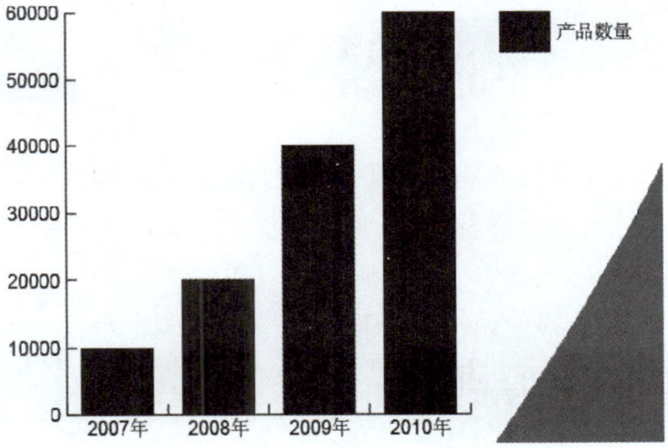

图 3-2-34　建立柱形图表

图 3-2-35　粘贴素材

步骤 11　选中箱子图形，选择“对象”→“图表”→“设计”命令，弹出“图表设计”对话框，单击“新建设计”按钮，显示所选图形的预览，如图 3-2-36 所示，单击“重命名”按钮更改名称为“箱子”，如图 3-2-37 所示，单击“确定”按钮，完成图表图案的定义。

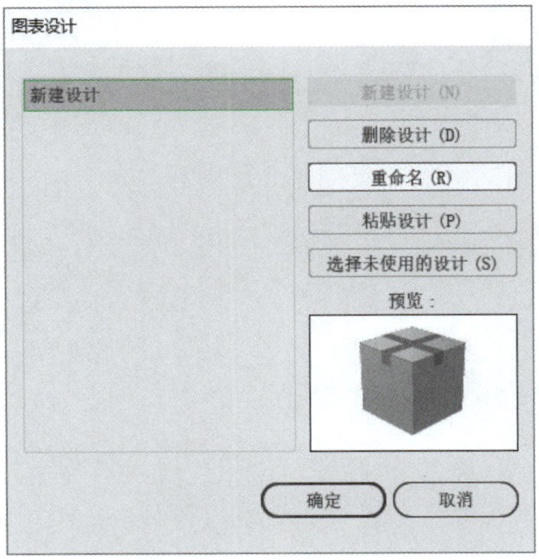

图 3-2-36　“图表设计”对话框

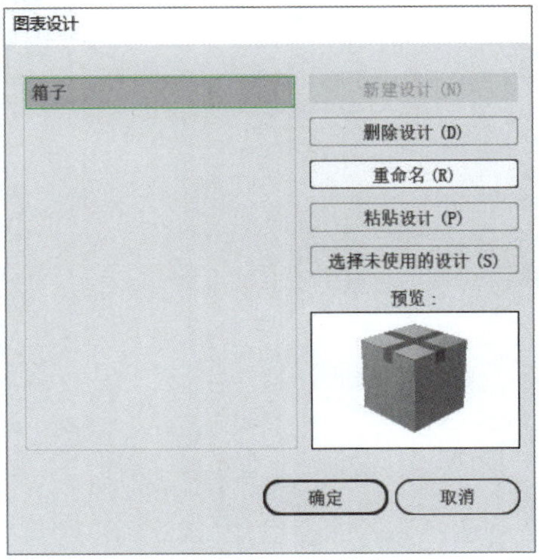

图 3-2-37　定义设计名称

步骤 12　使用“选择工具”选择图 3-2-34 中的图表，执行“对象”→“图表”→“柱形图”命令，弹出“图表列”对话框，选择新定义的图案，并在对话框中进行设置，如图 3-2-38 所示，单击“确定”按钮，效果如图 3-2-39 所示。

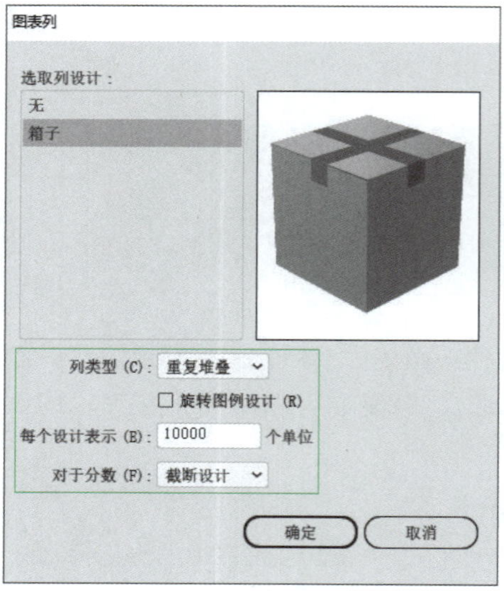

图 3-2-38　“图表列”对话框

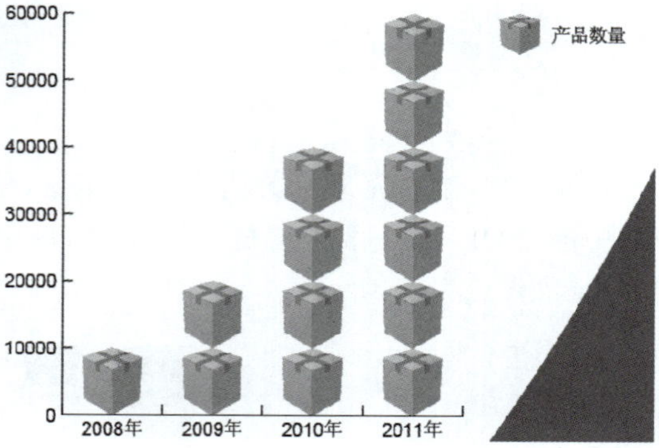

图 3-2-39　图案图表

步骤 13　打开配套资源中的“模块 3\项目 2\素材\02”文件，选中图形，将其复制并粘贴到正在编辑的页面中，图案图表制作完成，最终效果如图 3-2-17 所示。

上机实训

实训

模块3实训

模块4
位图处理

Illustrator 除具有强大的图形绘制功能外，还能对位图进行一般的处理。在置入位图以后，可以通过缩放、旋转、倾斜和对称等命令对位图进行修改，使用编辑颜色命令进行色彩调节，还可以使用实时描摹命令把位图转换为矢量图进行效果处理。

项目1 位图的基本处理

能力目标

会使用“置入”命令；会使用“缩放”命令；会进行比例缩放；会进行图文综合编辑处理。

知识目标

了解位图处理的操作命令；掌握“缩放”命令；掌握比例缩放的操作方法；掌握图文的综合基本处理技巧。

职业素养

本任务利用不同方法，将位图融入创作当中，丰富作品表现效果。本任务的学习，可以提升学生的艺术创作能力，勾画出一幅幅祖国壮美的大好河山。

知识准备

位图图像（在技术上称作栅格图像）使用图片元素的矩形网格（像素）表现图像。每个像素都分配有特定的位置和颜色值。在处理位图图像时，所编辑的是像素，而不是对象或形状。位图图像是连续色调图像（如照片或数字绘画）最常用的电子媒介，这是因为它们可以更有效地表现阴影和颜色的细微层次。

位图图像与分辨率有关，也就是说，它们包含固定数量的像素。因此，如果在屏幕上以高缩放比例对它们进行放大或以低于创建时的分辨率来打印它们，则会丢失其中的细节，并会呈现出锯齿。

在 Illustrator 中无须从头开始创建图稿，而是可以从使用其他应用程序创建的文件中导入矢量绘图和位图图像。Illustrator 可以识别所有通用的图形文件格式。Adobe 产品之间的紧密集成和对多种文件格式的支持，能够通过导入、导出或复制和粘贴操作轻松地将图稿从一个应用程序移动到另一个应用程序。

当置入图形时，在布局中可看到文件的屏幕分辨率版本，从而可以查看和定位文件，但实际的图形文件可能已链接或已嵌入。

●链接的图稿虽然连接到文档，但仍与文档保持独立，因而得到的文档较小。可以使用“变换工具”和效果来修改链接的图稿；但是，不能在图稿中选择和编辑单个组件。可以多次使用链接的图形，而不会显著增加文档的大小，也可以一次更新所有链接。当导出或打印时，将检索原始图形，并按照原始图形的完全分辨率创建最终输出。

●嵌入的图稿将按照完全分辨率复制到文档中，因而得到的文档较大。可以根据需要随时更新文档；一旦嵌入图稿，文档将可以自我满足显示图稿的需要。

若要确定图稿是链接的还是嵌入的，或将图稿从一种状态更改为另一种状态，则可使用“链接”面板。如果嵌入的图稿包含多个组件，还可分别编辑这些组件。例如，如果图稿包含矢量数据，Illustrator 可将其转换为路径，然后可以用 Illustrator 工具和命令来修改。对于从特定文件格式嵌入的图稿，Illustrator 还保留其对象层次（例如组和图层）。

1. 置入（导入）文件

“置入”命令是导入的主要方式，因为该命令提供有关文件格式、置入选项和颜色的最高级别的支持。置入文件后，可以使用“链接”面板来识别、选择、监控和更新文件。

（1）打开要将图稿置入的目标 Illustrator 文档。

（2）选择“文件”→“置入”命令，然后选择要置入的文件。

（3）选择“链接”可创建文件的链接，取消选择“链接”可将图稿嵌入 Illustrator 文档。

（4）单击“置入”按钮。

（5）如果适用，请执行下列操作之一：

●如果要置入具有多个页面的 PDF 文件，可选择要置入的页面以及裁剪图稿的方式。

●如果要嵌入 Photoshop 文件，可选择转换图层的方式。如果文件包含图层复合，还可选择要导入的图像版本。

2. “链接”面板

使用“链接”面板可以查看和管理所有链接的或嵌入的图稿。该面板显示图稿的小缩览图，并用图标指示图稿的状态。

●要显示此面板，可选择“窗口”→“链接”命令。每个链接的文件和嵌入的文件都是通过名称识别的。

●要选择和查看链接的图形，可选择一个链接，然后单击“转至链接”按钮，或选择“链接”面板右侧下拉菜单中的“转到链接”，将围绕选定的图形居中显示。

●要更改缩览图的大小，可从“链接”面板右侧下拉菜单中选择“面板选项”，然后选择一个用于显示缩览图的选项。

●要按照不同的顺序将链接排序，可在“链接”面板右侧下拉菜单中选择所需的“排序”命令。

●要隐藏缩览图，可从“链接”面板右侧下拉菜单中选择“面板选项”，然后选择“无”。

●要查看 DCS 透明度信息，可从“链接”面板菜单中选择“面板选项”，然后选择“显示

DCS 的透明度效果”。

3. 编辑原始图稿

通过使用“编辑原稿”命令，可以在创建图形的应用程序中打开大多数图形，以便在必要时对其进行修改。存储原始文件之后，将使用新版本更新链接该文件的文档。

（1）请执行下列任一操作：

- 在“链接”面板中，选择链接，然后单击“编辑原稿”按钮。或者，从面板右侧下拉菜单中选择“编辑原稿”。
- 选择页面上的链接图稿，然后选择“编辑”→“编辑原稿”。
- 选择页面上的链接图稿，然后在“控制”面板中单击“编辑原稿”按钮。

（2）在原始应用程序中进行更改后，存储文件。

任务 1　制作醉美云台山

任务描述

“置入”命令是位图处理的前提，单击标题栏的“文件”菜单，选择“置入”命令，打开“置入”对话框，选择所需的位图文件；用“文字工具”输入相关文字，再使用“矩形工具”和“缩放”命令等绘制效果。本任务综合运用多种工具、命令，最终效果如图 4-1-1 所示。

微课

制作醉美云台山

图 4-1-1　醉美云台山最终效果

设计要点

所需位图都要“置入”，执行“置入”命令后，统一调整位图的大小，然后使用“变换”面板中的“缩放”命令对所置入文件进行缩放。

▶ 任务实施

步骤 1　启动 Illustrator CC 2018，执行“文件”→“新建”命令，打开“新建文档”对话框，设置文档的名称、大小（默认）、单位（像素）、颜色模式（CMYK）等参数。单击“确定”按钮，即可新建一个文件。

步骤 2　执行“文件”→“置入”命令，打开“置入”对话框，查找选取位图源文件，单击“置入”按钮，将图片文件置入当前文档中，如图 4-1-2 所示。

图 4-1-2　置入位图

步骤 3　单击控制面板中的“嵌入”按钮 嵌入 ，将置入的图片“嵌入”当前文件。

步骤 4　对其中任一张位图执行“对象”→“变换”→“缩放”命令，打开“比例缩放”对话框，在“比例缩放”选项下的“等比”文本框中输入“80%”，单击“确定”按钮，如图 4-1-3 所示。

步骤 5　按照上一步的方法，对其余图也进行等比缩放，然后将其依次排列在工作区域内，如图 4-1-4 所示。

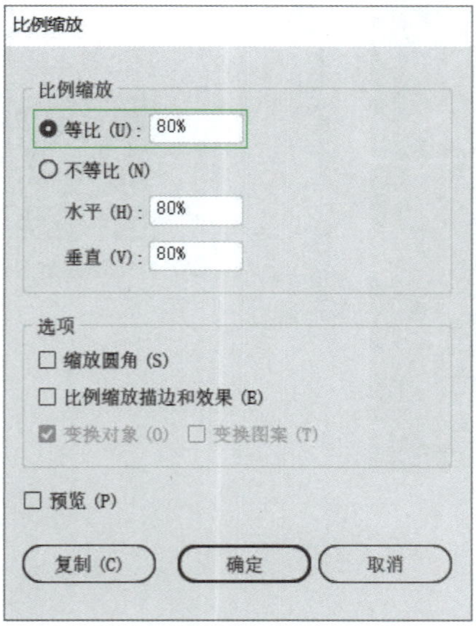

图 4-1-3　“比例缩放”对话框

图 4-1-4　排列对象

步骤 6　选择“椭圆工具”，在工作区单击，打开“椭圆”对话框，在“宽度”和“高度”文本框中均输入 80 px，单击“确定”按钮，如图 4-1-5 所示。

步骤 7　选中椭圆形，设置填充色为(C98，M70，Y45，K42)，设置描边色为(C98，M70，Y45，K42)，执行“窗口”→“画笔”命令，打开“画笔”面板，单击面板右上角的▤按钮，执行“打开画笔库”→“矢量包”→“手绘画笔矢量包”命令，弹出“手绘画笔矢量包”对话框，单击“手绘画笔矢量包 01”(保证此时绘制的椭圆形在被选取状态)，椭圆形绘制完成，如图 4-1-6 所示。

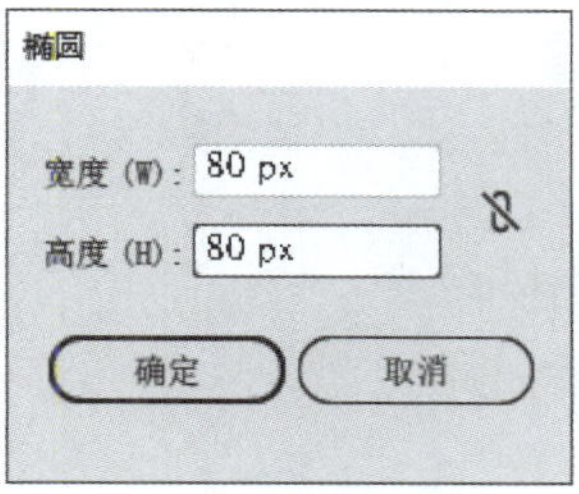

图 4-1-5　设置椭圆形大小

图 4-1-6　椭圆形效果

步骤 8　按照步骤 6 和步骤 7 重绘一个椭圆形，“宽度”和“高度”为 40 px，填充色和描边不变。

步骤 9　选择“文字工具”，分别输入“醉”和“美”，设置字体为“方正行楷碑体”，字体大小分别为 62 pt、48 pt，填充色为白色。

步骤 10　同时选中“醉”字和大椭圆形，单击控制面板中的“水平居中对齐”按钮▮▮和“垂直居中对齐”按钮▮▮，将“醉”字放置在椭圆形的正中心；再同时选中“美”字和小椭圆形，重复上述命令，效果如图 4-1-7 所示。

图 4-1-7　文字效果(1)

步骤 11　选择“文字工具”，依次输入“云台山”，字体为“方正行楷简体”，大小为 60 pt；“如果……”字体为“黑体”，大小为 16 pt；“云”“台”“印”“像”，字体为“方正行楷简体”，大小为 52 pt；使用“垂直文字工具”输入“‘悠悠天下，醉美云台’”，字体为“黑体”，大小为 16 pt，加粗；使用“直线工具”绘制一条竖线，依次放置在相应位置，如图 4-1-8 所示。

步骤 12　选择“圆角矩形工具”，单击工作区，弹出对话框，输入“宽度”和“高度”均为 19 px，圆角为 2 px。填充色为(C32，M100，Y95，K48)，无描边。

步骤 13　使用“文字工具”输入“云台山印”，使用步骤 10 的方法将文字放置在圆角矩形中心。

步骤 14　分别调整文字和图片的位置，使之放置在相应的位置。最终效果如图 4-1-1 所示。

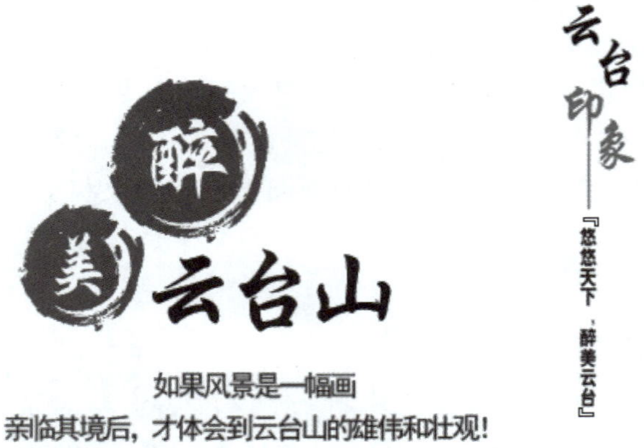

图 4-1-8　文字效果(2)

任务 2　制作菜谱单页

任务描述

菜谱是饭店必不可少的，精美的图片是菜谱中必需的元素，同时配合相应的文字介绍达到方便顾客点菜的目的。通过基本的工具和命令即可完成，最终效果如图 4-1-9 所示。

图 4-1-9　菜谱单页效果

微课

制作菜谱单页

设计要点

1. 版面设计，重点突出“菜”的图片。
2. 绘制简单的图形文字，置入相应图片。

任务实施

步骤 1　启动 Illustrator CC 2018，执行“文件”→“新建”命令，打开“新建文档”对话框，设置文档名称为“菜谱单页”，文档大小为“A4”，颜色模式为 CMYK。单击“确定”按钮，即可新建一个文件。

步骤 2　使用“矩形工具”绘制矩形，宽度为 185 mm，高度为 13 mm，线性渐变填充，渐变色从后左至右为（C25，M98，Y100，K28），（C0，M92，Y95，K0），描边色为（C0，M92，Y95，K0），粗细为 1 pt，如图 4-1-10 所示。

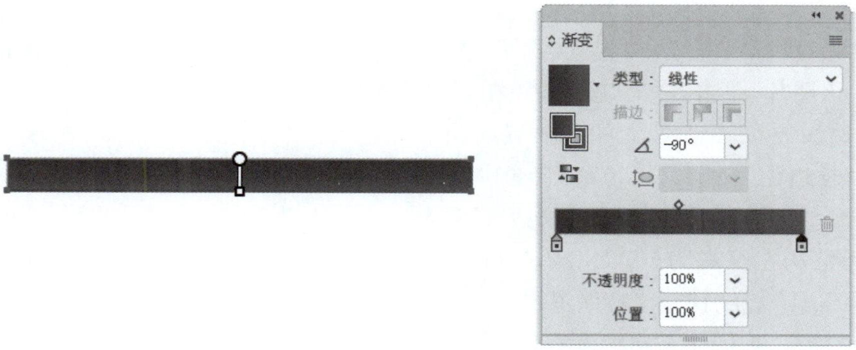

图 4-1-10　绘制矩形并填充线性渐变色

步骤 3　按照步骤 2 的方法再绘制一个渐变矩形，宽度不变，高度为 8 mm，把渐变角度改为 90°，并放置在页面的下方。

步骤 4　使用“椭圆工具”绘制宽度为 25 mm、高度为 25 mm 的椭圆形，线性渐变填充，渐变色从左至右为（C25，M98，Y100，K28），（C0，M92，Y95，K0），描边色为（C0，M92，Y95，K0），粗细为 1 pt；选中该椭圆形，按住 Alt 键向右拖动，释放鼠标即可复制一个椭圆形，再以同样的方式复制一个；选中这三个椭圆形，分别单击菜单栏的“垂直顶对齐”按钮和“水平居中分布”按钮，把三个椭圆形对齐，放置在上方矩形的左部，如图 4-1-11 所示。

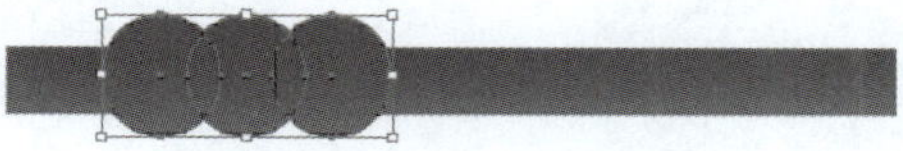

图 4-1-11　绘制椭圆形并对齐

步骤 5　同时选择三个椭圆形和矩形，执行“窗口”→“路径查找器”命令，打开“路径查找器”面板，单击“联集”按钮，则椭圆形和矩形成为一个路径，如图 4-1-12 所示。

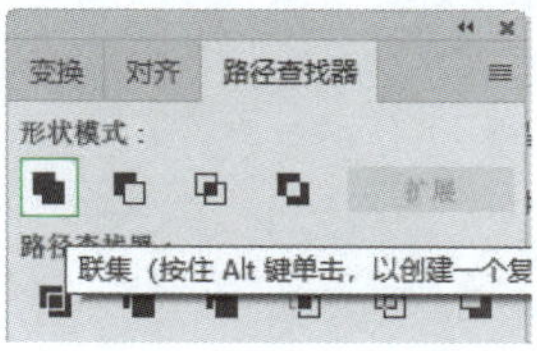

图 4-1-12　组合新图形

步骤 6　按照上述步骤绘制三个白色小椭圆形，放置在三个大椭圆形中部，如图 4-1-13 所示。

图 4-1-13　绘制白色小椭圆形

步骤 7　使用“文字工具”输入“热菜”二字，字体为“微软简隶书”，大小为 30 pt；再输入“农家院”三个字，字体为“方正舒体”，大小为 52 pt；选中“农家院”三个字，右键单击，弹出快捷菜单，选择“创建轮廓”命令，单击工具箱中的“吸管工具”，在上方矩形的任意部位单击左键，则“农家院”三字继承矩形的填充属性，如图 4-1-14 所示。

图 4-1-14　文字处理

步骤 8　执行“文件”→“置入”命令，打开“置入”对话框，选择“模块 4\素材\gbjd.jpg”，置入该图片，单击“嵌入”按钮，并在菜单栏中的“W”（宽度）中输入“132 mm”，“H”（高度）中输入“98 mm”，把该图片放置在相应位置；使用“矩形工具”绘制矩形，无填充，1 pt 描边，描边色为（C30，M50，Y75，K10），如图 4-1-15 所示。

步骤 9　使用“矩形工具”绘制一个宽度为 3 mm、高度为 85 mm 的矩形，线性渐变填充，渐变颜色从左至右为（C0，M92，Y95，K0），（C2，M29，Y54，K0），白色，无描边；单击“直排文字工具”，分别输入“宫保鸡丁　元/例”“26”，字体分别为“隶书”“黑体”，大小均为 22 pt，黑色填充，如图 4-1-16 所示。

图 4-1-15　置入图片并处理

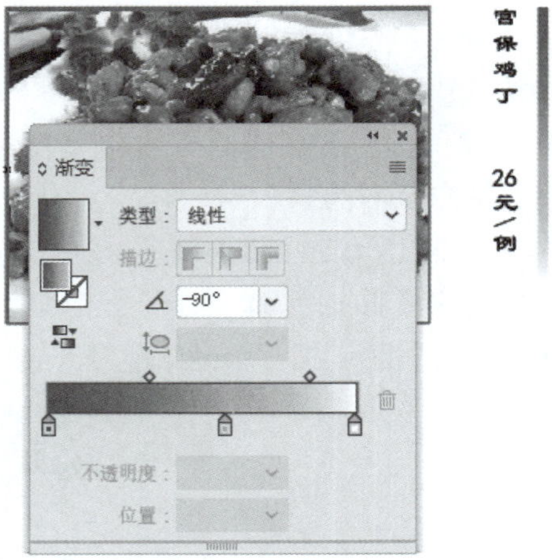

图 4-1-16　输入菜品信息

步骤 10　按照上述步骤绘制处理另一菜品，最终效果如图 4-1-9 所示。

项目 2 位图色彩调节

能力目标

会使用“转换为灰度”命令；会使用“颜色”面板；会进行渐变颜色调整填充；会进行综合操作。

知识目标

掌握位图色彩调节的方法；掌握“转换为灰度”命令；掌握渐变颜色调整填充；掌握综合处理操作方法。

职业素养

色彩是一幅作品的重要组成部分。利用不同的变换方法和工具，可以激发学生的想象，美化作品的呈现形式，从而提高学生对美的理解。

知识准备

Illustrator CC 2018 可对导入的位图进行基本的色彩调节。执行“文件”→“置入”命令，导入位图图片。图片是以“链接”的形式置入文档的，没有“嵌入”的图片是不能进行色彩调节的，单击控制面板中的“嵌入”按钮将图片嵌入文档，如图 4-2-1 所示。

图 4-2-1 控制面板

通过执行“编辑”→“编辑颜色”命令后弹出的菜单中的各项子命令(图 4-2-2)，可以对位图进行色彩平衡、饱和度的调节。

选择“调整色彩平衡”命令，弹出“调整颜色”对话框，如图 4-2-3 所示，可以像 Photoshop

那样来调整图片颜色，勾选“预览”选项可以实时查看调整效果。

Illustrator 是处理矢量图的软件，不可能像在 Photoshop 中一样把照片的颜色随意改变，一切位图在 Illustrator 中编辑均无法得到最佳效果，且有些效果基本无法在 Illustrator 中实现。

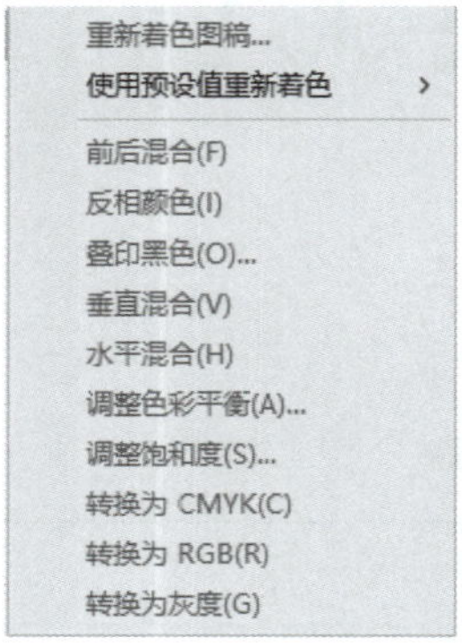

图 4-2-2　编辑颜色

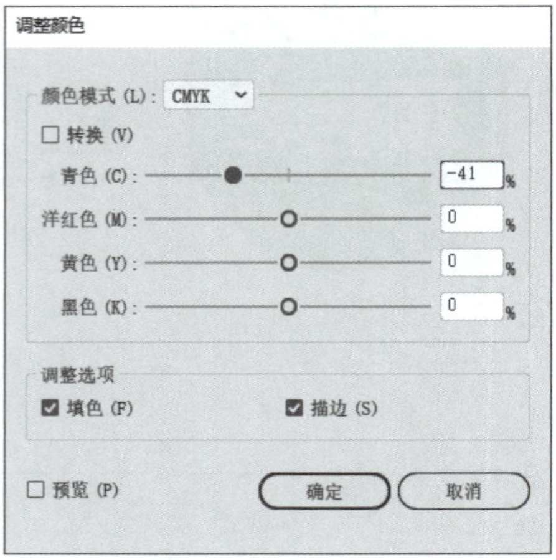

图 4-2-3　调整颜色

任务 1　制作地产广告

任务描述

置入位图后，使用“编辑”→“编辑颜色”命令中的各项子命令，可以对位图进行色彩的调节，同时配合各种工具命令，可以制作出精美的图像。本任务制作一幅地产宣传彩页，如图 4-2-4 所示。

图 4-2-4　地产广告效果

微课

制作地产广告

设计要点

1. 宣传相框的制作。选择“矩形工具”绘制相框的主体并上色，并通过描边对相框进行描边，绘制出宣传相框，依次调整矩形的大小，同时使用“对齐工具”使之对齐。

2. 位图的色彩调节。置入位图后，单机“嵌入”按钮，对位图执行“编辑”→“编辑颜色”→“转换为灰度”命令，然后上色。

3. 渐变文字的制作。输入文字后，执行“文字”→“创建轮廓”命令，使之转化为矢量图，选中文字，执行渐变命令，然后对渐变色块进行调整。

任务实施

步骤 1　启动 Illustrator CC 2018，执行“文件”→“新建”命令，新建一个名称为“地产广告”，宽度为 210 mm、高度为 297 mm 的 CMYK 图形文件。

步骤 2　在工具箱里选取“矩形工具”，绘制宽度为 170 mm、高度为 258 mm 的矩形，填充色为(C40，M65，Y90，K35)，描边色为(C40，M65，Y90，K35)；选中矩形，打开“画笔”面板，单击该面板右上角的按钮，打开画笔扩展栏，执行“打开画笔库”→“边框”→“边框_装饰”命令，即可打开子画笔库，单击子画笔库中的“金叶”，如图 4-2-5 所示。

步骤 3　继续绘制矩形，宽度为 165 mm、高度为 251 mm，线性渐变填充，渐变色从左至右为(C0，M45，Y100，K0)，白色，(C0，M45，Y100，K0)，无描边，如图 4-2-6 所示。

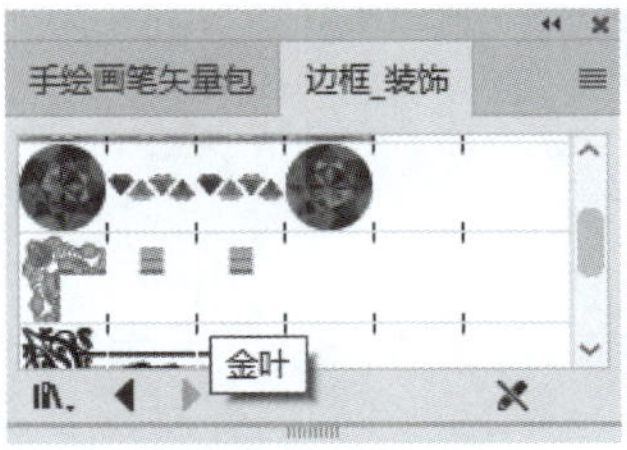

图 4-2-5　外轮廓框效果图和子画笔库

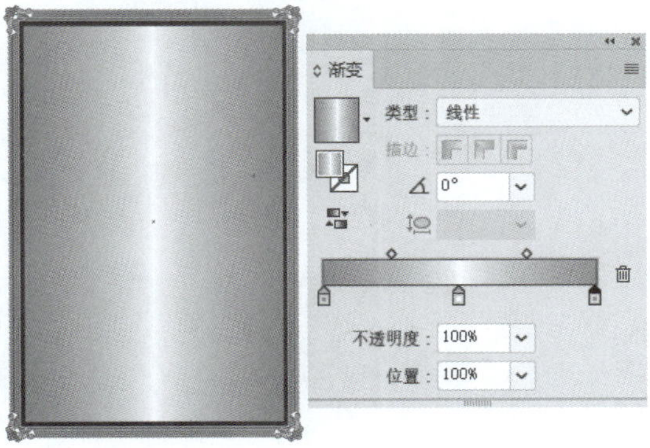

图 4-2-6　渐变矩形

步骤 4　先用“矩形工具”绘制一个宽度为 159 mm、高度为 247 mm、填充色为(C35，M60，Y80，K25)、无描边的矩形，选中该矩形，执行“对象”→“变换”→“缩放”命令，弹出对话框，在“等比”输入框中输入“98%”，单击“复制”按钮，即可复制出一个等比缩放的矩形，同时选中这两个矩形，单击控制面板中的“水平居中对齐”按钮和“垂直居中对齐”按钮，然后执行“窗口”→“路径查找器”命令，打开“路径查找器”面板，单击“形状模式”栏下的“减去顶层”按钮，得出一个复合路径。如图 4-2-7 所示。

步骤 5　选中前几个步骤绘制的矩形，单击控制面板中的“水平居中对齐”按钮和“垂直居中对齐”按钮，再执行“窗口”→“图层”命令，打开“图层”面板，单击“图层 1”栏中左边第二个，使其变为，即锁定该图层(锁定后该图层的内容不可变动)，如图 4-2-8 所示。

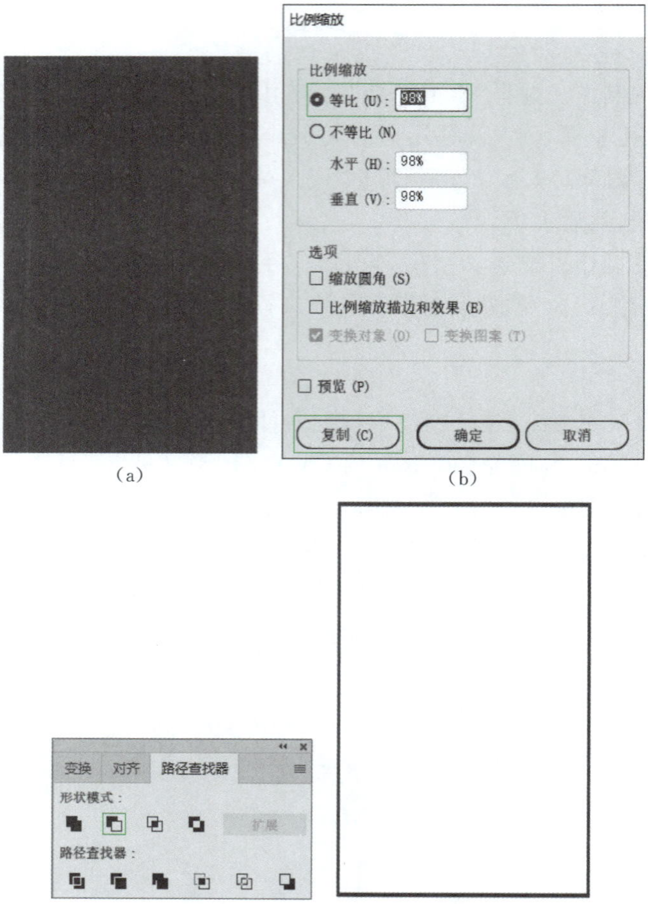

(a) (b) (c) (d)

图 4-2-7　内框制作方法

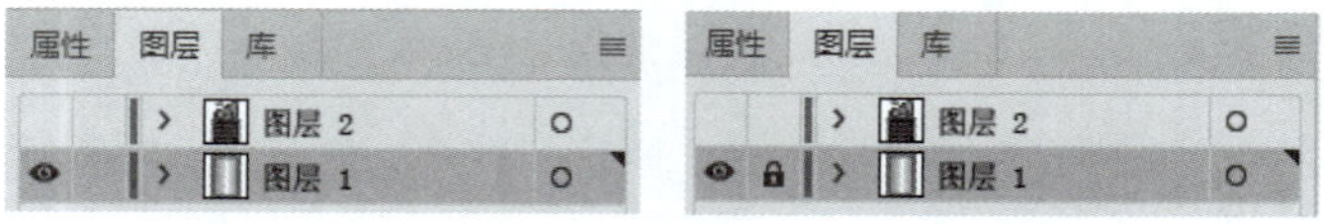

(a) (b)

图 4-2-8　锁定图层

步骤 6　单击“图层”面板右下角的“新建图层”按钮■新建一个图层，置入配套资源中“模块 4\素材\gd3. png”文件，单击“嵌入”按钮，并在控制面板的“变换”面板的输入框中输入宽为“153 mm”，高为“102 mm”，如图 4-2-9 所示。

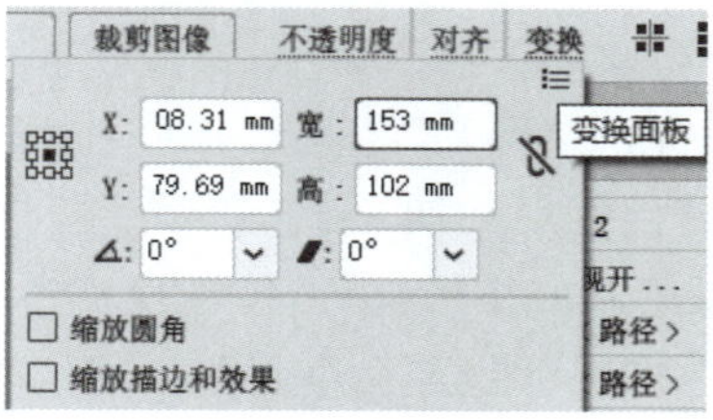

图 4-2-9　置入位图

步骤 7　选中位图，执行“编辑”→“编辑颜色”→“转换为灰度”命令。选中灰度图，打开“颜色”面板，在色彩输入框中分别输入 C:25，M:45，Y:100，K:65，灰度图被上色，如图 4-2-10

所示。

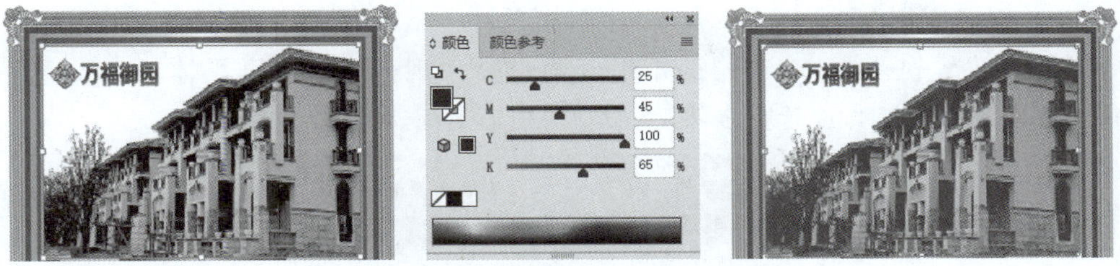

(a)　　(b)　　(c)

图 4-2-10　转换后的灰度图及为灰度图上色

步骤 8　绘制宽度为 146 mm、高度为 2 mm 的矩形，无填充，描边色为(C25，M45，Y100，K60)，按照步骤 2 中描边的方法对其进行画笔描边，执行“打开画笔库”→“边框”→“边框_装饰”命令，打开子画笔库，单击子画笔库中的鸢尾形，如图 4-2-11 所示。

图 4-2-11　带描边的矩形、鸢尾形画笔

步骤 9　绘制宽度为 155 mm、高度为 123 mm 的矩形，填充色为(C70，M85，Y80，K70)，无描边。

步骤 10　绘制宽度为 80 mm、高度为 14 mm 的矩形，线性渐变填充，渐变色从左至右为(C0，M45，Y100，K0)，白色，(C0，M45，Y100，K20)，无描边。选中该矩形，执行“对象”→“变换”→“缩放”命令，弹出对话框，在“不等比”输入框中分别输入“99%”和“96%”，单击“复制”按钮。选中被复制的矩形框，线性渐变填充，渐变色从左至右为(C0，M45，Y100，K70)，(C0，M30，Y48，K0)，(C0，M45，Y100，K70)，如图 4-2-12 所示。同时选中这两个矩形，分别执行水平居中对齐、垂直居中对齐。

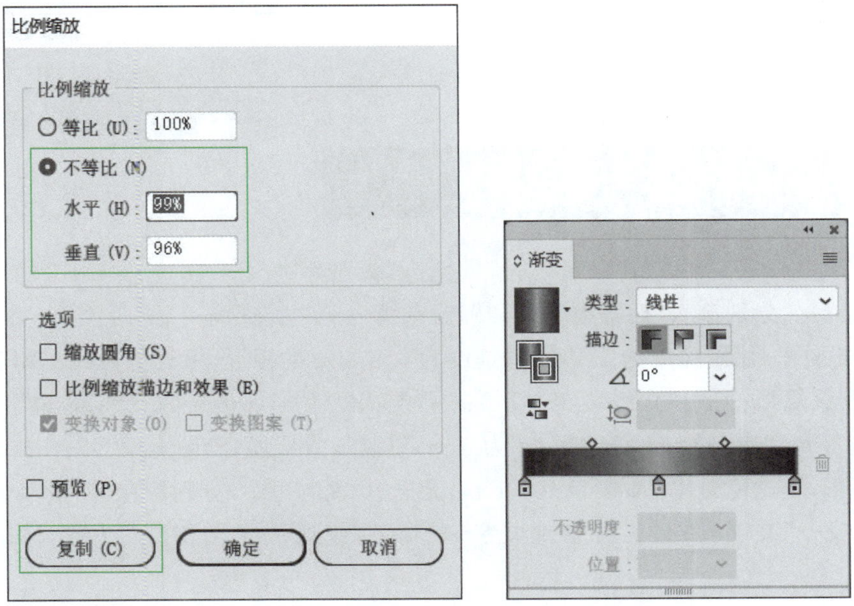

(a)　　(b)

图 4-2-12　不等比缩放、渐变设置

步骤 11　按照步骤 10 的方法再绘制两个渐变矩形，对齐后放置在底部。

步骤 12　使用“文字工具”输入“回归自然……”，黑体，18 pt，颜色为(C56，M66，Y83，K72)，放置在步骤 10 绘制的矩形上面；输入“现开始……”，黑体，18 pt，颜色为(C56，M66，Y83，K72)，放置在步骤 11 绘制的矩形上面，如图 4-2-13 所示。

图 4-2-13　输入文字

步骤 13　使用“文字工具”输入“御品生活……”，粗黑体，36 pt。选中文字，执行“文字”→“创建轮廓”命令，打开“渐变”面板，选择线性渐变，角度值为 90°，对文字进行渐变填充，渐变色从左至右为(C0，M45，Y100，K20)，(C0，M0，Y0，K15)，(C0，M45，Y100，K20)，文字效果如图 4-2-14 所示。

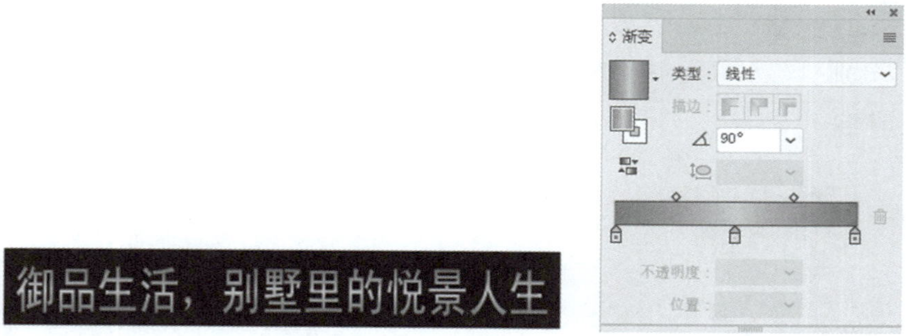

图 4-2-14　渐变文字、渐变色调节框

步骤 14　分别输入“拥城南……”“御园专线……”“投资商……”等文字，重复执行步骤 13 中的操作；绘制宽度为 112 mm、高度为 0.5 mm 的矩形，填充色为(C8，M54，Y100，K1)，复制该矩形；使用“直线段工具”绘制一条宽度为 140 mm 的直线段，单击按钮，“粗细”为 2 pt，“限制”为 4 倍，“虚线”为 5 pt，复制该直线段；绘制宽度为 3 mm、高度为 3 mm 的矩形，填充色为(C8，M53，Y100，K1)，无描边，复制一个，分别放在“拥城南……”文字和“西眺……”文字前；最后分别把文字、矩形、直线段放置在相应的位置，如图 4-2-15 所示。

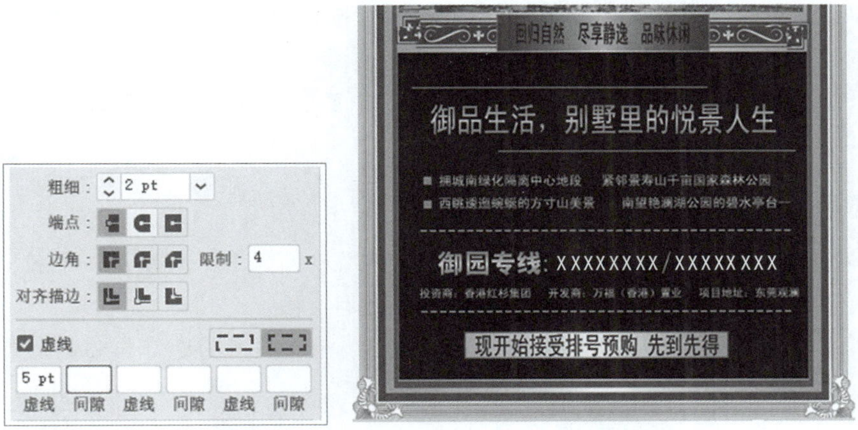

(a)　　　　　　　　　　　　(b)

图 4-2-15　直线段描边设置、文字效果

步骤 15　置入配套资源中的“模块 4\素材\dcbz. tif”文件，单击“嵌入”按钮，调整大小后把该图标放置在文件左上角；输入文字“万福御园”，粗黑体，36 pt，并对其进行线性渐变填充，渐变色从左至右为(C0，M45，Y100，K20)，(C22，M73，Y100，K70)，(C0，M45，Y100，K20)，如图 4-2-16 所示。

图 4-2-16　万福御园标志

步骤 16　对完成的文件进行保存，最终效果如图 4-2-4 所示。

任务 2　制作特产包装封面

任务描述

包装的封面通常是图文并茂的，图是用来描述产品，吸引消费者的，处理时一定要结合产品的特色。本任务制作一个特产包装封面，在处理的时候主要突出“原生态”的概念，如图 4-2-17 所示。

图 4-2-17　特产包装封面效果

微课

制作特产包装封面

设计要点

1. 封面背景的设计，这里用到了“混合模式”的选择和“不透明度”的调整。

2. 位图的色彩调节。置入位图后，单击“嵌入”按钮，再对位图执行“编辑”→“编辑颜色”→“调整色彩平衡”命令，对置入的图片进行色彩调整。

3. 蒙版图形的制作。先绘制好图形，然后同时选择图片和图形，执行“对象”→“剪切蒙版”→“建立”命令即可。

▶ 任务实施

步骤 1　启动 Illustrator CC 2018，执行“文件”→“新建”命令，新建一个名称为“特产包装封面”，大小为“A4”、取向为横向的 CMYK 图形文件。

步骤 2　使用“矩形工具”绘制一个宽度为 297 mm、高度为 210 mm 的矩形，填充色为（C80，M15，Y95，K30），无描边。

步骤 3　分别置入图片“模块 4\素材\huawen_1. png”和“模块 4\素材\huawen_2. png”，嵌入后，分别放置在页面的左右两边；先选中左边的图片，执行“窗口”→“透明度”，打开“透明度”面板，“混合模式”选择“正片叠底”，“不透明度”调整为“50%”；然后再对右边的图片进行同样的处理，如图 4-2-18 所示。

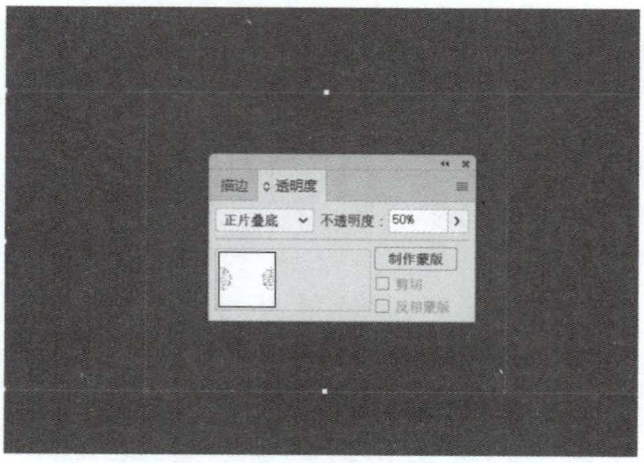

图 4-2-18　置入图片并处理背景

步骤 4　使用“矩形工具”和“椭圆工具”分别绘制矩形和椭圆形，填充色为（C5，M8，Y39，K0），无描边；同时选择矩形和椭圆形，执行“窗口”→“路径查找器”命令，打开“路径查找器”面板，单击“联集”按钮，再单击“扩展”按钮，则成为一个新的图形，如图 4-2-19 所示。

图 4-2-19　绘制新图形

步骤 5　置入图片“模块 4\素材\qsls. jpg”，单击“嵌入”按钮。选中该图片，执行“编辑”→“编辑颜色”→“调整色彩平衡”，打开“调整颜色”对话框，取消勾选“预览”和“转换”，颜色值为(C15，M−5，Y32，K2)，单击“确定”按钮即可，如图 4-2-20、图 4-2-21 所示。

图 4-2-20　置入图片

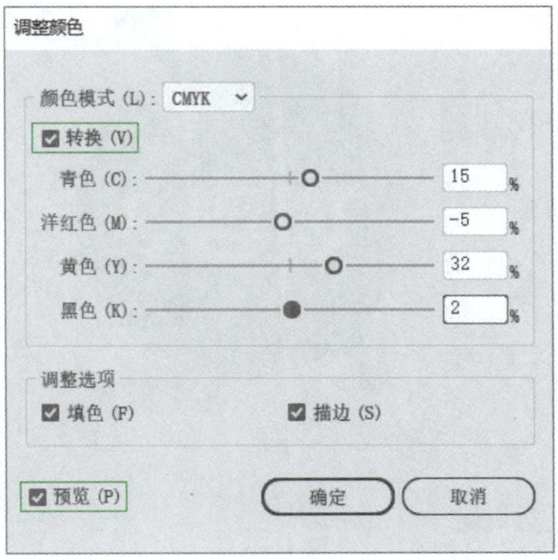

图 4-2-21　色彩调整后图像

步骤 6　对上一步处理的图像进行缩放调整，如图 4-2-22 所示。

步骤 7　按照步骤 4 的方法再绘制一个图形作为蒙版图形，无填充，无描边，放置在图像上层，如图 4-2-23 所示。

图 4-2-22　缩放调整图像

图 4-2-23　绘制蒙版用的图形

步骤 8　同时选择图像和图形，执行“对象”→“剪切蒙版”→“建立”命令，则建立蒙版图像，如图 4-2-24 所示。

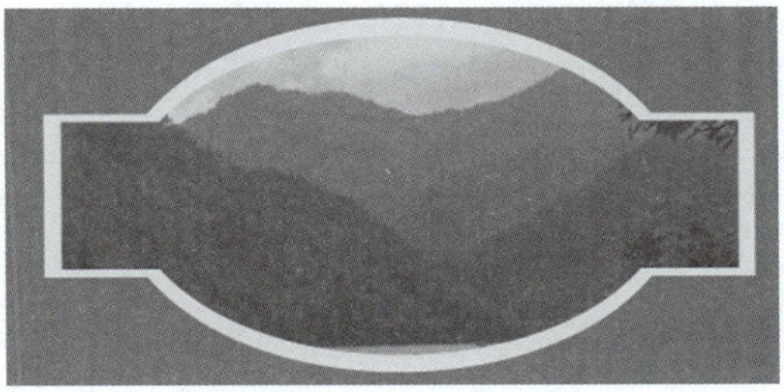
图 4-2-24　蒙版图像

步骤 9　使用“文字工具”分别输入“亿阳”“国家级自然保护区”“云梦山特产”“YUNMENGSHANTECHAN”，字体分别为“方正舒体”“黑体”“方正舒体”“Arial Bold”，大小分别为 72 pt，30 pt，72 pt 和 24 pt，颜色值分别为(C5，M13，Y70，K20)，(C5，M13，Y70，K20)，(C5，M13，Y70，K0)和(C5，M13，Y70，K0)，最终效果如图 4-2-17 所示。

项目3 位图转换矢量图

能力目标

会使用描摹选项命令；会使用“矩形工具”和“椭圆工具”等基本图形工具绘图；会使用“钢笔工具”和“画笔工具”等工具绘图；会使用“文字工具”等工具编辑文本。

知识目标

掌握描摹命令设置的方法；掌握使用“矩形工具”和“椭圆工具”等工具绘图的技巧；掌握使用“钢笔工具”工具绘图的方法和技巧；掌握使用“画笔工具”的使用方法和技巧；掌握创建区域文件的方法。

职业素养

徒手绘画要求学生有扎实的工具使用基础。在绘图的同时，培养学生热爱创作，全身心投入，认认真真、尽职尽责的优秀品质。

知识准备

在 Illustrator CC 2018 中，可以在置入位图后，使用“嵌入”命令，对位图执行“编辑”→“编辑颜色”→“转换为灰度”命令，然后使用上色命令重新上色，就可得到矢量图，此方法仅适合颜色较少、主要由大色块构成的位图。

还可以利用 Illustrator 的描摹功能，将位图转换成矢量图。置入位图后，选定位图对象，单击控制面板的“图像描摹”按钮，如图 4-3-1 所示，可对图像进行默认的快速描摹(黑白色)。

图 4-3-1　控制面板

描摹分为实时描摹（最简单）和高位色的精细描摹（级别比较高，运算也相对慢一些）等不同的方式，单击“图像描摹”按钮右侧的下三角按钮，展开描摹方式选项，如图 4-3-2 所示，根据处理图片时的需要来选择。执行描摹方式后会弹出描摹进度窗口，如图 4-3-3 所示，进行高位色的精细描摹处理的时间比较长，这与计算机的性能有关，而且在后期的编辑处理时还会重新计算描摹结果，非常浪费时间，性能一般的计算机不建议进行高位色的精细描摹。

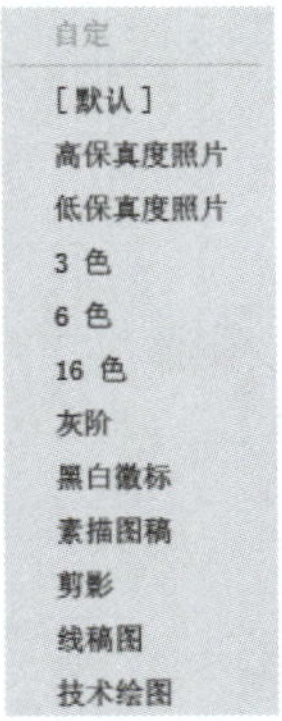

图 4-3-2　描摹方式

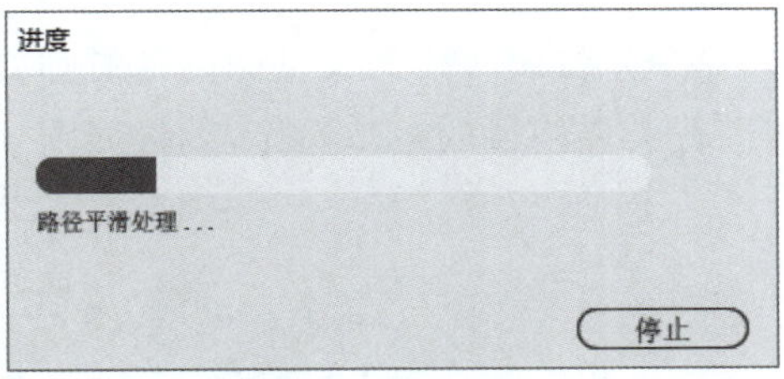

图 4-3-3　描摹进度窗口

但是，无论哪种描摹，都不会达到很好的效果，比如对原来位图的直边描摹后，会出现锯齿，变得不那么直。这也和被描摹的位图的分辨率有关。此外也要看位图色彩的构成，如果色彩斑斓、线条复杂，那么描摹的效果相对来说肯定不甚理想。如果色彩和线条都比较单一，那么描摹的效果相对要好很多。

位图转换为矢量图后的质量是和位图的清晰度成正比的，如果位图清晰，描出来的矢量图线条就会相对流畅一些，节点也会少一些，如果太模糊，任何软件都描不好。

描摹结束后，控制面板展现的是“图像描摹”控制面板，如图 4-3-4 所示。

图 4-3-4　“图像描摹”控制面板

单击“视图”右侧的下拉菜单，可选择描摹结果的展现方式，如图 4-3-5 所示。单击“扩展”按钮，可以将描摹对象转换为路径。

如果对描摹结果不太满意，还可执行“窗口”→“图像描摹”命令，在打开的“图像描摹”面板中可对参数进行详细调整，如图 4-3-6 所示。

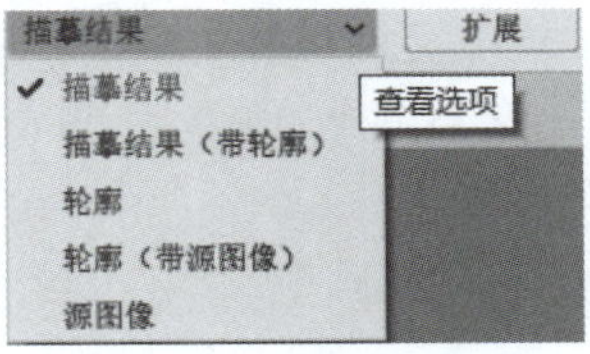

图 4-3-5　描摹结果的展现方式

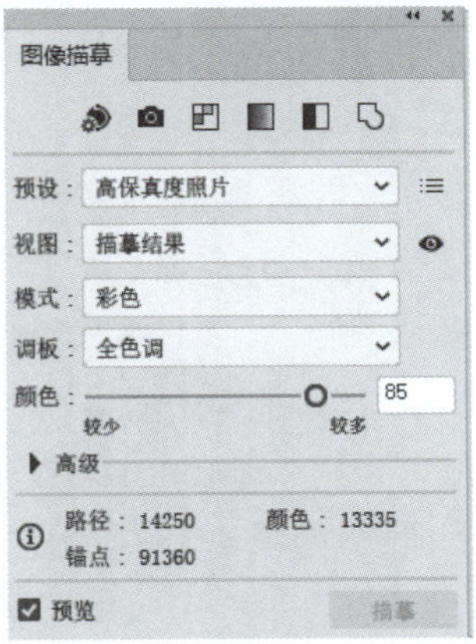

图 4-3-6　“图像描摹”面板

描图结合 Photoshop 使用会更好一些，先在 Photoshop 中将图片处理清晰，再导入 Illustrator 里描摹效果会好一些，如果颜色多的话也不好描，最好是在 Photoshop 里转为位图，只有黑白两种颜色就好描多了。

任务 1　制作跑步海报

任务描述

“实时描摹”命令是位图转换为矢量图的前置命令，所需位图通过该命令操作转换为矢量图后，才能进行矢量路径的编辑操作，效果如图 4-3-7 所示。

图 4-3-7　跑步海报效果

微课
制作跑步海报

设计要点

1. 将位图人物转换为矢量图。置入位图文件后，选中需要转换的位图，打开“图像描摹”面板，输入适当的“阈值”参数。

2. 对描摹后的图形执行“扩展”命令，配合“取消编组”命令，把多余的部分去掉，并对保留的部分填充相应的色彩。

3. 使用“矩形工具”、“椭圆工具”、“钢笔工具”和“画笔工具”等绘制其他图形。

任务实施

步骤 1　启动 Illustrator CC 2018，执行“文件”→“新建”命令，新建一个名称为“跑步”，宽度为 150 mm、高度为 105 mm 的 CMYK 图形文件。

步骤 2　用“矩形工具”绘制一个宽度为 150 mm、高度为 105 mm 的矩形，填充色为(C58，M0，Y15，K0)，无描边，居中对齐整个页面，并锁定该路径，如图 4-3-8 所示。

步骤 3　用“钢笔工具”在矩形下方绘制一块“草坪”，填充色为(C90，M30，Y95，K30)，无描边，如图 4-3-9 所示。

图 4-3-8　绘制矩形(1)

图 4-3-9　绘制草坪

步骤 4　用“钢笔工具”依次绘制如下所示图形(由外到内),填充色依次为(C85,M10,Y100,K10),(C50,M0,Y100,K0),(C40,M10,Y90,K60),(C5,M5,Y100,K0),无描边,配合工具箱中的“直接选择工具”、“钢笔工具”和“转换锚点工具”对相应的锚点进行调整,如图 4-3-10、图 4-3-11 所示。

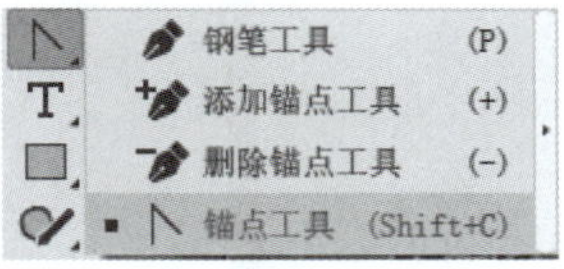

图 4-3-10　钢笔工具扩展栏

图 4-3-11　绘制图形

步骤 5　在矩形顶部绘制“云彩”,填充色为(C20,M0,Y0,K0),如图 4-3-12 所示。

步骤 6　绘制画笔图形,首先用“钢笔工具”绘制一个尖头矩形,填充色为白色,然后在该图形上用“直线段工具”绘制一条直线段,并复制多个,同时选中这些直线段,单击“垂直居中分布”按钮,并编组;再选择该线段编组和尖头矩形,单击“水平居中对齐”按钮,再次编组,效果如图 4-3-13 所示。

图 4-3-12　绘制云彩

图 4-3-13　绘制画笔图形

步骤 7　打开“画笔”面板,弹出“画笔”选项框,选中步骤 6 绘制的编组图形,按住鼠标右键把所绘图形拖入“画笔”选项框,弹出“新建画笔”对话框,选择“散点画笔”,单击“确定”按钮。此时画笔选项框中则多出一个“散点画笔 1”(因为我们绘制的图形是白色的，所以显示为白色框)，如图 4-3-14 所示。

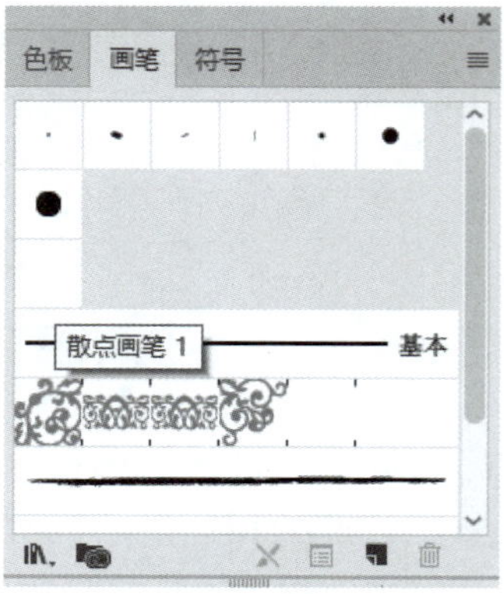

图 4-3-14　新建散点画笔

步骤 8　双击“画笔”面板中步骤 7 新建的画笔，打开“散点画笔选项”对话框，设置以下参数，如图 4-3-15 所示。

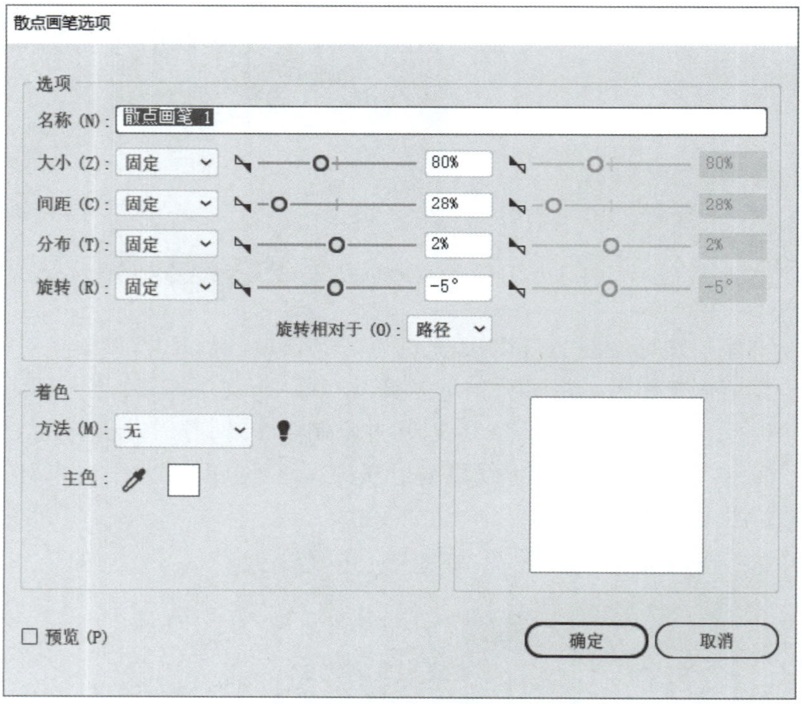

图 4-3-15　“散点画笔选项”对话框

步骤 9　用“钢笔工具”绘制三条曲线并选中，单击画笔框中我们制作的画笔，则三条路径上添加了画笔效果，如图 4-3-16 所示。

步骤 10　用“椭圆工具”绘制一个宽度为 22 mm、高度为 22 mm 的圆形，填充色为(C5，M5，Y100，K0)，无描边，效果如图 4-3-17 所示。

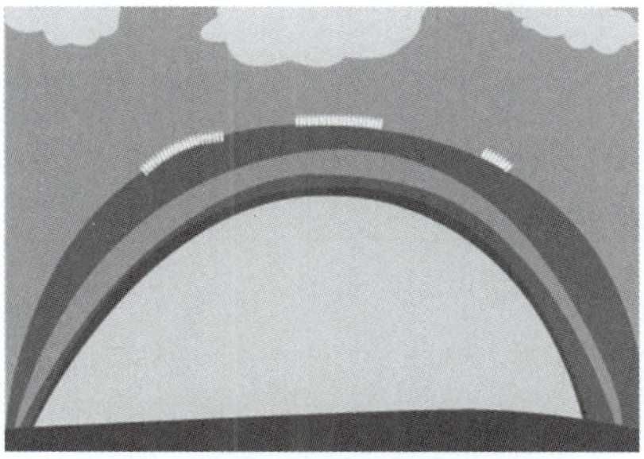

图 4-3-16　自制画笔效果图

图 4-3-17　绘制圆形

步骤 11　用“多边形工具”绘制一个“半径”为 3.8 mm、“边数”为 3 的三角形，填充色为(C5，M5，Y100，K0)，无描边。选中三角形，执行“对象”→“变换”→“缩放”命令，打开“比例缩放”对话框，选择“不等比”，在“垂直”输入框中输入“140”，单击“确定”按钮。如图 4-3-18、图 4-3-19 所示。

步骤 12　把绘制的三角形放置在圆形的上方，同时选择二者，执行“垂直居中对齐”命令。单独选中三角形，单击工具箱中的“旋转工具”，按住 Alt 键，在圆形的中心单击，打开“旋转”对话框，在“角度”输入框中输入“30°”，单击“复制”按钮，按住 Ctrl 键的同时，按 D 键，连续按 10 次，则围着圆形复制出 10 个三角形，如图 4-3-20、图 4-3-21 所示。

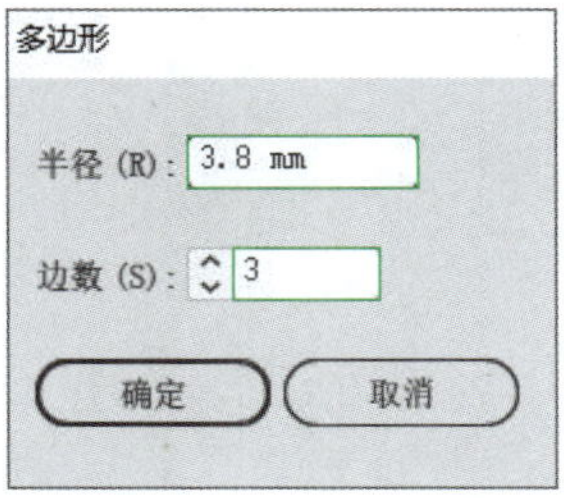

图 4-3-18　绘制三角形

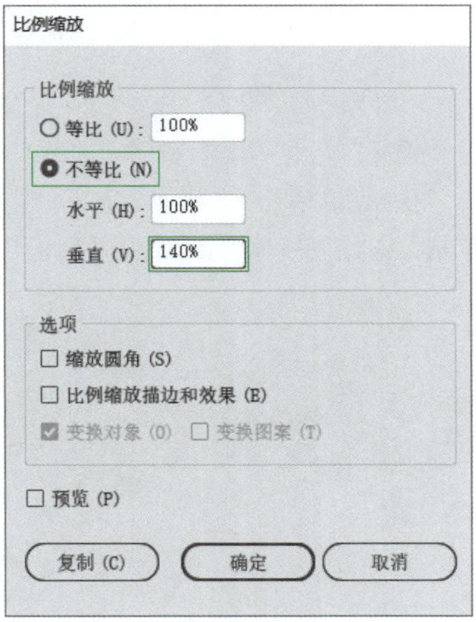

图 4-3-19　“比例缩放”对话框

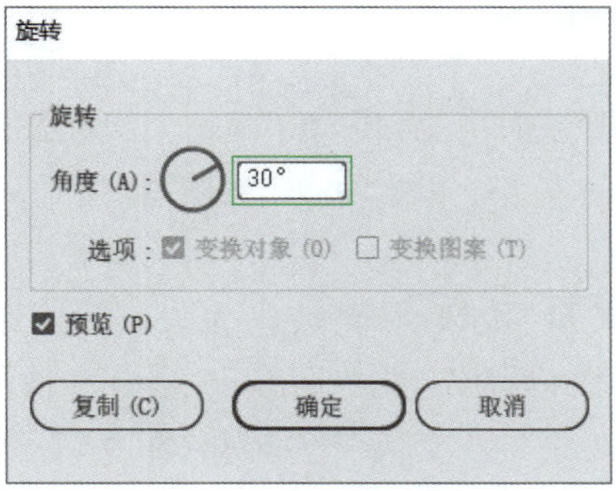

图 4-3-20　“旋转”对话框

图 4-3-21　旋转并复制三角形

步骤 13　使用“文字工具”在圆形上输入“跑步”，字体为“华康娃娃体”，字号为25 pt，颜色为(C15，M100，Y90，K63)，字符间距为－100，居中对齐；再输入“全民健身项目”，字体为“中山行书”，字号为 26 pt，颜色为(C90，M20，Y100，K0)，字符间距为－100，复制该文字段并选中，执行“文字”→“创建轮廓”命令(文字段转换为路径)，再执行“对象”→“路径”→“偏移路径”命令，打开“偏移路径”对话框，在“位移”输入框中输入“2 mm”，单击“确定”按钮，把该文字段颜色调整为白色，同时将该文字段层置于原文字段之下。如图 4-3-22～图 4-3-24 所示。

图 4-3-22　“跑步”文字和“偏移路径”对话框

(a)　(b)　(c)

图 4-3-23　特效文字

步骤 14　锁定“图层 1”，在“图层”面板的右下方单击“创建新图层”按钮。

步骤 15　执行“文件”→“置入”命令，打开“置入”对话框，选择“模块 4\素材\pb2.jpg”文件，单击“置入”按钮，将图片文件置入当前文件，如图 4-3-25 所示。

图 4-3-24　文字效果

图 4-3-25　置入图片(1)

步骤 16　选中所置入的图片，打开“图像描摹”面板，在“阈值”调整框中把数值调整为 253，选中“预览”复选框，可预览描摹后的效果，单击“描摹”按钮，如图 4-3-26、图 4-3-27 所示。

步骤 17　选中描摹后的图片，单击“扩展”按钮，将其转换为矢量图。右键单击选中的矢量图，选择“取消编组”，删除多余的白色部分，并为保留下的黑色路径填充(C44，M100，Y75，K10)颜色，无描边。再执行“对象”→“变换”→“对称”命令，打开“镜像”对话框，选择“垂直”单选按钮，单击“确定”按钮，效果如图 4-3-28 所示。

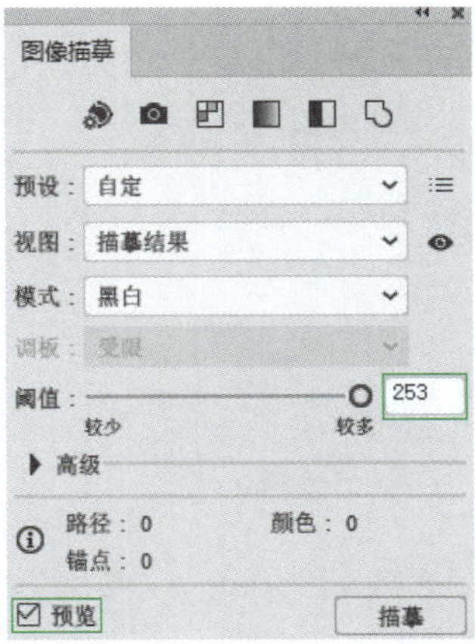

图 4-3-26 “描摹选项”对话框

图 4-3-27 描摹后图片

(a) (b)

图 4-3-28 “镜像”对话框和填充后的人物

步骤 18 分别置入文件 pb3.jpg、pb4.jpg，按照步骤 16 和步骤 17 的方法，将这两张图片也转换为矢量图，填充色值同上，放置在适当位置，如图 4-3-29 所示。

图 4-3-29 矢量化转换后人物效果图

步骤 19 用“椭圆工具”绘制一个宽度为 2 mm、高度为 4 mm 的椭圆形，填充色为(C44，M0，Y75，K10)，按照上述方法旋转复制，旋转角度为 60°，再在图形中心绘制一个半径为 1 mm 的圆形，填充为白色，如图 4-3-30 所示。

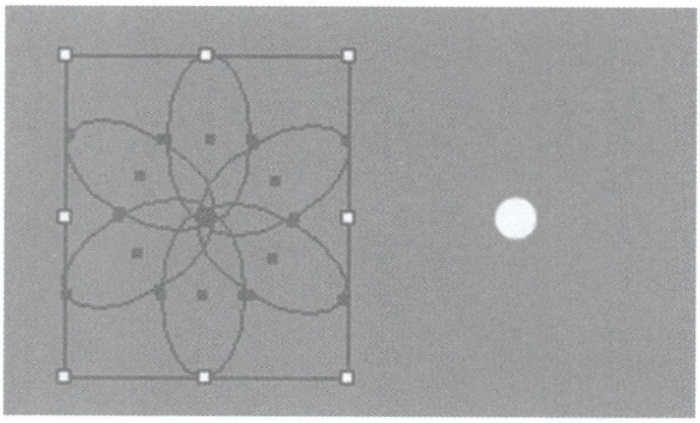

图 4-3-30　装饰图形

步骤 20　选中绘制的装饰图形进行编组，复制多个，分别执行“倾斜”、“缩放”和“旋转”等命令，并把它们放置在适当的位置，最终效果如图 4-3-7 所示。

任务 2　制作邮票

任务描述

我们在生活中常用到邮票，它的制作要求是图像精细、文字清晰，下面我们就介绍如何用 Illustrator 设计制作邮票，效果如图 4-3-31 所示。

设计要点

1. 将山水画转换为矢量图。置入位图文件后，选中需要转换的位图，打开“图像描摹”面板，“模式”为“灰度”，输入相关参数。

2. 用“椭圆工具”绘制椭圆形，复制多个并对齐，再编组。

3. 用“文字工具”分别输入相关文字。

图 4-3-31　邮票效果

微课

制作邮票

▶ 任务实施

步骤 1　启动 Illustrator CC 2018，执行“文件”→“新建”命令，新建一个名称为“邮票”，宽度为 105 mm、高度为 148 mm 的 CMYK 图形文件。

步骤 2　用“矩形工具”绘制一个宽度为 105 mm、高度为 148 mm 的矩形，并填充黑色，无描边；选中该矩形，单击菜单栏中的“对齐参考点”图标左下角的点，把对齐参考点设在左下角，并在“X”数值框中输入“0”，“Y”数值框中输入“140”，如图 4-3-32 所示。

步骤 3　执行“文件”→“置入”命令，打开“置入”对话框，选择“模块 4\素材\gss.jpg”图形，单击“置入”按钮，则把所需图片置入工作区，如图 4-3-33 所示。

图 4-3-32　绘制矩形(2)

图 4-3-33　置入图片(2)

步骤 4　选中置入的图片，单击菜单栏的“嵌入”按钮；调整图片大小，打开“图像描摹”面板，“模式”选择“灰度”，“灰度”输入“16”，并勾选“预览”复选框，其他参数不变，单击“描摹”按钮，如图 4-3-34 所示。

(a)　(b)

图 4-3-34　实时描摹参数

步骤 5　用“椭圆工具”绘制一个宽度、高度均为 3 mm，填充为黑色的圆形，并把它放置在描摹后图片的左上角，复制两个该圆形，一个放置在图片右上角，另一个隐藏起来；再复制多个该圆形，选中复制的多个圆形，执行“窗口”→“对齐”命令，打开“对齐”面板，依次单击“垂直顶对齐”按钮和“水平居中分布”按钮，并把对齐后的圆形放置在图片顶部，如图 4-3-35 所示。

步骤 6　选中步骤 5 中绘制的圆形，执行“对象”→“编组”命令，复制该编组，并拖至图片的底部；打开隐藏的圆形，在图片的左边线复制多个，选中这些圆形，在“对齐”面板中依次单击“水平左对齐”按钮和“垂直居中分布”按钮，与左边线对齐后编组，并复制编组圆形放置在图片的右边线上，如图 4-3-36 所示。

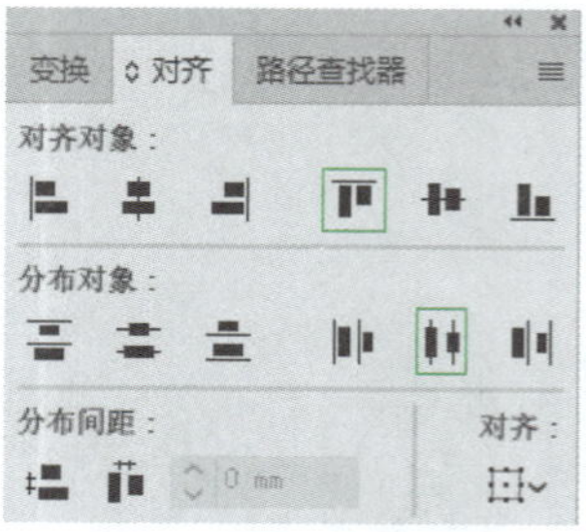

图 4-3-35　绘制顶部锯齿空

图 4-3-36　绘制锯齿空

步骤 7　用“直排文字工具”分别输入“中国邮政”“CHINA”，用“文字工具”分别输入“1”“.20”“元”，字体字号分别为“华文行楷，22 pt”“Arial Narrow，16 pt”“方正舒体，48 pt”“方正舒体，24 pt”“隶书，20 pt”，填充色均为(C55，M93，Y100，K37)。“中国邮政”描边粗细为 0.5 pt，描边色为(C55，M93，Y100，K37)。最后把文字放置在相应的位置，则该任务完成，如图 4-3-31 所示。

上机实训

实训

模块4实训

模块5 滤镜特效应用

Illustrator 同 Photoshop 一样包含了多种滤镜，分为矢量滤镜和位图滤镜，用户使用相应的命令，可以为所绘制的图形或需要处理的图像制作出许多个性化效果及精美的底纹效果。熟练掌握这些滤镜，可以使自己的作品锦上添花。

项目1 矢量滤镜的应用

能力目标

会使用“凸出和斜角”“变换”等命令；会利用“钢笔工具”绘图；会使用“路径查找器”；会创建符号。

知识目标

了解 Illustrator 滤镜的功能；掌握“效果”相关命令；掌握“符号”创建的方法；掌握“路径查找器”的使用方法。

职业素养

丰富的滤镜可以提升作品的艺术效果，因此熟练地掌握使用技巧是尤为重要的。通过本任务的学习，培养学生精益求精，对每件作品、每道工序都凝神聚力、追求极致的良好品质。

知识准备

Illustrator 包含多种效果，可以对某个对象、组或图层应用这些效果，以更改其特征。Illustrator CS3 及早期版本包含效果和滤镜，但现在 Illustrator CC 2018 只包含效果(除 SVG 滤镜以外)。滤镜和效果之间的主要区别是：滤镜可永久修改对象或图层，而效果及其属性可随时被更改或删除。

对对象应用一个效果后，该效果会显示在“外观”面板中。从“外观”面板中，可以编辑、移动、复制、删除该效果或将它存储为图形样式的一部分，因此，效果具有实时性，它的应用不会改变对象原有的属性。当使用一种效果时，必须先扩展对象，然后才能访问新点。

“效果”菜单上半部分的效果是矢量效果。在“外观”面板中，只能将这些效果应用于矢量对象，或者某个位图对象的填色或描边。对于这一规则，下列效果类别例外，这些效果可以同时应用于矢量和位图对象："3D"效果、"SVG 滤镜"效果、"变形"效果、"扭曲和变换"效果、"路经查找器"效果、"转换为形状"效果以及"风格化"效果中的"投影"、"羽化"、"内发光"和"外发光"。

"效果"菜单下半部分的效果是位图效果。可以将它们应用于矢量对象或位图对象。

"效果"菜单下的内容选项分为四栏，如图 5-1-1 所示。

第一栏的命令指可重复应用上一次的效果；按下快捷键"Shift＋Ctrl＋E"可再次以相同的参数应用该效果；按下快捷键"Alt＋Shift＋Ctrl＋E"可再次打开该效果设置的对话框修改设置。

第二栏是"文档栅格效果设置"项。执行"效果"→"文档栅格效果设置"命令，可打开"文档栅格效果设置"对话框，对文档栅格效果进行设置，如图 5-1-2 所示。无论何时应用栅格效果，Illustrator CC 2018 都会使用文档的栅格效果设置来确定最终图像的分辨率。这些设置对于最终图稿有着很大的影响。因此在使用效果之前，一定要先检查一下文档的栅格效果设置。

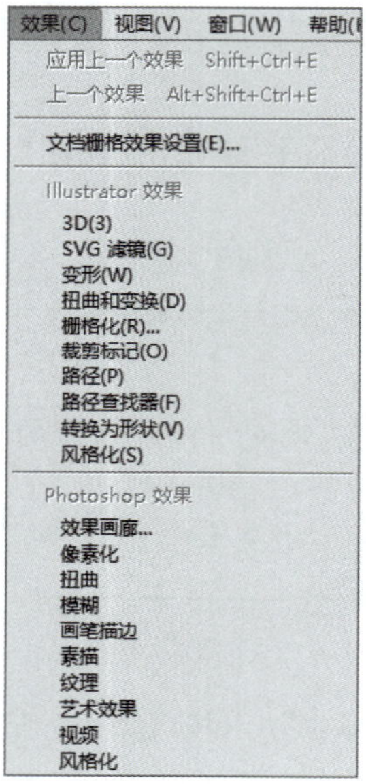

图 5-1-1 "效果"菜单

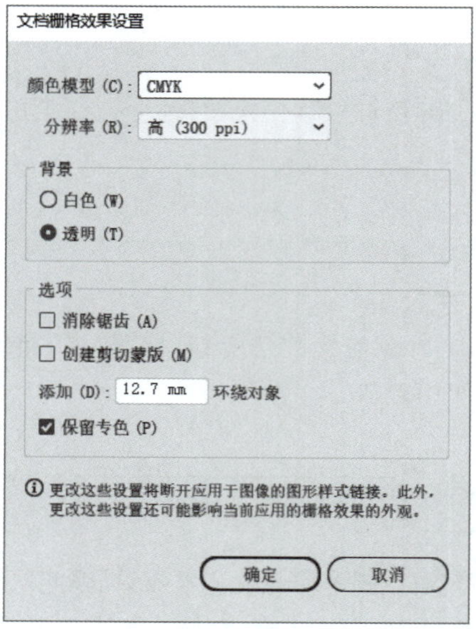

图 5-1-2 "文档栅格效果设置"对话框

注意： 如果一种效果在屏幕上看起来很不错，但打印出来却丢失了一些细节或是出现锯齿状边缘，则需要提高文档栅格效果分辨率。

第三栏是"Illustrator 效果"项。侧重应用于 Illustrator 产生的矢量图形效果，或者应用于位图对象的填色或描边。

第四栏是"Photoshop 效果"项。该栏中的选项及第三栏中的部分选项("3D"效果、"SVG 滤镜"效果、"变形"效果、"扭曲和变换"效果、"路径查找器"效果以及"风格化"效果中的"投影"、"羽化"、"内发光"和"外发光")可以同时应用于矢量对象和位图对象。

1. "3D"效果

"3D"效果可以实现从二维(2D)图稿创建三维(3D)对象，通过表面、高光、凸出和斜角、旋转、绕转等属性来控制 3D 对象的外观，还可以在 3D 对象的表面进行贴图处理。

★示例 1：通过“凸出与斜角”创建 3D 对象

（1）单击“文字工具”，输入字符串“LOVE”。

（2）选择字符串，执行“效果”→“3D”→“凸出和斜角”命令，打开“3D 凸出和斜角选项”对话框，参数设置如图 5-1-3(a)所示，然后单击“确定”按钮即可，效果如图 5-1-3(b)所示。

(a)　　　　(b)

图 5-1-3　“3D 凸出和斜角选项”对话框的设置及效果

★示例 2：通过“绕转”创建 3D 对象

（1）单击“铅笔工具”，绘制一条曲线。

（2）选择曲线，执行“效果”→“3D”→“绕转”命令，打开“3D 绕转选项”对话框，如图 5-1-4(a)所示，设置后单击“确定”按钮得到三维物体，如图 5-1-4(b)所示。

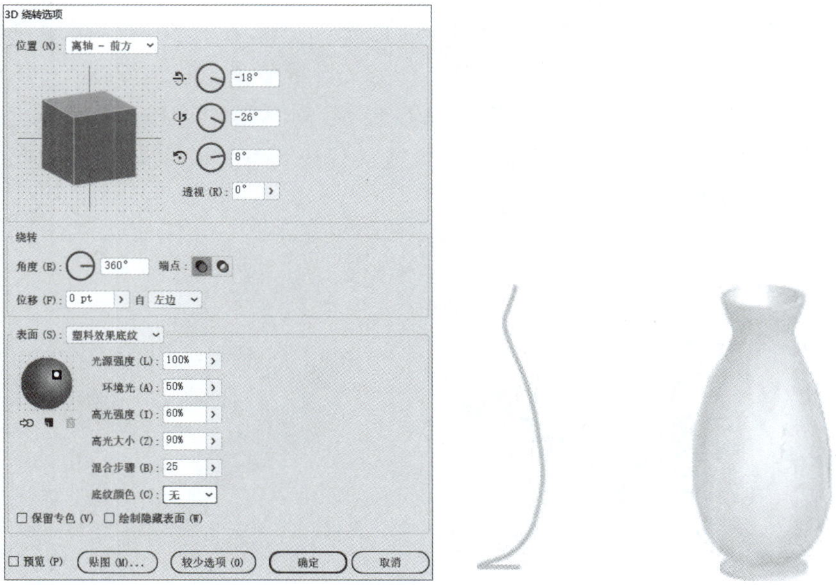

(a)　　　　(b)

图 5-1-4　“3D 绕转选项”对话框的设置及效果

(3)如需进行贴图,可单击“3D 绕转选项”对话框中的“贴图”按钮,打开“贴图”对话框,单击“表面”文本框前后的“前进”或“后退”按钮,选择要贴图的表面,在“符号”下拉列表中选择已添加到“符号”面板中的符号,调整好位置后,单击“确定”按钮。“贴图”对话框的设置及贴图后的效果如图 5-1-5 所示。

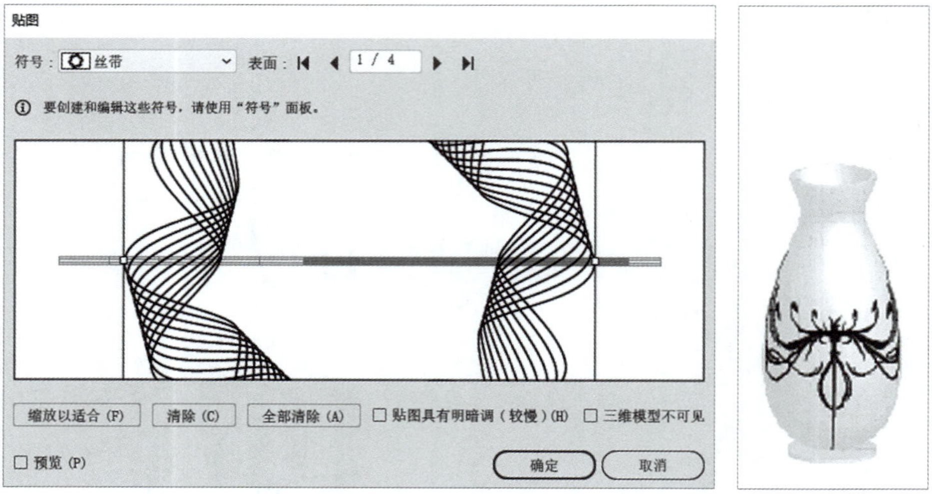

(a)　　(b)

图 5-1-5　“贴图”对话框的设置及效果

2. SVG 滤镜效果

通过“效果”菜单下的“SVG 滤镜”选项可以添加基于 XML 的图形属性,为形状和文本添加特殊的效果。因为 SVG 滤镜效果基于 XML 并且不依赖于分辨率,所以它与位图效果有所不同,并且生成的效果是应用于目标对象而不是原图形的。

(1)应用 SVG 滤镜效果

选择一个对象或组,执行“效果”→“SVG 滤镜”命令,在打开的二级子菜单中选择“AI_膨胀_6”,效果如图 5-1-6 所示。如需要自定义设置效果,执行“效果”→“SVG 滤镜”→“应用 SVG 滤镜”命令,在打开的“应用 SVG 滤镜”对话框中选择相应效果,如图 5-1-7 所示,然后单击“编辑 SVG 滤镜”按钮 fx 编辑默认代码,然后单击“确定”按钮;也可单击“新建 SVG 滤镜”按钮 输入新代码。

(a)　　(b)

图 5-1-6　应用“AI_膨胀_6”前后的效果

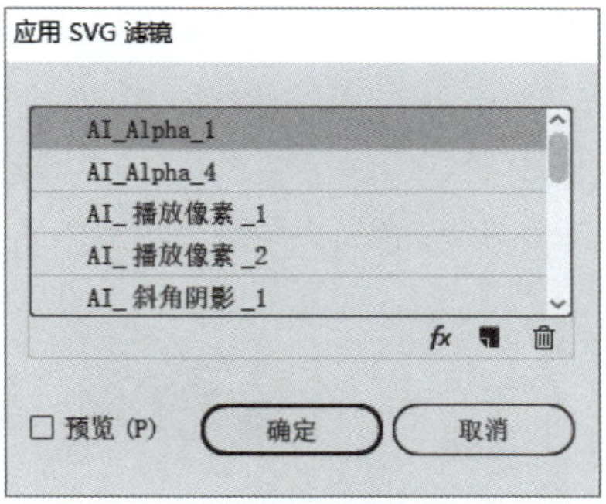

图 5-1-7 “应用 SVG 滤镜”对话框

注意：如果要对对象使用多个效果，“SVG 滤镜”效果必须是最后一个效果，如图 5-1-8(a)所示。如果“SVG 滤镜”效果上面还有其他效果，SVG 输出将由栅格对象组成，效果如图 5-1-8(b)所示。

(a)　(b)

图 5-1-8 SVG 效果

(2)从 SVG 文件导入 SVG 滤镜效果

输入并选择文字“Illustrator”，对其执行“创建轮廓”命令后，设置描边为 2，颜色为黑色，执行“效果”→“SVG 滤镜”→“导入 SVG 滤镜”命令，在打开的“选择 SVG 文件”对话框中选择要从中导入效果的 SVG 文件“filter_1”，然后单击“打开”按钮。

选择对象，执行“效果”→“SVG 滤镜”命令，在打开的二级子菜单底部选择导入“Myfilter_1”效果，效果如图 5-1-9 所示。

图 5-1-9 从 SVG 文件导入 SVG 滤镜效果

3. 变形效果

应用变形效果可以使对象扭曲或变形，可作用的对象是基于栅格效果的路径、文本、网格和混合等对象。

选择一种预定义的变形形状，执行“效果”→“变形”命令，在打开的二级子菜单中选择相应效果，打开“变形选项”对话框，如图 5-1-10 所示，然后选择变形选项所影响的轴，并指定要应用的弯曲及扭曲量。如图 5-1-11 所示的效果是矩形、圆角矩形、椭圆形分别应用旗形、挤压、鱼形样式得到的。

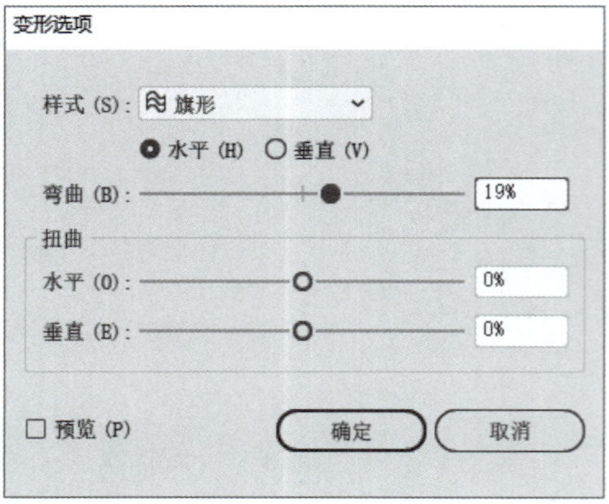

图 5-1-10 “变形选项”对话框

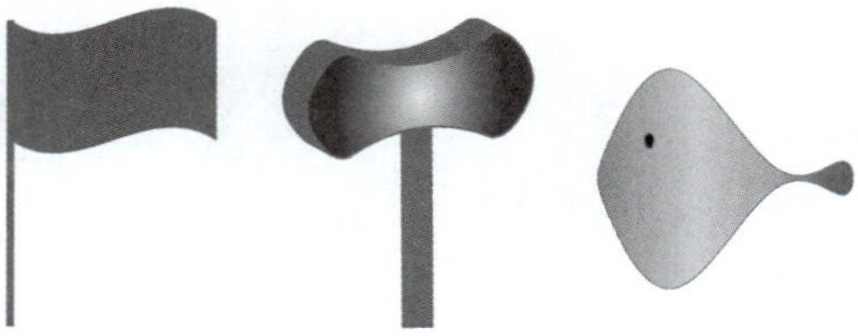

(a) (b) (c)

图 5-1-11 变形后的效果

4. 扭曲和变换效果

扭曲和变换可以实现矢量对象的形状改变,也可以使用“外观”面板将此效果应用于位图对象的填充或描边。如图 5-1-12 所示的效果是矩形、星形、位图分别应用了波形效果、粗糙化效果、先描边后添加波纹效果得到的。

(a) (b) (c)

图 5-1-12 应用“扭曲和变换”效果

选择一种预定义的变形形状,执行“效果”→“扭曲和变换”命令,在打开的二级子菜单中选择所需的效果,打开相应的对话框,然后设定其中的参数即可应用相应的效果。

5. 路径查找器效果

路径查找器效果能从重叠对象中创建新的形状。

方法①:执行“效果”→“路径查找器”命令,应用其二级子菜单中的效果,它仅可应用于组、图层和文本对象。应用后可以使用“外观”面板来修改或删除效果。

方法②:执行“窗口”→“路径查找器”命令,打开“路径查找器”面板来应用所需的滤镜效果。它可应用于任何对象、组和图层的组合。使用之后便不能够再编辑原始对象。如果这种效果产生了多个对象,这些对象会被自动编组到一起。

两种方法产生的效果如图 5-1-13 所示。

(a) 方法1　　(b) 方法2

图 5-1-13　应用“路径查找器”效果对比

6. 形状转换效果

执行“效果”→“转换为形状”命令，选择二级子菜单中的效果可以改变矢量对象或位图对象的形状。如图 5-1-14 所示是选择不同形状转换的效果。

(a) 原图　　(b) 转换为圆角矩形　　(c) 转换为椭圆

图 5-1-14　选择不同形状转换的效果

7. 风格化效果

执行“效果”→“风格化”命令，应用打开的二级子菜单中的效果，可以为矢量图或位图对象添加投影、圆角、羽化、内发光、外发光以及涂抹风格的外观。如图 5-1-15 所示为应用“风格化”菜单下不同选项后的效果。

(a)原图　　(b)外发光　　(c)投影　　(d)羽化　　(e)涂抹

图 5-1-15　应用“风格化”菜单下不同选项后的效果

任务 1　绘制药品包装盒

任务描述

新建文件后，依次使用“矩形工具”、“钢笔工具”和“椭圆工具”等绘制相关图形，再使用“效果”→“变换”命令对绘制的椭圆形进行处理，再使用“文字工具”输入相关的文字，并把绘制的图形创建为符号，执行“效果”→“3D”→“凸出和斜角”命令设置相关参数完成本任务，最终效果如图 5-1-16 所示。

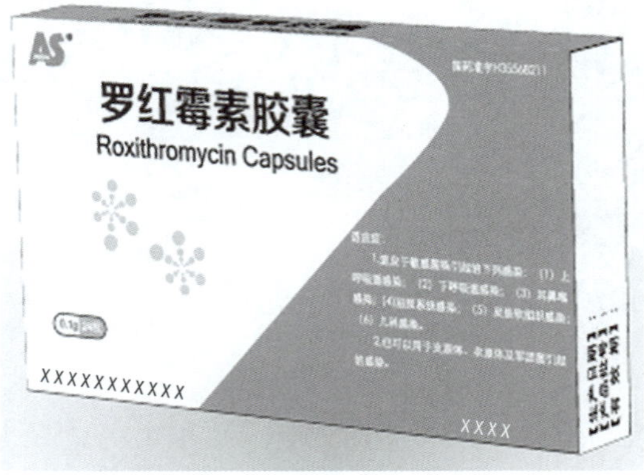

图 5-1-16　药品包装盒效果

微课

绘制药品包装盒

设计要点

1. 使用“钢笔工具”、“矩形工具”和“椭圆工具”等绘制相关的图形。
2. 使用“效果”→“扭曲和变换”→“变换”命令对绘制的椭圆形进行处理。
3. 使用“路径查找器”处理图形“胶囊”。
4. 使用“效果”→“3D”→“凸出和斜角”命令设置相关参数。

任务实施

步骤 1　启动 Illustrator CC 2018，执行“文件”→“新建”命令，新建一个名为“安生制药”，宽度为 200 mm、高度为 150 mm 的 CMYK 图形文件。

步骤 2　使用“矩形工具”绘制一个宽度为 120 mm、高度为 70 mm，填充色为(C69，M0，Y0，K0)，描边为黑色，粗细为 0.5 pt 的矩形。

步骤 3　使用“钢笔工具”绘制图形，填充白色，无描边，如图 5-1-17 所示。

图 5-1-17　使用“矩形工具”和“钢笔工具”绘制图形

步骤 4　使用“椭圆工具”绘制宽度和高度均为 3 mm，填充色为(C40，M0，Y0，K0)，无描边的圆形，并复制该圆形。

步骤 5　选中一个绘制的圆形，执行“效果”→“扭曲和变换”→“变换”命令，输入相关参数，单击“确定”按钮，如图 5-1-18、图 5-1-19 所示。

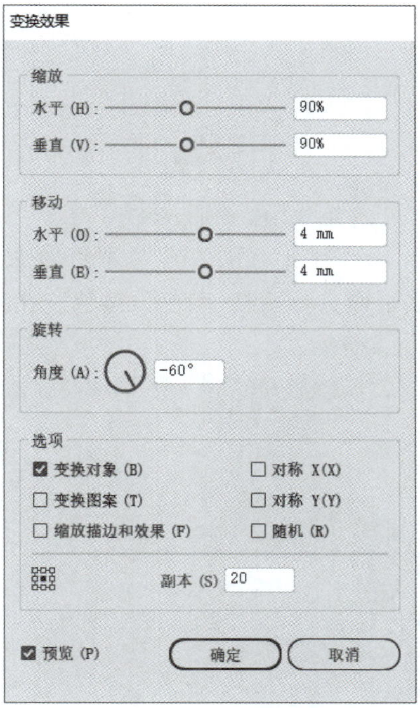

图 5-1-18　变换效果参数

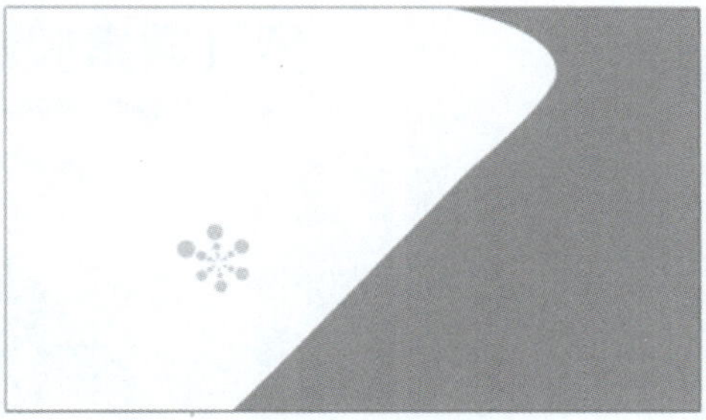

图 5-1-19　椭圆形变换后的效果

步骤 6　选中另一个椭圆形，重复执行步骤 5 的命令，旋转角度值设为“60°”，如图 5-1-20 所示。

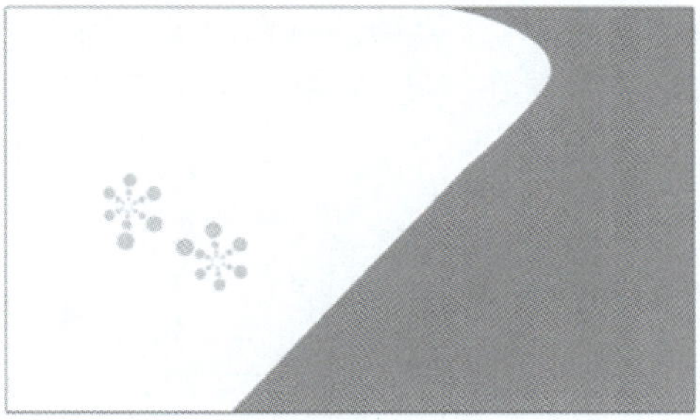

图 5-1-20　复制椭圆形并变换后效果

步骤 7　使用“圆角矩形工具”绘制宽度为 12 mm，高度为 4 mm，圆角半径为 4 mm，无填充，描边为黑色，粗细为 0.5 pt 的圆角矩形，并复制一个该圆角矩形。

步骤 8　使用“矩形工具”绘制宽度为 7 mm，高度为 5 mm，填充色为（C50，M0，Y0，K0），无描边的矩形，把矩形的左边缘和复制的圆角矩形的中线对齐（矩形图层在圆角矩形图层的上层）。

步骤 9　同时选中步骤 8 中的矩形和复制的圆角矩形，执行“窗口”→“路径查找器”命令，打开“路径查找器”面板，单击“形状模式”下的“交集”按钮，变为一个继承“矩形”属性的半圆角矩形，并把它放置在原圆角矩形的左侧，如图 5-1-21、图 5-1-22 所示。

步骤 10　使用“文字工具”在“胶囊”上分别输入“0.1g”和“24 粒”，色值分别为（C87，M0，Y10，K0）和白色。

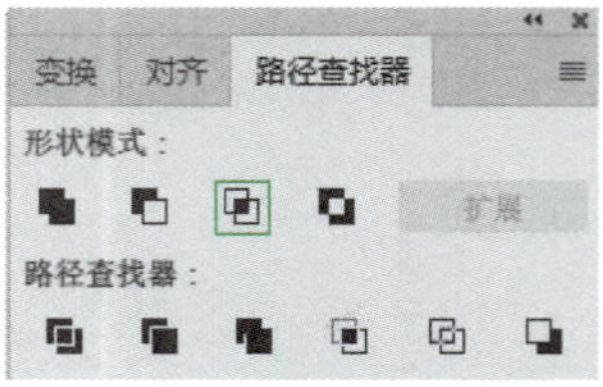

图 5-1-21 “路径查找器”面板

图 5-1-22 绘制的“胶囊”

步骤 11 使用“文字工具”输入文本“×××××××有限公司”“罗红霉素胶囊”“Roxithromycin Capsules”，字体为黑体，字号根据页面自行调整，颜色为黑色。在右侧输入白色文字，分别位于右上角和右下角。如图 5-1-23 所示。

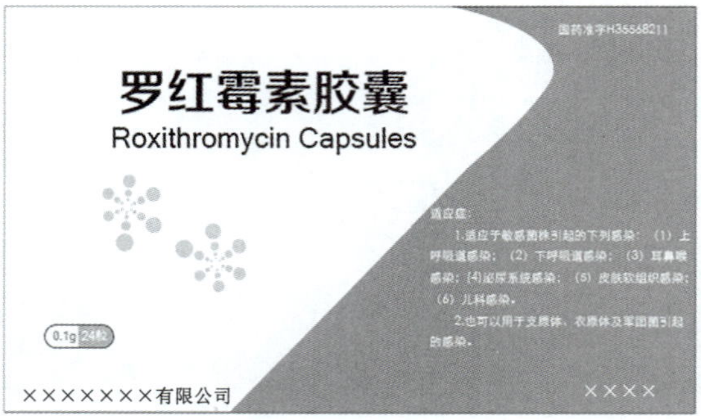

图 5-1-23 输入文本

步骤 12 绘制安生制药标志，首先分别输入字母“A”和“S”，字体、字号根据页面自行设置，颜色为(C87，M0，Y10，K0)。选中这两个字母，执行“文字”→“创建轮廓”命令，则把这两个字母转换为路径，把字母“S”下方的锚点拖到字母“A”的右下方，使二者结合在一起，再输入字符串“ANSHENG”放置在字母“A”中部，编组后复制一个编组，填充适当颜色放置在恰当的位置，如图 5-1-24 所示。

图 5-1-24 安生制药标志

步骤 13 绘制商标注册标志“R”，首先绘制一个圆形，再输入“R”，放置在圆形内部，对二者进行编组，放置在安生制药标志的右上方。

步骤 14 绘制药品盒的侧面，单击“图层”面板右下方“新建图层”按钮两次，新建两个图层，作为药品盒的顶部和侧面。

步骤 15 在顶部图层上绘制宽度为 120 mm、高度为 20 mm 的矩形，填充色为(C69，M0，Y0，K0)，描边为黑色，粗细为 0.5 pt，复制盒正面图层上的“罗红霉素胶囊”“Roxithromycin Capsules”文本放置在适当位置，如图 5-1-25 所示。

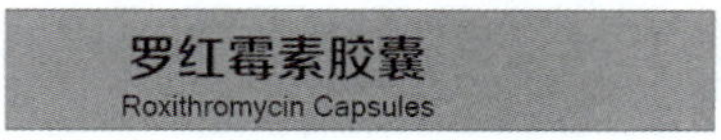

图 5-1-25 药品盒顶部

步骤 16　在侧面图层上绘制宽度为 20 mm、高度为 120 mm，无填充，描边为黑色、0.5 pt 的矩形，使用“文字工具”输入“【生产日期】:”、“【产品批号】:”和“【有效期】:”，选中该文本框，双击“旋转工具”，打开“旋转”对话框，旋转角度输入“90°”，并放置在适当位置，如图 5-1-26 所示。

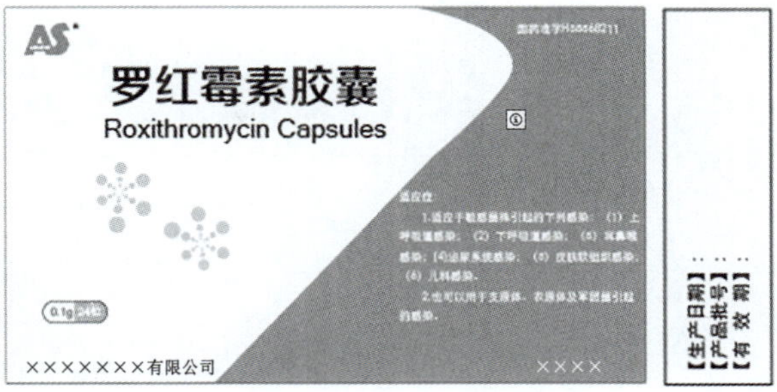

图 5-1-26　药品盒侧面

步骤 17　分别对三个图层进行复制，并单击原图层前的“锁定”按钮锁定原图层，再单击原图层前的“隐藏”按钮隐藏原图层。

步骤 18　单击右侧面板“符号”按钮，打开“符号”面板，依次把三个图层的图形拖入符号框，分别命名为“安生侧面”、“安生上面”和“安生正面”，在符号框中多出了三个符号，如图 5-1-27 所示。

步骤 19　新建图层，使用“矩形工具”绘制宽度为 120 mm、高度为 70 mm，填充为白色，描边为黑色，粗细为 0.5 pt 的矩形。

步骤 20　选中该矩形，执行“效果”→“3D”→“凸出和斜角”命令，打开“3D 凸出和斜角选项”对话框，在对话框中输入相关参数，如图 5-1-28 所示。

步骤 21　单击对话框中的“贴图”按钮，打开“贴图”对话框，在“符号”下拉列表中选择“安生正面”，“表面”下拉列表选择“1/16”，调整贴图大小，如图 5-1-29 所示。

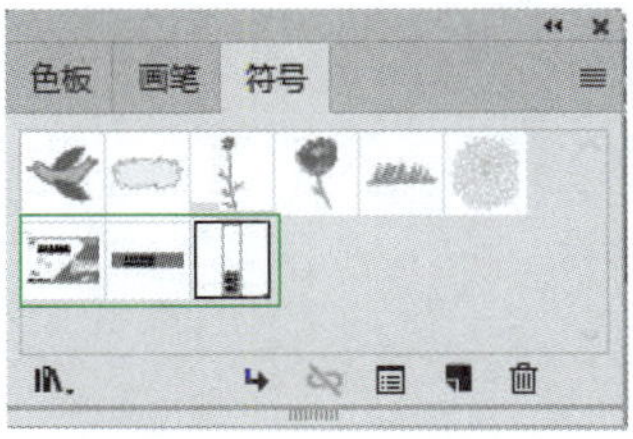

图 5-1-27　新建的符号

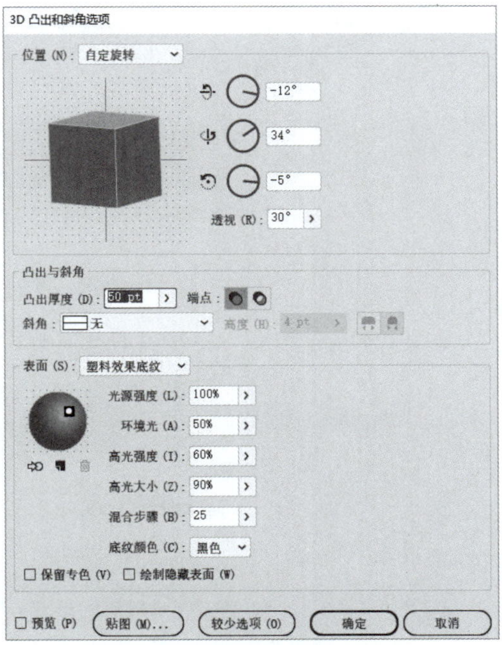

图 5-1-28　“3D 凸出和斜角选项”对话框

图 5-1-29 “贴图”对话框

步骤 22 再在“符号”下拉列表中选择“安生侧面”，“表面”下拉列表中选择“3/16”。再在“符号”下拉列表中选择“安生上面”，在“表面”下拉列表中选择“6/16”，并调整贴图大小，单击“确定”按钮，效果如图 5-1-30 所示。

步骤 23 新建图层，拖至最下面，绘制一个椭圆形，无描边，填充径向渐变色，从左至右为黑色、白色，并放置在适当位置，如图 5-1-31 所示。

步骤 24 保存文件，完成任务最终效果如图 5-1-16 所示。

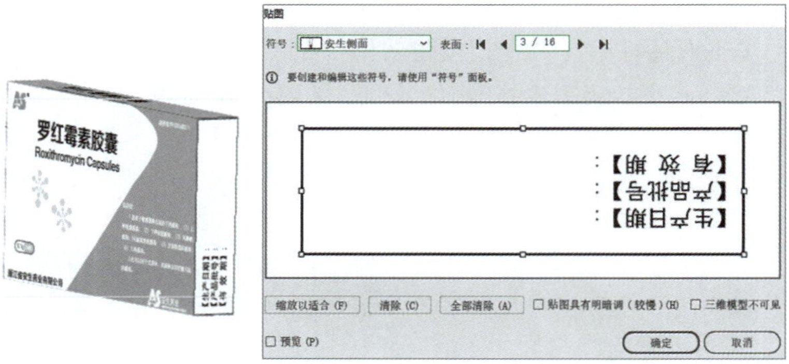

(a) (b)

图 5-1-30 预览效果

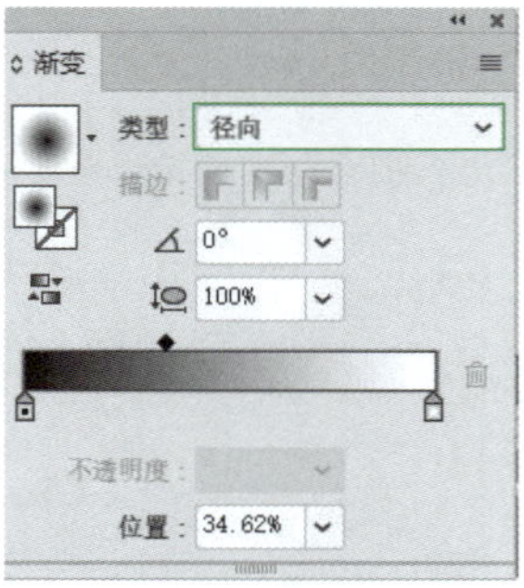

图 5-1-31 渐变椭圆形

任务 2　制作艺术字

任务描述

Illustrator CC 2018 效果滤镜分为矢量和像素两大类，二者有同有异，需要我们自己研究体会，效果滤镜功能强大，可以帮助我们实现诸多特殊的视觉效果，下面我们一起来体验一下效果滤镜的魅力，如图 5-1-32 所示。

图 5-1-32　艺术字效果

微课

制作艺术字

设计要点

1. 对文字执行“便条纸”效果。选中该文字，执行“效果”→“素描”→“便条纸”命令。

2. 对上一步效果字体进行描摹操作。

3. 对字体执行“收缩与膨胀”效果。选中该字体，执行“效果”→“扭曲和变换”→“收缩和膨胀”命令。

4. 对备份字体执行“羽化”命令。

任务实施

步骤 1　启动 Illustrator CC 2018，执行“文件”→“新建”命令，新建一个名称为“艺术字”，宽度为 710 px、高度为 240 px 的 RGB 图形文件。

步骤 2　输入文字“Adobe”，字体为“Cooper Black”，字号为 200 pt。同时备份一份此字体，并锁定备份图层。

步骤 3　选中字体，执行“效果”→“素描”→“便条纸”命令，打开“便条纸”选项框，效果及参数如图 5-1-33 所示。

(a)　(b)

图 5-1-33　便条纸效果和参数

步骤 4　对上一步效果执行“对象”→“扩展外观”命令后，再进行“图像描摹”操作，效果如图 5-1-34 所示，参数如图 5-1-35 所示。

图 5-1-34　实时描摹效果

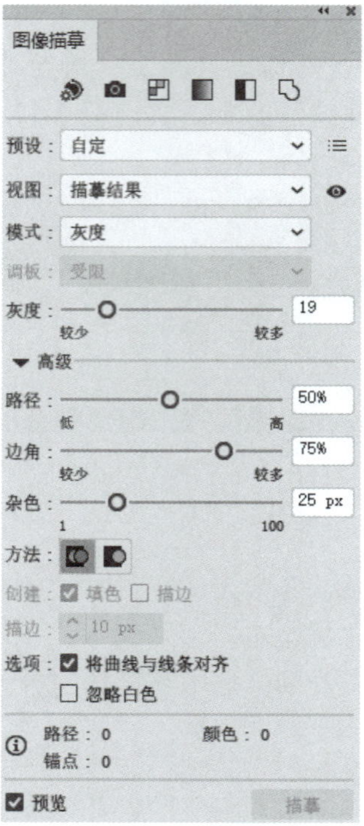

图 5-1-35　实时描摹参数

步骤 5　对上一步效果执行“扩展”命令后，删除产生的黑色小块，然后给字体添加渐变色，渐变类型为“线性”，角度为“－90°”，颜色值由左至右为(R220，G225，B10)，(R23，G100，B33)，效果如图 5-1-36 所示。

图 5-1-36　上渐变色

步骤 6　对上一步效果执行“效果”→“扭曲和变换”→“收缩和膨胀”命令，效果如图 5-1-37 所示，参数如图 5-1-38 所示。

图 5-1-37　收缩和膨胀效果

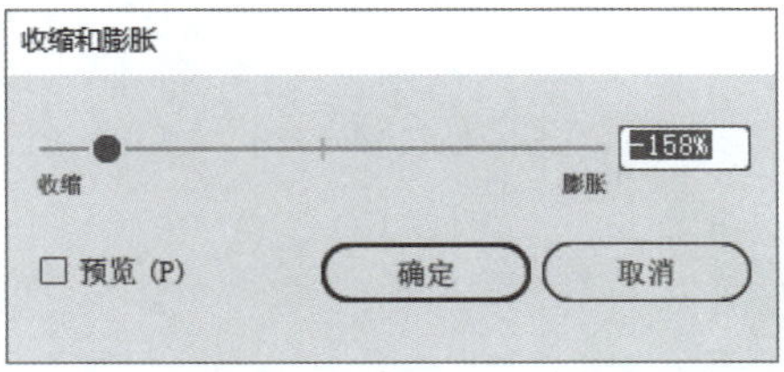

图 5-1-38 收缩和膨胀参数

步骤 7 解锁备份的字体，执行“效果”→“风格化”→“羽化”命令，羽化值为 8，效果如图 5-1-39 所示。

图 5-1-39 羽化效果

步骤 8 把上一步羽化的字体置于下一层，效果如图 5-1-40 所示。

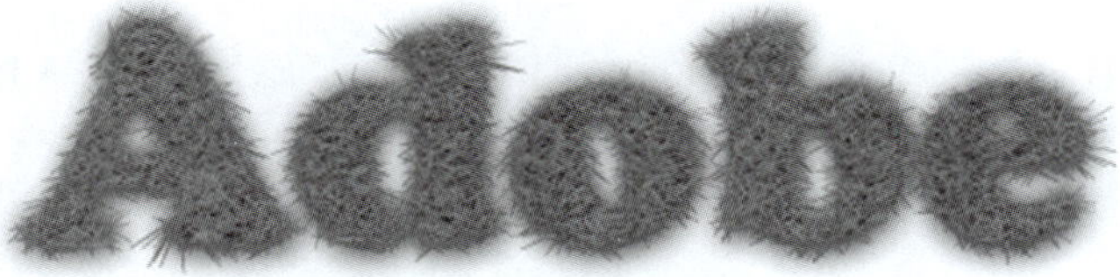

图 5-1-40 羽化字体置于下一层

步骤 9 打开“符号”面板，单击按钮，在下拉菜单中选择“打开符号库”→“花朵”命令，打开“花朵”符号库，拖出“雏菊”符号，放置在字母“b”的中间，效果如图 5-1-41 所示。

图 5-1-41 添加符号点缀

步骤 10 绘制宽度为 710 px、高度为 240 px 的矩形，填充渐变色，类型为“径向”，颜色由左至右为(R101，G55，B5)，(R66，G35，B15)，无描边，置于中心，并放置在最下层，效果如图 5-1-32 所示。

项目 2 位图滤镜的应用

能力目标

会使用“滤镜库”命令；会使用“便条纸”滤镜、“木刻”滤镜；会置入图片；会使用“透明度”面板；会使用“直排文字工具”。

知识目标

了解 Illustrator 位图滤镜的功能；掌握“滤镜库”相关命令；掌握“透明度”面板的使用；掌握“文字工具”扩展栏的相关工具。

职业素养

生动形象的表达离不开特效的配合，完美的创作更需要反复打磨才能得以呈现。本任务的学习，可以培养学生内心笃定，着眼于细节的耐心、执着、坚持的工匠精神。

知识准备

执行“效果”→“效果画廊”→“纹理化”命令，打开如图 5-2-1 所示的“纹理化”对话框。

该对话框以缩略图的形式列出了下列效果：风格化、画笔描边、扭曲、素描、纹理、艺术效果。单击对应的缩略图，可将其应用到选定的图像上，在对话框的右侧可以设置参数。也可在“效果”菜单下单击这些效果，打开对话框进行设置并应用，效果如图 5-2-2 所示。

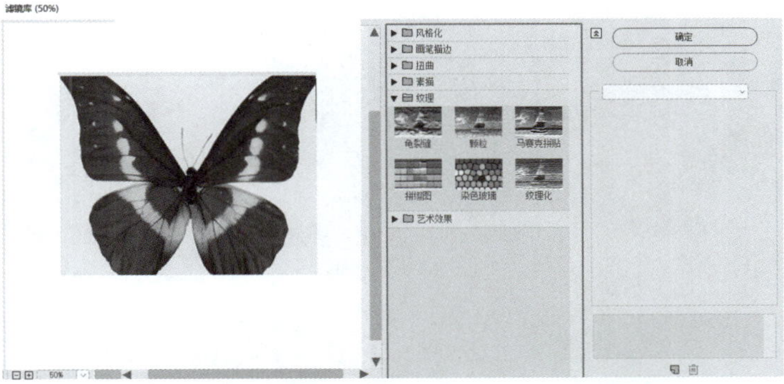

图 5-2-1 “纹理化”对话框

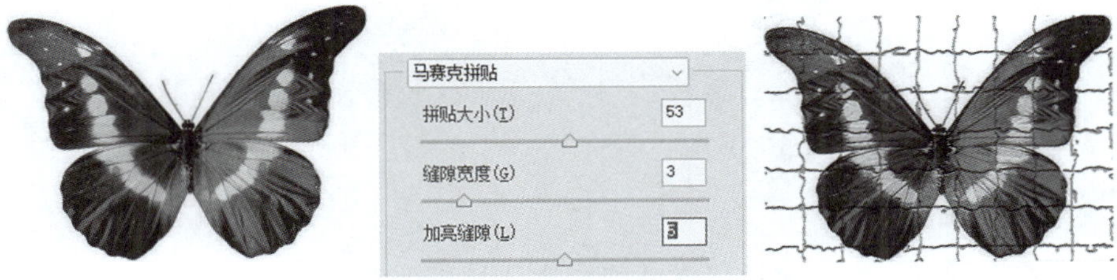

(a)原图 (b)参数设置 (c)应用“马赛克拼图”后的效果

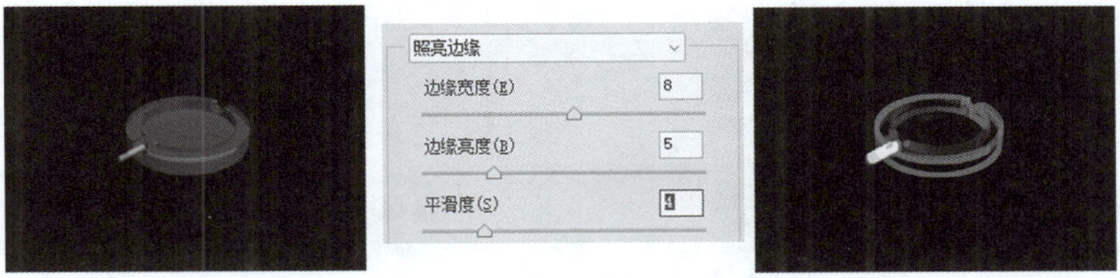

(a)原图 (b)参数设置 (c)应用“照亮边缘”后的效果

图 5-2-2 应用不同效果的对比

“效果画廊”对话框中所列的其他效果的使用方法类似，充分而恰当地应用这些效果，不仅可以改善图像效果、掩盖瑕疵，还可以通过多个效果的应用合成，产生奇特炫目的效果。如需要查看、修改或删除效果，可打开“外观”面板进行设置。

1.“像素化”效果

“像素化”效果是通过将颜色值相近的像素集结成块来清晰地定义一个选区。执行“效果”→“像素化”命令，在打开的二级子菜单中有四种效果可供选择，如图 5-2-3 所示，应用不同效果的对比如图 5-2-4 所示。

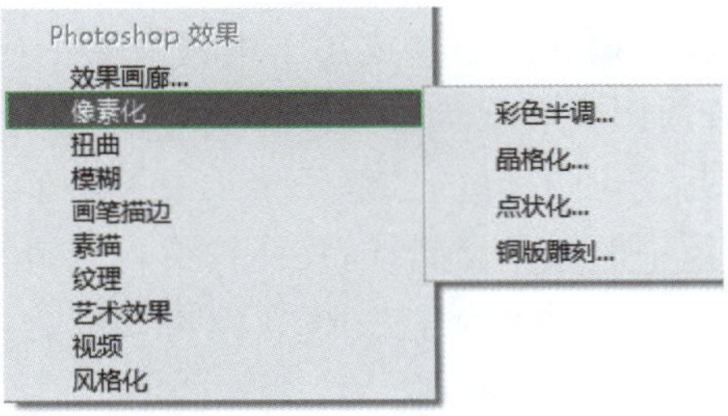

图 5-2-3 “像素化”子菜单

(a)原图

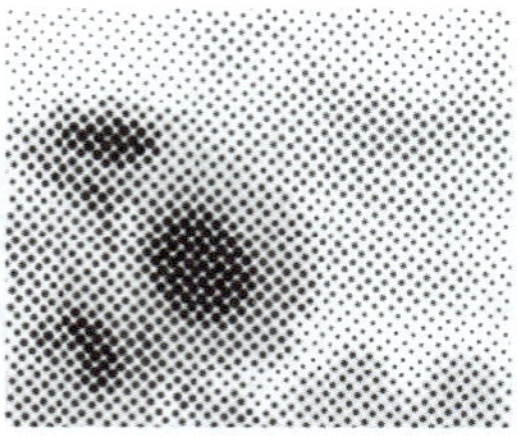

(b)彩色半调

(c)晶格化

(d)点状化

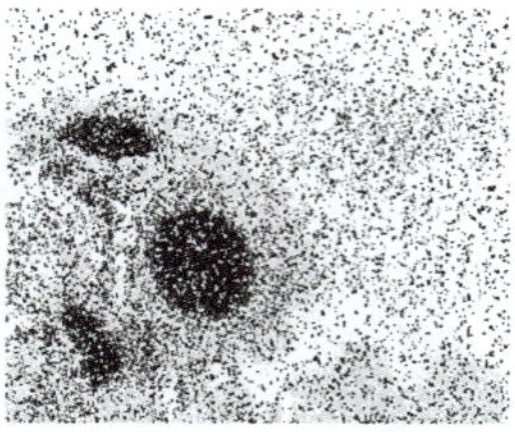

(e)铜版雕刻

图 5-2-4　应用“像素化”不同效果的对比

2.“模糊”效果

“模糊”效果可在图像中对指定线条和阴影区域的轮廓边线旁的像素进行平衡，从而润色图像，使过渡显得更柔和。执行“效果”→“模糊”命令，在打开的二级子菜单中有三种效果可供选择，如图 5-2-5 所示，应用不同效果的对比，如图 5-2-6 所示。

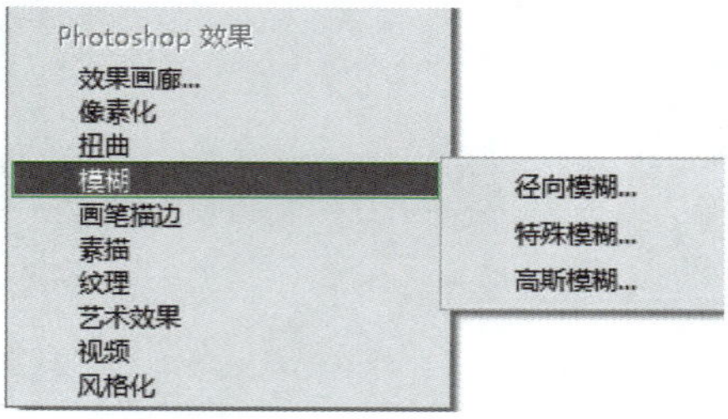

图 5-2-5　“模糊”子菜单

(a)点状化

(b)铜版雕刻

(c)点状化

(d)铜版雕刻

图 5-2-6　应用“模糊”不同效果的对比

3.“视频”效果

“视频”效果可对从视频中捕获的图像或用于电视放映的图稿进行优化处理，消除视频图像中的一些干扰，使普通图像转换为视频图像。

执行“效果”→“视频”命令，在打开的二级子菜单中提供了下面两种效果。

(1)逐行：用于消除图像中的异常交错线，使图像变得光滑。

(2)NTSC 颜色：用于调整图像色域，使 RGB 图像转换为电视可以接收的 NTSC 颜色，更适合 NTSC 视频标准。

任务 1　制作酒店菜单封面

任务描述

菜单在广告设计中很常见，通常背景都有装饰的花纹，通过应用滤镜可以轻松得到想要的效果，最终效果如图 5-2-7 所示。

图 5-2-7　酒店菜单封面效果

微课

制作酒店菜单封面

设计要点

1. 置入花纹图案，执行“滤镜库”命令，为其应用两个不同的滤镜。
2. 调整应用滤镜后的图案的透明度。
3. 使用“直排文字工具”输入相关文字。
4. 置入其他图片，调整大小和位置。

任务实施

步骤 1　启动 Illustrator CC 2018，选择“文件”→“新建”命令，新建一个宽度为 282 mm、高度为 352 mm 的 RGB 图形文件。

步骤 2　使用“矩形工具”绘制与画布相同大小的矩形，填充径向渐变色，由左至右为（R255，G176，B31），（R223，G112，B0），如图 5-2-8 所示。

步骤 3　选择“文件”→“置入”命令，打开“置入”对话框，选择“模块 5\素材\花纹纹理.jpg”，单击“置入”按钮，将图片置入当前文件，并调整大小，如图 5-2-9 所示。

步骤 4　单击控制面板中的“嵌入”按钮，将置入的图片嵌入当前文件。

步骤 5　选中花纹图案，执行“效果”→“效果画廊”命令，打开“滤镜库”对话框，单击“素描”前的三角形按钮，将其展开，应用“便条纸”滤镜效果，并对参数进行设置，单击“确定”按钮，如图 5-2-10 所示。

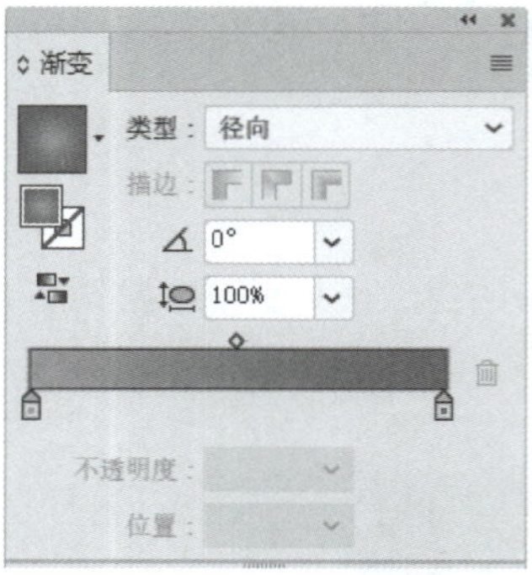

图 5-2-8 绘制渐变矩形

图 5-2-9 置入花纹图案

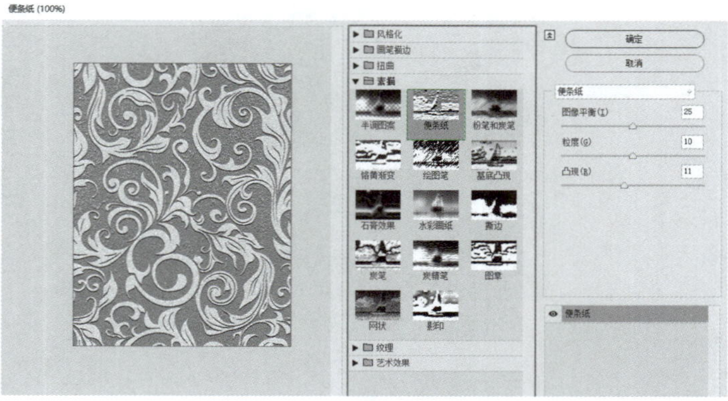

图 5-2-10 应用“便条纸”滤镜

步骤 6　再次应用“艺术效果”→“木刻”滤镜，参数如图 5-2-11 所示。

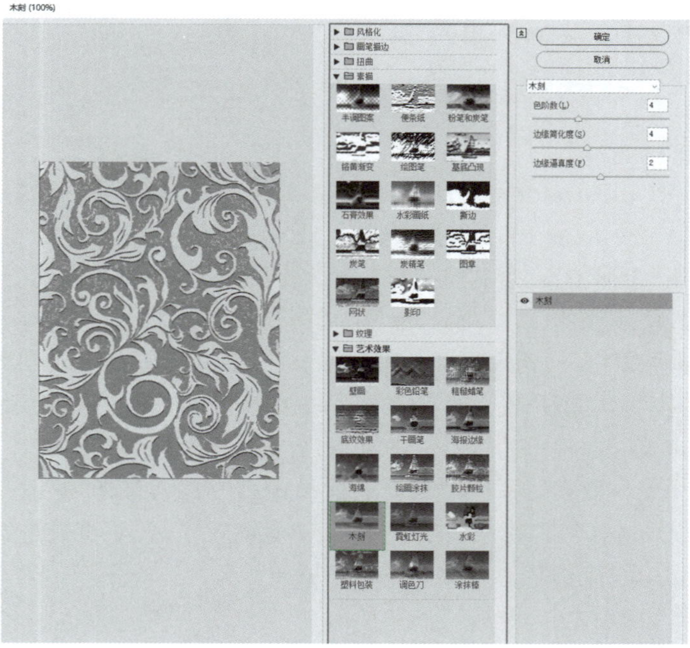

图 5-2-11 添加“木刻”滤镜

步骤 7　单击“确定”按钮，将其“不透明度”设置为“5%”，如图 5-2-12、图 5-2-13 所示。

图 5-2-12　应用滤镜后效果

图 5-2-13　调整不透明度后效果

步骤 8　锁定该图层，新建“图层 2”；使用“矩形工具”和“钢笔工具”分别绘制两个图形，填充色均为(R160，G0，B0)，无描边，如图 5-2-14 所示。

步骤 9　使用“直排文字工具”分别输入“天”“隆酒店”“tian long jiu dian”文字，“天”字体为“华文行楷”、黑色填充、1.5 pt 白色描边，“隆酒店”字体为“华文行楷”、填充色为(R160，G0，B0)、1.5 pt 白色描边，“tian long jiu dian”字体为“Brush Script MT Italic”、填充色为(R160，G0，B0)、无描边，如图 5-2-15 所示。

步骤 10　再次打开“置入”对话框，分别置入“模块 5\素材\cdsc_1.jpg”和“模块 5\素材\cdsc_2.jpg”两张图片，调整大小并放置在适当位置，如图 5-2-16 所示。

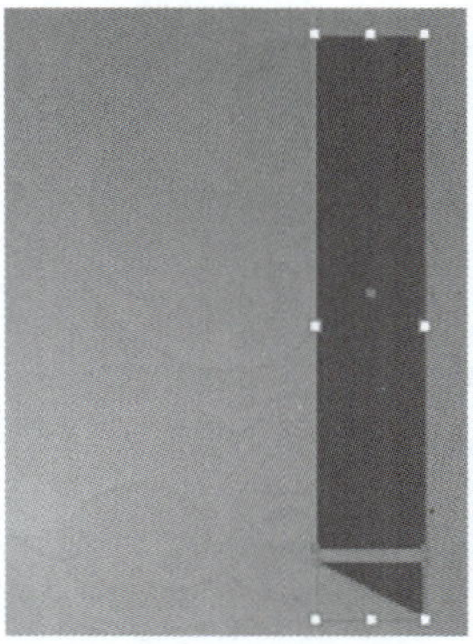
图 5-2-14　绘制图形

图 5-2-15　输入直排文字

图 5-2-16　置入两张图片

步骤 11　使用“直排文字工具”分别输入“百年技艺众人尝　品过方知有文章”“古城美女去何方　何言北国无奇味”，字体为“隶书”、填充色为(R254，G36，B34)、0.5 pt 白色描边，并调整大小。

步骤 12　把上述文字放置在置入的图片上层，完成本任务的绘制，如图 5-2-7 所示。

任务 2　制作水粉画

任务描述

Illustrator 可以对置入的位图应用多个滤镜，进而得到特殊的艺术效果，本任务通过水粉画的制作可以让读者学习到应用多个滤镜的技巧和方法。最终效果如图 5-2-17 所示。

图 5-2-17　水粉画效果

微课

制作水粉画

设计要点

1. 置入水果图片，执行“滤镜库”命令，对该图应用三个不同的滤镜。
2. 使用“矩形工具”和“直接选择工具”绘制相框，填充渐变色。
3. 绘制矩形，对矩形应用描边样式。
4. 使用“钢笔工具”和“文字工具”添加修饰图案和文字。

任务实施

步骤 1　启动 Illustrator CC 2018，执行“文件”→“新建”命令，新建一个名称为“水粉画”，宽度为 800 px、高度为 500 px 的 RGB 图形文件。

步骤 2　打开“文件”→“置入”命令，打开“置入”对话框，选择“模块 5\素材\shuiguo.jpg”图片，单击“置入”按钮，把图片置入当前文件，并调整大小，如图 5-2-18 所示。

图 5-2-18　置入水果图案

步骤 3　单击控制面板中的“嵌入”按钮，将置入的图片嵌入当前文件。

步骤 4　选中水果图案执行“效果”→“效果画廊库”命令，打开“滤镜库”对话框，单击“画笔描边”前的三角形按钮，将其展开，应用“阴影线”滤镜效果，并对参数进行设置，如图 5-2-19 所示。

图 5-2-19　应用“阴影线”滤镜效果

步骤 5　再次添加“艺术效果”中的“干笔画”滤镜效果，并对参数进行设置，如图 5-2-20 所示。

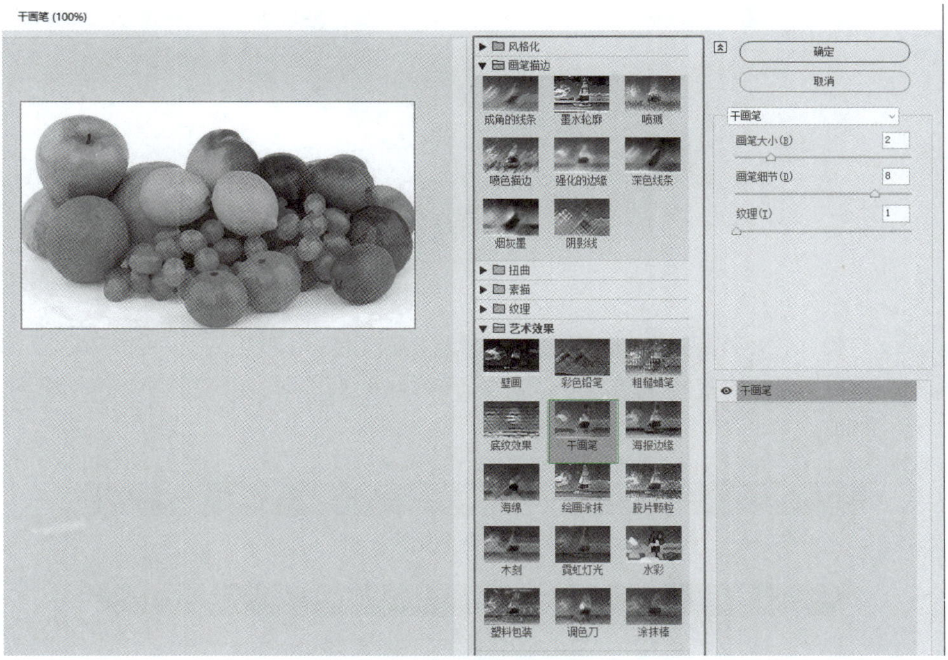

图 5-2-20　应用“干笔画”滤镜效果

步骤 6　添加“艺术效果”中的“绘画涂抹”滤镜效果，并对参数进行设置，如图 5-2-21 所示。

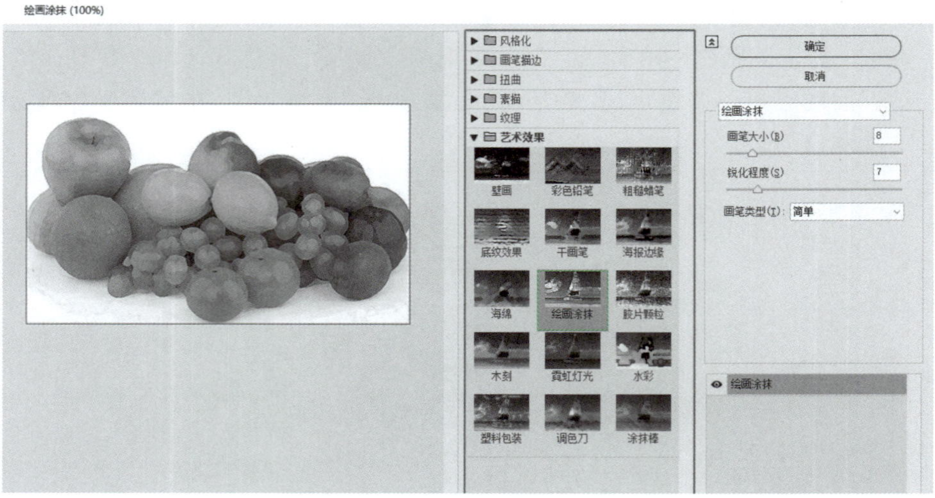

图 5-2-21　应用“绘画涂抹”滤镜效果

步骤 7　单击“确定”按钮，得到应用三种滤镜后的图像，如图 5-2-22 所示。

图 5-2-22　应用三种滤镜后的图像

步骤 8　使用“矩形工具”绘制矩形，填充线性渐变色，由左至右为(R138,G92,B41),(R90,G61,B28)；使用“直接选择工具”对矩形下部的两个锚点进行调整，如图 5-2-23、图 5-2-24 所示。

图 5-2-23　绘制矩形并填充渐变

图 5-2-24　调整矩形锚点

步骤 9　按照上述方法绘制其余的边框，如图 5-2-25 所示。

图 5-2-25　绘制其余边框

步骤 10　绘制矩形，无填充颜色，为其填充“画笔”面板中“金叶”描边样式（打开“画笔”面板，单击右上角的扩展按钮，选择“打开画笔库”→“边框”→“边框_装饰”命令，打开“边框_装饰”画笔面板，单击画笔“金叶”即可），设置描边粗细为 1 pt，如图 5-2-26 所示。

图 5-2-26　添加边框

步骤 11　使用“钢笔工具”绘制一个三角形，填充白色，无描边，设置“不透明度”为“35%”，放置在右下角，如图 5-2-27 所示。

图 5-2-27　绘制三角形

步骤 12　使用“文字工具”和“钢笔工具”制作如图 5-2-17 中的文字和图案，调整大小，完成本任务，如图 5-2-17 所示。

上机实训

实训

模块5实训

模块6
综合项目实训

Illustrator 强大的图形绘制功能可以帮助我们进行多种多样的设计，如包装、书籍设计，产品造型与 UI 设计，平面设计，插画设计，海报设计，VI 设计等，下面我们就针对这些一一做实训讲解。

项目1 包装与书籍装帧设计

能力目标

会使用“钢笔工具”绘图；会创建符号；会置入位图；会进行图文综合编辑处理。

知识目标

掌握使用“钢笔工具”绘图的方法和技巧；掌握符号的创建和应用方法；掌握图文综合处理技巧。

职业素养

本任务带领学生充分感受数字化对社会生活的影响。引入实际生活中常见的案例，使作品更具说服力。在实事求是的基础上，培养学生勇于创新、追求突破，并注重团队协作、尽职尽责的职业精神。

任务1　设计医圣面膜包装盒

任务描述

包装盒都是立体造型，设计的时候要兼顾多个面，要求既能直观地向消费者展示产品，又能给人温馨的视觉感受，最终效果如图6-1-1所示。

设计要点

1. 使用“矩形工具”绘制外形。

2. 在正面和背面的右侧置入图片。
3. 使用“钢笔工具”、“椭圆工具”和“符号工具”等绘制相应的促销图案、标志等。
4. 使用“文字工具”输入相应的文字。

图 6-1-1　医圣面膜包装盒最终效果

微课
设计医圣面膜包装盒

▶ 任务实施

步骤 1　启动 Illustrator CC 2018，执行“文件”→“新建”命令，新建一个名称为“医圣”，宽度为 280 mm、高度为 420 mm 的 CMYK 图形文件。

步骤 2　使用“矩形工具”绘制一个宽度为 280 mm、高度为 420 mm 的矩形，填充色为(C100，M60，Y2，K20)。

步骤 3　使用“矩形工具”绘制宽度为 280 mm、高度为 160 mm 的矩形，填充白色；同时复制该矩形并放置在顶部作为背面使用，如图 6-1-2 所示。

步骤 4　执行“文件”→“置入”命令，打开“置入”对话框，选择“模块 6/素材/医圣_中药.jpg”文件置入页面，再单击“嵌入”按钮，然后放置在下部矩形的右边缘；选中嵌入后的图片，双击“旋转工具”，打开“旋转”对话框，“角度”设为“180°”，单击“复制”按钮，复制出一个旋转 180°后的图片，然后放置在顶部矩形的左边缘，如图 6-1-3 所示。

图 6-1-2　绘制矩形

图 6-1-3　置入中药图片

步骤 5　锁定上述图层，新建“图层 2”，单击“直排文字工具”输入“面贴膜”，字体为“长城细圆体”，字体大小为 78 pt，填充色为(C100，M60，Y2，K20)。用同样方式输入其他文字，再用“椭圆工具”绘制一个圆形，填充色为(C100，M60，Y2，K20)，竖着复制五个。先把最上面的圆形和最下面的圆形分别和文字“控”和“印”中心对齐。方法是：执行“窗口”→“对齐”命令，单击“水平居中对齐”按钮，再单击“垂直居中分布”按钮，如图 6-1-4 所示。

图 6-1-4　输入直排文字

步骤 6　执行“窗口”→“符号”→面板扩展按钮→“打开符号库”→“绚丽矢量包”命令，打开“绚丽矢量包”面板，把“绚丽矢量包 15”拖入工作区，如图 6-1-5 所示。

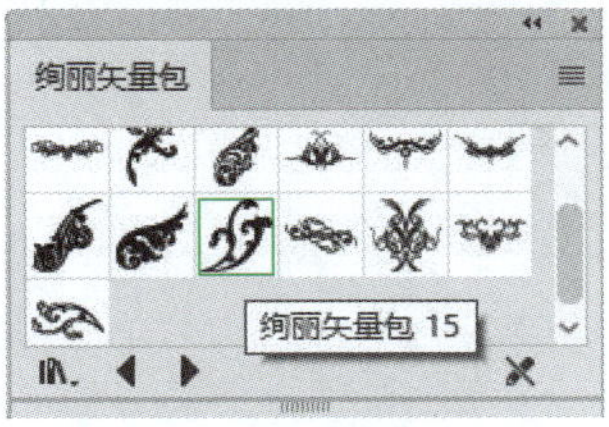

图 6-1-5　拖入符号

步骤 7　选中拖入的符号，右键单击并选择“断开符号链接”命令，填充颜色为(C100，M60，Y2，K20)，然后对其进行缩放、旋转，透明度调整为 50%；再单击“旋转工具”，按住 Alt 键，在符号正下方大约 40 mm 处单击左键，弹出“旋转”对话框，角度设为“30°”，连续单击“复制”按钮 11 次，如图 6-1-6 所示。

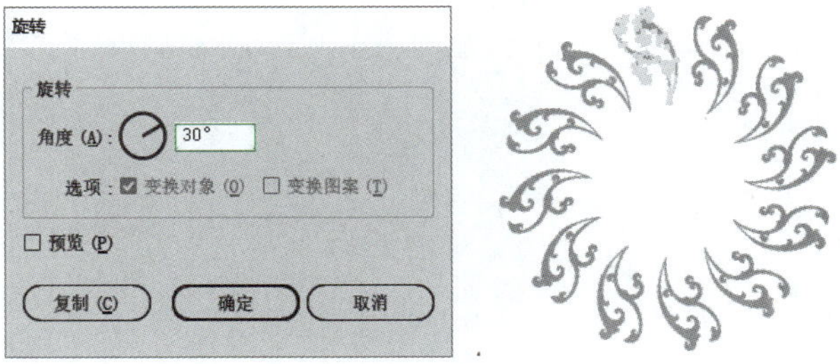

(a)　(b)

图 6-1-6　旋转复制符号

步骤 8　使用“钢笔工具”绘制图形，填充色为(C100，M60，Y2，K20)，无描边，复制该图形。使用“钢笔工具”继续绘制图形，无填充，1 pt 描边，描边色为(C100，M0，Y0，K0)。选中刚复制的图形，执行“效果”→“风格化”→“羽化”命令，羽化半径为 22.68 pt。如

图 6-1-7～图 6-1-9 所示。

图 6-1-7　绘制图形(1)

图 6-1-8　绘制图形框

图 6-1-9　羽化图形

步骤 9　使用“文字工具”分别输入“面膜专家”“医圣”“R”，使用“椭圆工具”绘制圆环，将 R 包裹在内，字体、大小、颜色参考源文件“医圣.ai”，如图 6-1-10 所示。

步骤 10　使用“文字工具”分别输入“消”“痘”“3”“天”，填充色为(C0，M0，Y0，K30)，“消痘”二字字体为方正姚体，选中“消”字，右键单击，执行“创建轮廓”命令，则“消”字转换为路径，使用“直接选择工具”对“消”字的锚点进行拖拉调整。使用“矩形工具”绘制矩形框，无填充，5 pt 描边，描边色为(C0，M0，Y0，K30)，如图 6-1-11 所示。

图 6-1-10　输入文字

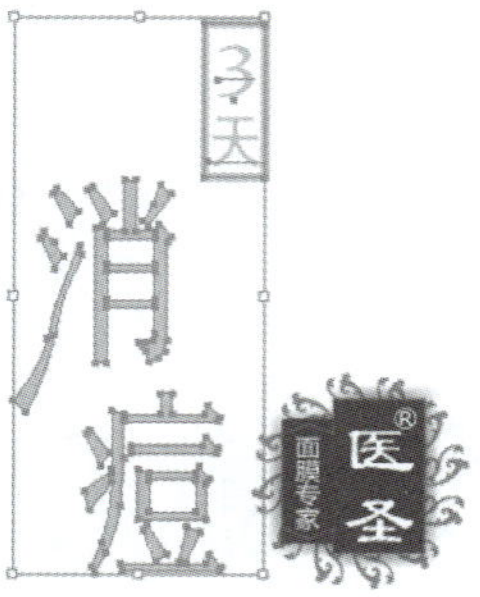

图 6-1-11　输入文字并处理

步骤 11　使用“钢笔工具”绘制图形，填充线性渐变色，由左至右为(C0，M0，Y0，K17)，(C0，M0，Y0，K6)，白色，(C0，M0，Y0，K60)。使用“矩形工具”绘制矩形，填充渐变色，由左至右为(C0，M25，Y98，K0)，(C0，M28，Y83，K68)，(C0，M5，Y88，K30)，(C0，M0，Y90，K20)，(C0，M28，Y83，K68)，(C0，M25，Y98，K0)。使用“钢笔工具”继续绘制图形，填充渐变色，由左至右为(C50，M70，Y80，K70)，(C50，M70，Y80，K60)，(C50，M70，Y80，K70)，(C50，M70，Y80，K60)，如图 6-1-12～图 6-1-14 所示。

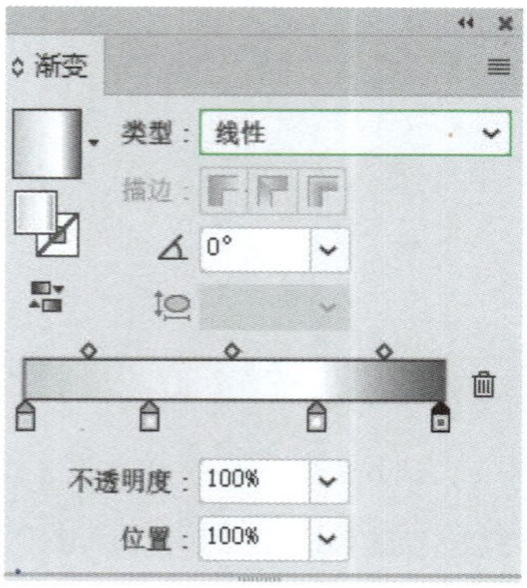

图 6-1-12　瓶头

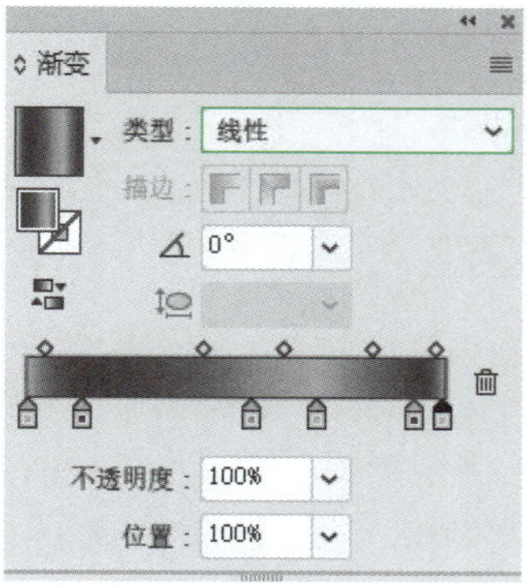

图 6-1-13　瓶钮

图 6-1-14　瓶体

步骤 12　使用“矩形工具”绘制矩形，填充渐变色，由左至右为(C39，M0，Y0，K0)，(C98，M38，Y0，K0)，使用“倾斜工具”使之倾斜，使用“直接选择工具”对锚点进行细微调整。用同样的方式制作另外三个矩形，填充渐变色，色值参考源文件，如图 6-1-15 所示。

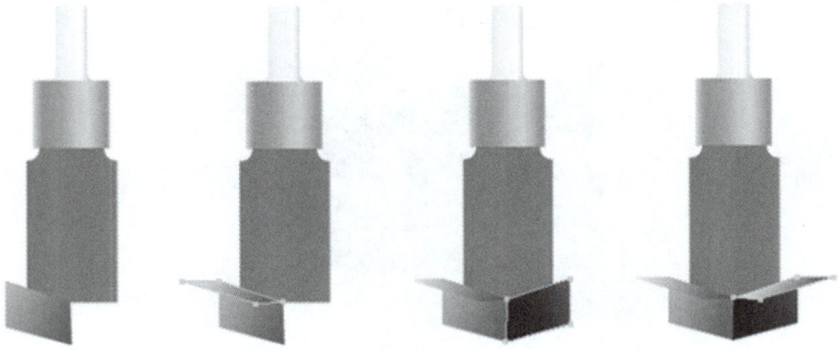

图 6-1-15　绘制盒子

步骤 13　按照步骤 12 的方法，绘制盒子的另外两个面。

步骤 14　使用“星形工具”绘制五角星，填充线性渐变色，由左至右为(C9，M100，Y0，K0)，(C0，M21，Y0，K0)，无描边。如图 6-1-16 所示。

步骤 15　使用“钢笔工具”绘制图形，填充线性渐变色，由左至右为(C9，M80，Y0，K0)，(C0，M30，Y0，K0)，如图 6-1-17 所示。

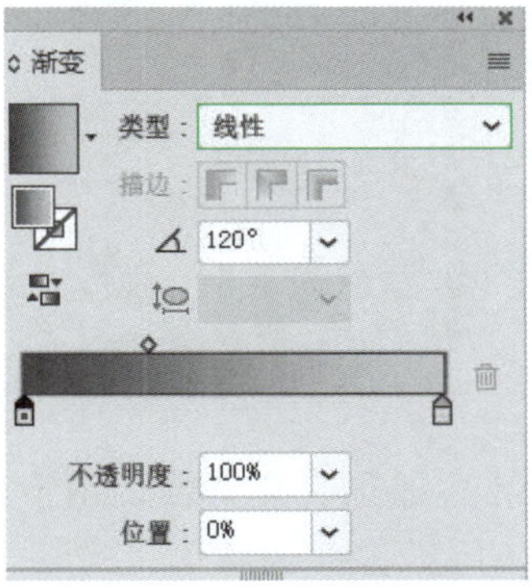

图 6-1-16　绘制五角形

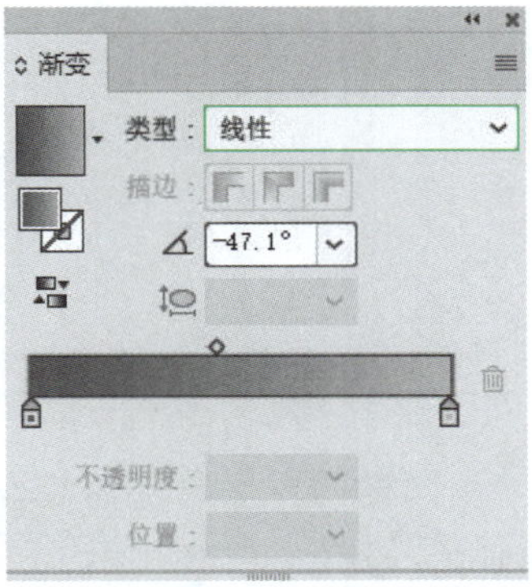

图 6-1-17　绘制图形(2)

步骤 16　按照步骤 15 的方法依次绘制围绕五角星的其他图形，如图 6-1-18 所示。

步骤 17　按照步骤 14、15 的方法绘制其他立体造型，如图 6-1-19 所示。

图 6-1-18　立体五角星

图 6-1-19　立体造型

步骤 18　使用“文字工具”在瓶体上输入文字，使用“椭圆工具”绘制椭圆形并输入文字，如图 6-1-20 所示。

图 6-1-20　输入瓶体文字

步骤 19　使用“文字工具”输入产品标量和研制机构，自此包装盒的正面绘制完成，如图 6-1-21 所示。

图 6-1-21　包装盒正面

步骤 20　用同样的方法绘制包装盒的背面，最后把包装盒背面的所有图形、文字选中，然后旋转 180°，如图 6-1-22 所示。

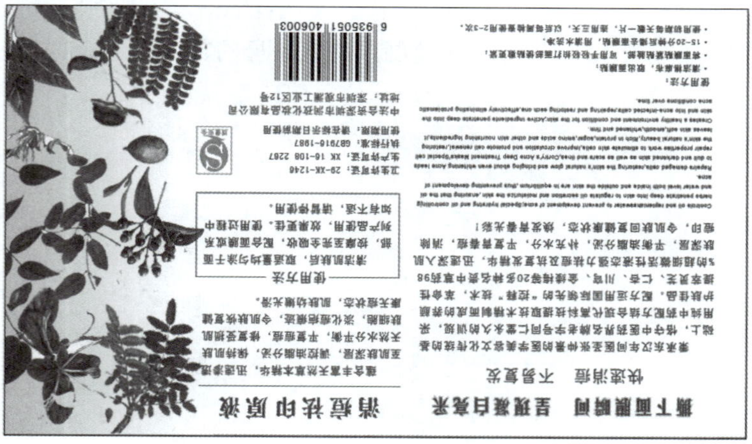

图 6-1-22　包装盒背面

步骤 21　填充包装盒的两个侧面背景色，自此，整个设计完成。

任务 2　制作书籍封面

任务描述

本任务主要是给书籍设计包装外形，精美有效的封面设计不但能够深化主题，还能引导读者对书籍内容做深入的理解，如图 6-1-23 所示。

图 6-1-23　书籍封面

设计要点

1. 封面设计规划。本封面分为四个部分，正面、反面、装订面和夹面。

2. 绘制弧形齿轮内发光星形。绘制星形后，先执行“效果”→“扭曲和变换”→“扭拧”命令，再执行“效果”→“风格化”→“内发光”命令，设置参数。

3. 使用“钢笔工具”绘制笔记本电脑和有咖啡的杯子。

任务实施

具体步骤请扫描二维码获取。

微课　　操作步骤

制作书籍封面　　制作书籍封面

项目 2 产品造型和 UI 设计

能力目标

会使用“圆角矩形工具”、“旋转工具”、“倾斜工具”和“直接选择工具”；会进行透明度调整；会使用艺术效果滤镜、自由扭曲命令；会使用“钢笔工具”。

知识目标

掌握“直接选择工具”调整锚点的方法和技巧；掌握“钢笔工具”绘图的技巧；掌握调整透明度的方法；掌握艺术效果滤镜的选择和使用方法；掌握自由扭曲命令的使用方法和技巧。

职业素养

实物的图形化以及虚拟图形的呈现使作品更富含创造性。创作的灵感来源于不断地观察，本任务的学习，不仅可以培养学生独立思考，不断创新，更能够提高学生一丝不苟，精益求精、坚持不懈的品质。

任务 1　绘制移动硬盘

任务描述

移动硬盘对我们来说是经常用到的，在 IT 产品宣传画报手册中我们也常见到，本次任务主要讲解如何设计和绘制它的外观造型，既要突出它的科技感，也要突出它的质感，效果如图 6-2-1 所示。

设计要点

1. 使用“圆角矩形工具”、“旋转工具”和“直接选择工具”绘制盘壳，主要通过“直接选择工具”调整锚点来实现。

2.通过执行“效果”→“艺术效果”→“胶片颗粒”命令配合透明度的调整表现壳面的质感。

3.使用“矩形工具”、“椭圆工具”和“钢笔工具”等绘制其他修饰图形。

图 6-2-1　移动硬盘

微课

绘制移动硬盘

▶ 任务实施

步骤 1　启动 Illustrator CC 2018，执行“文件”→“新建”命令，新建一个名称为“移动硬盘”，宽度为 800 px、高度为 600 px 的 RGB 图形文件。

步骤 2　使用“钢笔工具”绘制壳边图形，线性渐变色填充由左至右为(R143，G143，B143)，(R109，G109，B109)，(R114，G114，B114)，(R122，G122，B122)，(R114，G114，B114)，(R109，G109，B109)，(R143，G143，B143)，无描边，如图 6-2-2 所示。

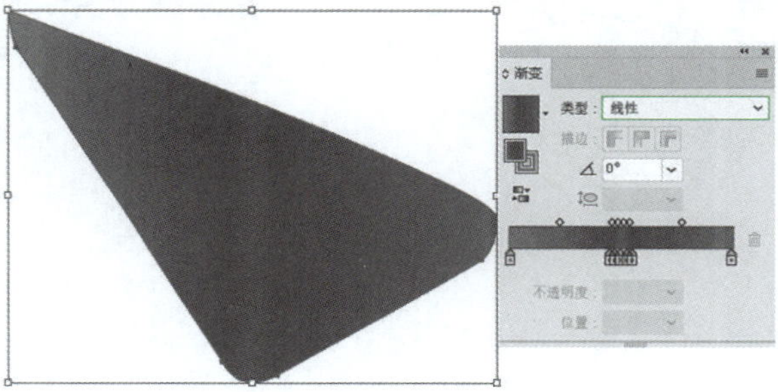

图 6-2-2　壳边

步骤 3　使用“圆角矩形工具”绘制壳面，填充色为(R242，G242，B242)，描边粗细为 1 pt，描边色为(R153，G153，B153)，配合“旋转工具”和“直接选择工具”调整为如图 6-2-3 所示效果。

步骤 4　用“圆角矩形工具”绘制壳的黑色表面图形(由外到内)，填充色为(R26，G26，B26)，无描边，配合工具箱中“直接选择工具”和“钢笔工具”以及扩展栏中的“锚点工具”对相应的锚点进行调整，如图 6-2-4 所示。

图 6-2-3　壳面(1)

图 6-2-4　壳黑色表面

步骤 5　按照上一步继续绘制壳面，填充色为(R51，G51，B51)，无描边，如图 6-2-5

所示。

步骤 6　绘制磨砂壳面，把上一步绘制的圆角矩形复制一个，执行“效果”→“艺术效果”→“胶片颗粒”命令，参数如图 6-2-6 所示，并把该层不透明度调整为 5%，效果如图 6-2-7 所示。

图 6-2-5　壳面(2)

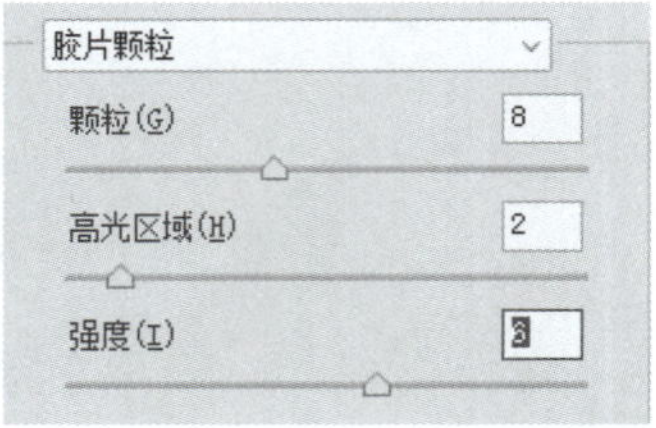

图 6-2-6　胶片颗粒参数

步骤 7　使用“钢笔工具”绘制壳面背光面，填充色为黑色，如图 6-2-8 所示。

图 6-2-7　磨砂效果壳面

图 6-2-8　壳面背光面

步骤 8　使用“文字工具”输入“BRAND”，字体为“Arial”，字体样式为“Bold”，字体大小为“18 pt”，填充色为(R230，G230，B230)，配合“旋转工具”和“倾斜工具”进行调整，如图 6-2-9 所示。

图 6-2-9　输入文字

步骤 9　使用“钢笔工具”绘制硬盘接口 1，填充色为(R26，G26，B26)，无描边，如图 6-2-10 所示；复制该图形并修改填充色为(R121，G117，B118)，并向下移动一点，如图 6-2-11 所示。

图 6-2-10 填充效果(1)

图 6-2-11 填充效果(2)

步骤 10 再使用“钢笔工具”绘制图形，填充色为(R105，G60，B65)，选中该图形执行“效果”→“模糊”→“高斯模糊”命令，半径为 1.0 像素，效果如图 6-2-12 所示。复制上一步绘制的图形，不透明度调整为 60%，如图 6-2-13 所示。

图 6-2-12 模糊效果

图 6-2-13 调整透明度

步骤 11 使用“钢笔工具”绘制图形，填充色为(R153，G153，B153)，高斯模糊，半径为 1.0 像素，不透明度为 50%，如图 6-2-14 所示，硬盘接口 1 绘制完成，效果如图 6-2-15 所示。

图 6-2-14 填充效果(3)

图 6-2-15 接口(1)

步骤 12 在右侧边缘绘制接口 2，使用“钢笔工具”绘制如下两个图形，填充色分别为(R43，G43，B43)，(R199，G199，B199)，如图 6-2-16 所示。

图 6-2-16 接口(2)

步骤 13 绘制数据线接口，先绘制一条折线，填充白色，1 pt 黑色描边；使用“矩形工具”绘制槽体，填充黑色，同时配合“直接选择工具”调整锚点，如图 6-2-17、图 6-2-18 所示。

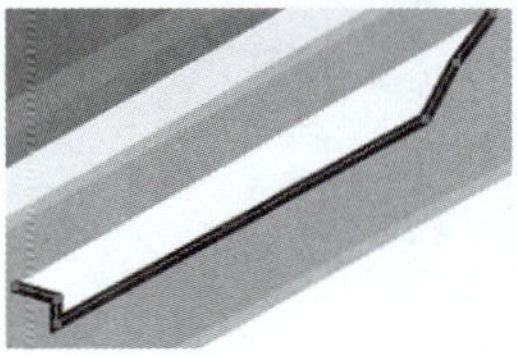
图 6-2-17 外接口

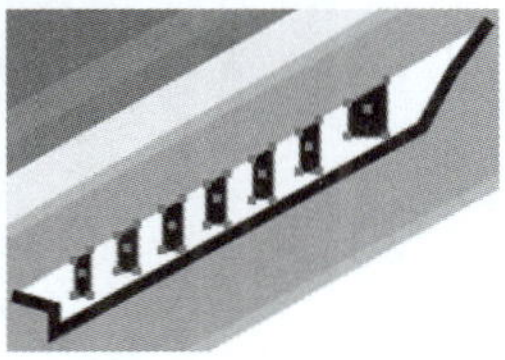
图 6-2-18 数据线接口

步骤 14 绘制扩展卡槽，使用“矩形工具”绘制两个槽体，使用“直接选择工具”调整锚点。使用“钢笔工具”绘制亮光处，效果如图 6-2-19 所示。

步骤 15 使用“椭圆工具”绘制六个圆形散热孔，如图 6-2-20 所示。

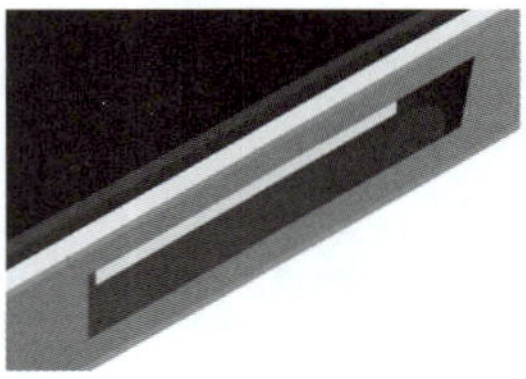

图 6-2-19　扩展卡槽

图 6-2-20　散热孔

步骤 16　锁定绘制完成的硬盘的图层，新建“图层 2”，拖到硬盘图层下方，使用“椭圆工具”绘制阴影，则完成整个绘制，如图 6-2-21 所示。

图 6-2-21　最终效果

任务 2　绘制手机皮肤

任务描述

UI 即 User Interface(用户界面)的简称。UI 设计则是指对软件的人机交互、操作逻辑、界面的整体设计。好的 UI 设计不仅要让软件变得有个性、有品位，还让软件的操作变得舒适、简单、自由，充分体现软件的定位和特点。本次任务主要介绍手机皮肤的 UI 设计，效果如图 6-2-22 所示。

微课

绘制手机皮肤

图 6-2-22　手机皮肤

设计要点

操作步骤

绘制手机皮肤

1. 使用“矩形工具”和“椭圆工具”绘制基础界面元素。
2. 使用“钢笔工具”和“路径查找器”命令对界面的元素进行美化修饰。
3. 采用置入图片、拖入符号等方式补充界面元素上的部件。
4. 使用“对齐”命令保证整个界面严谨有序。

任务实施

具体步骤请扫描二维码获取。

任务 3　绘制矢量图标

任务描述

图标是 UI 设计领域的一个重要组成部分，本节以绘制 iTunes 图标为例，介绍如何使用 Illustrator CC 2018 打造出精致的软件图标，效果如图 6-2-23 所示。

图 6-2-23　图标效果

微课

绘制矢量图标

操作步骤

绘制矢量图标

设计要点

1.“混合工具”的使用方法。
2. 多色渐变填充的方法。
3. 复合路径、蒙版效果。

任务实施

具体步骤请扫描二维码获取。

任务 4　绘制球状卡通兔

任务描述

本任务主要运用精细的绘制、细腻的光感效果来制作一个漂亮球状卡通兔，如

图 6-2-24 所示。本例对各部分光照来源、摆放位置有较高的要求。

设计要点

1."钢笔工具"的使用、多色渐变填充、描边。
2.造型设计、高斯模糊。
3.各部分光照来源、摆放位置。

任务实施

具体步骤请扫描二维码获取。

图 6-2-24　球状卡通兔

微课

绘制球状卡通兔

操作步骤

绘制球状卡通兔

项目3 平面设计

能力目标

会使用“高斯模糊”命令、“扩展外观”命令、“外发光”命令；会使用“混合”命令；会进行网格渐变填充；会使用符号、“钢笔工具”、“矩形工具”和“笔刷工具”。

知识目标

掌握“高斯模糊”命令的使用技巧；掌握“扩展外观”命令“外发光”命令的使用方法；掌握“网格工具”、渐变填充的方法和技巧；掌握使用“钢笔工具”和“矩形工具”等绘制图形的方法；掌握绘制立体效果的方法。

职业素养

平面设计需要突出立体感、质感、理念及品牌效应，创新的理念更能突出产品的特点。在设计中，培养学生协作共进的团队精神，培育并弘扬严谨认真、勇于探索、追求完美的工匠精神。

任务1　绘制香水瓶平面图

任务描述

通过本任务，我们可以掌握在 Illustrator 中绘制水晶、玻璃质感装饰品的技巧，可以学会制作各种水晶、玻璃质感装饰品广告、立体效果图，以及各类水晶、玻璃质感相关创意图形的方法，效果如图 6-3-1 所示。

设计要点

1. 使用“钢笔工具”、“矩形工具”和“椭圆工具”等绘制图形。
2. 使用“扩展外观”、“高斯模糊”和“混合”命令美化相关部件。
3. 使用“网格工具”渐变填充，修饰部分细节。

图 6-3-1　香水瓶平面图效果

微课
绘制香水瓶平面图

任务实施

步骤 1　启动 Illustrator CC 2018，执行“文件”→“新建”命令，新建一个名称为“香水瓶”，宽度为 210 mm、高度为 297 mm 的 CMYK 图形文件。

步骤 2　使用“椭圆工具”绘制一个宽度、高度均为 95 mm 的圆形和一个矩形，均为无填充、1 pt 黑色描边，如图 6-3-2 所示。

步骤 3　选中两个图形，打开“路径查找器”，单击面板上的“分割”按钮，则得到三个图形，使用“选择工具”选中圆外的图形，按 Delete 键删除；再使用“直接选择工具”和“选择工具”对下半圆进行调整，然后将两个半圆形分别复制一个，并进行形状调整，如图 6-3-3 所示。

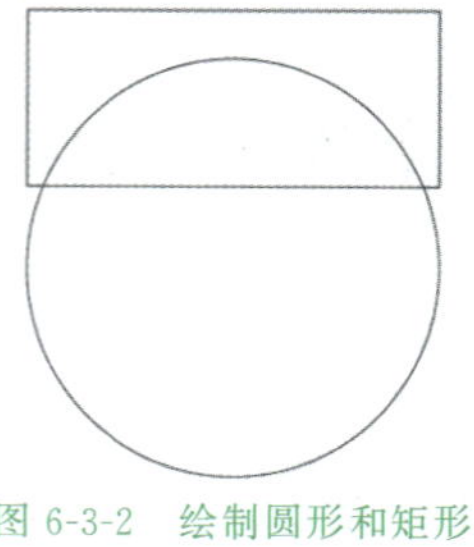
图 6-3-2　绘制圆形和矩形

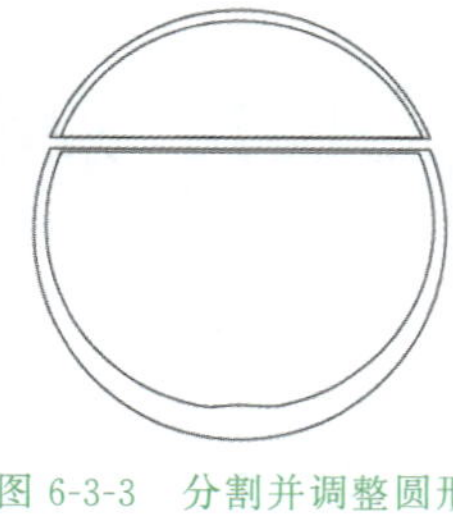
图 6-3-3　分割并调整圆形

步骤 4　选中上面的小半圆，填充线性渐变色，由左至右为(C17，M2，Y35，K0)，白色；使用“钢笔工具”绘制不规则图形，填充黑色，如图 6-3-4、图 6-3-5 所示。

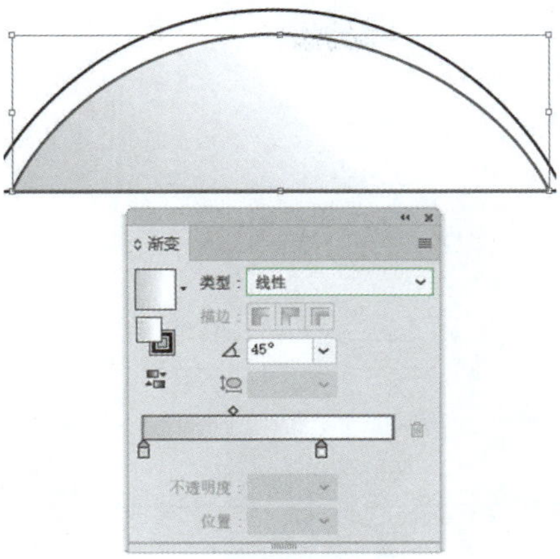

图 6-3-4　填充渐变色

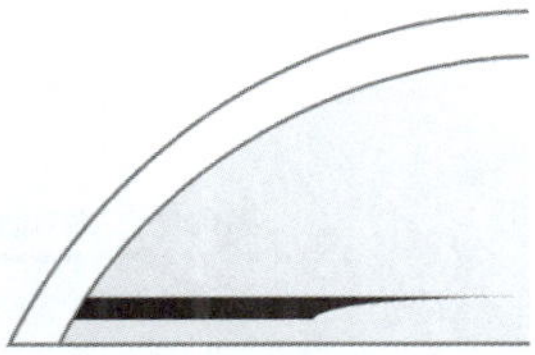

图 6-3-5　绘制图形(1)

步骤 5　再绘制一个图形，填充白色；选中该图形和步骤 4 中的图形，单击“路径查找器”面板中的“减去顶层”按钮，如图 6-3-6、图 6-3-7 所示。

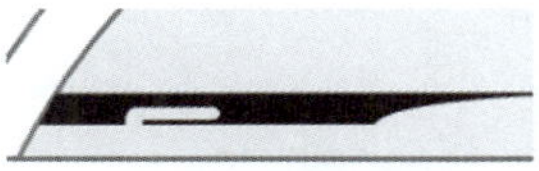

图 6-3-6　绘制图形(2)

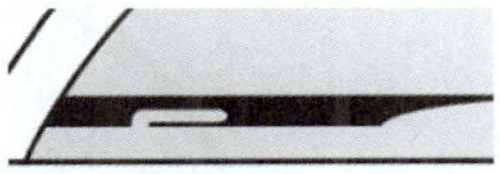

图 6-3-7　与区域相减后效果

步骤 6　使用“钢笔工具”绘制两个图形，填充黑色，如图 6-3-8 所示。

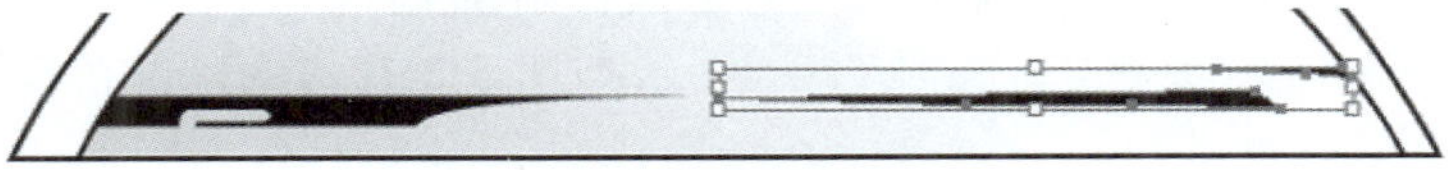

图 6-3-8　绘制两个黑色图形

步骤 7　使用“矩形工具”、“椭圆工具”和“直接选择工具”绘制如下两个黑色图形，如图 6-3-9 所示。

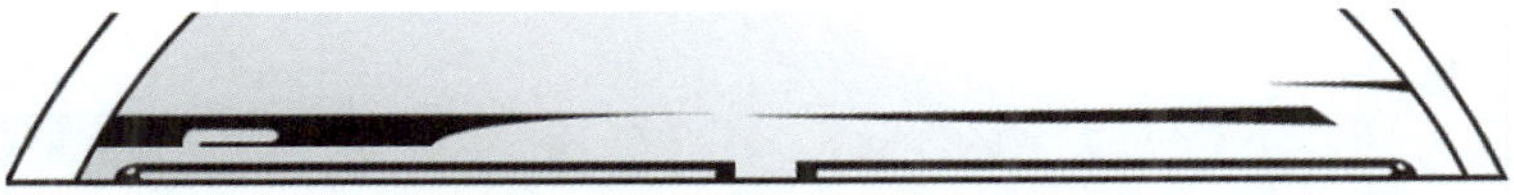

图 6-3-9　绘制组合图形

步骤 8　使用“矩形工具”绘制图形，填充线性渐变色，由左至右为(C17，M2，Y35，K0)，黑色，如图 6-3-10 所示。

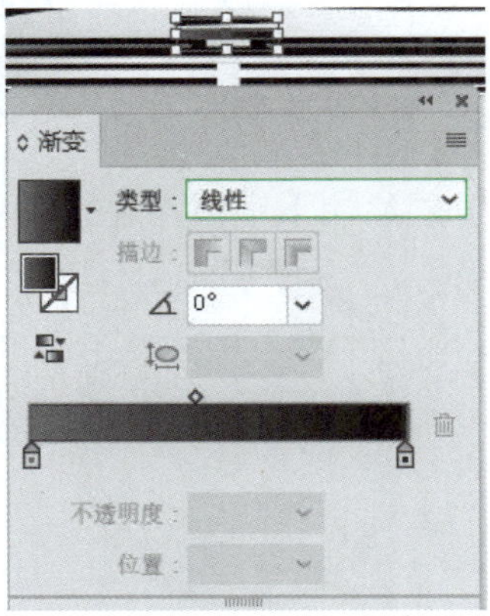

图 6-3-10　绘制渐变矩形

步骤 9　在上面的大半圆左边绘制图形，填充线性渐变色，由左至右为(C17，M2，Y35，K0)，(C28，M7，Y58，K0)，白色，如图 6-3-11 所示。

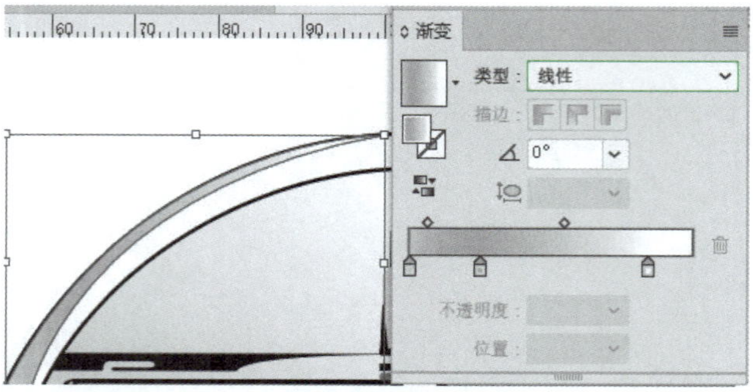

图 6-3-11　绘制渐变图形

步骤 10　使用“钢笔工具”继续绘制图形，填充黑色，如图 6-3-12 所示。

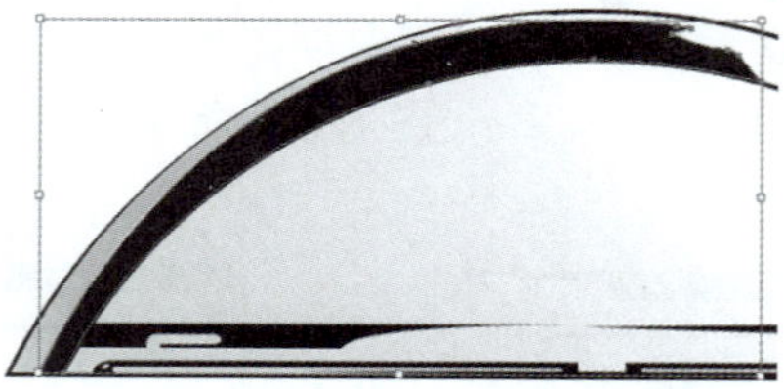

图 6-3-12　绘制黑色不规则图形

步骤 11　在上半圆右边绘制图形，填充线性渐变色，由左至右为(C13，M3，Y28，K0)，(C28，M7，Y58，K0)，(C13，M3，Y28，K0)，如图 6-3-13 所示；再在该图形右下方绘制一个黑色图形。

步骤 12　在上面的小半圆左边绘制两个图形，一个填充黑色，一个填充白色(白色图形在黑色图形下层)，如图 6-3-14 所示。

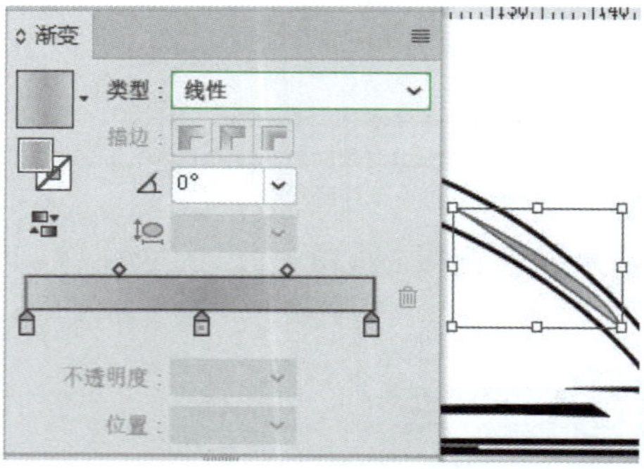

图 6-3-13　右边渐变图形和黑色图形

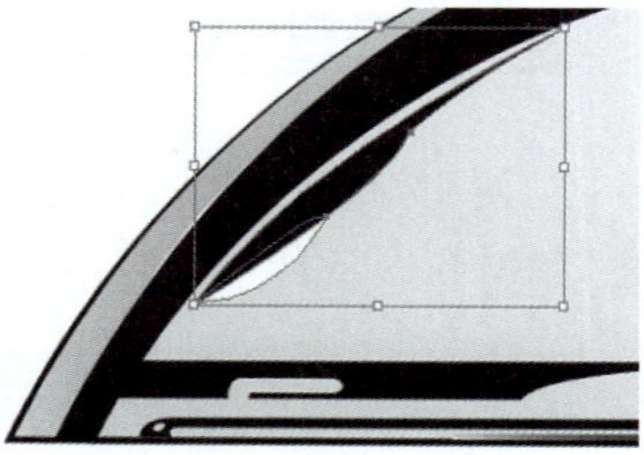

图 6-3-14　左边黑色和白色图形

步骤 13　使用同样的操作方式绘制下半圆，如图 6-3-15 所示。

图 6-3-15　下半圆效果

步骤 14　在两个半圆形中间绘制矩形，填充线性渐变色，由左至右为（C17，M2，Y35，K0），（C30，M7，Y53，K1），白色，（C17，M2，Y35，K0），（C30，M7，Y53，K1），1 pt 黑色描边，如图 6-3-16 所示。

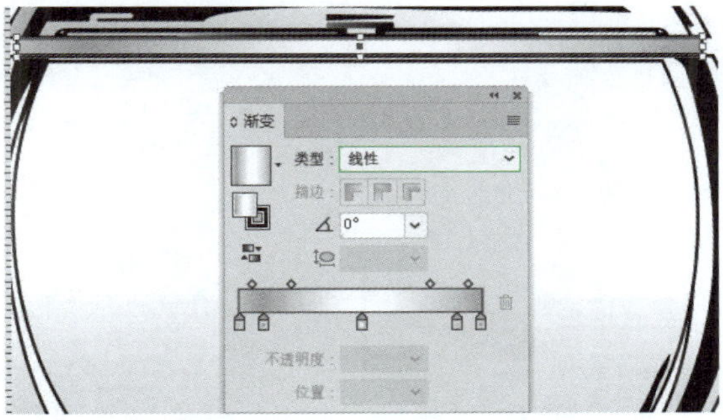

图 6-3-16　中部渐变矩形

步骤 15　矩形中部绘制一条黑色线段和一个白色小矩形，如图 6-3-17 所示。

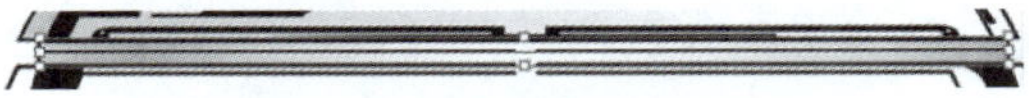

图 6-3-17　黑色线段和白色小矩形

步骤 16　在下半圆上部使用“钢笔工具”绘制图形，填充线性渐变色，由左至右为（C30，M7，Y53，K1），（C17，M2，Y35，K0），（C5，M1，Y11，K0），白色，（C17，M2，Y35，K0），（C30，M7，Y53，K1），如图 6-3-18 所示。

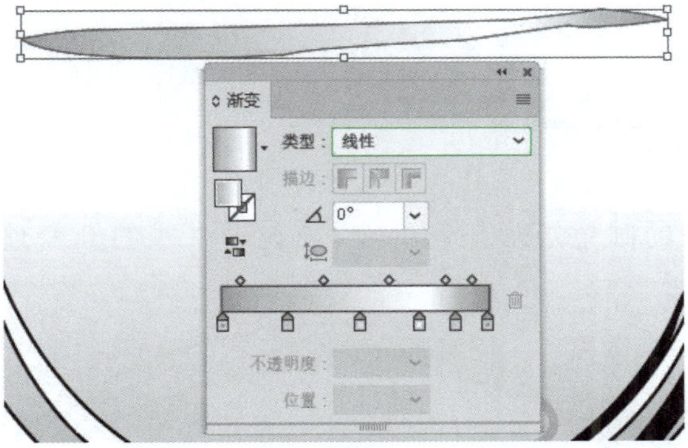

图 6-3-18　使用“钢笔工具”绘制图形

步骤 17　在上一步绘制的图形上绘制白色图形，如图 6-3-19 所示。

图 6-3-19　绘制白色图形

步骤 18　在下半圆下部用“画笔工具”绘制图形，如图 6-3-20 所示。

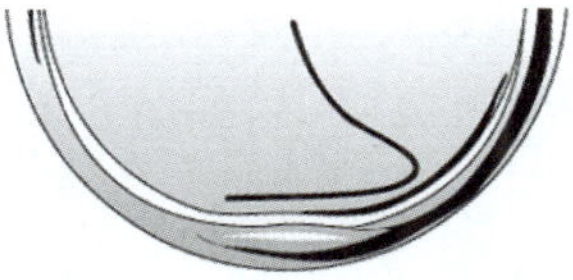

图 6-3-20　用“画笔工具”绘制图形

步骤 19　选中该图形，执行“对象”→“扩展外观”命令，则图形框发生了变化，对该图形框填充线性渐变色，由左至右为(C28，M7，Y58，K0)，(C17，M2，Y35，K0)，白色，如图 6-3-21 所示。

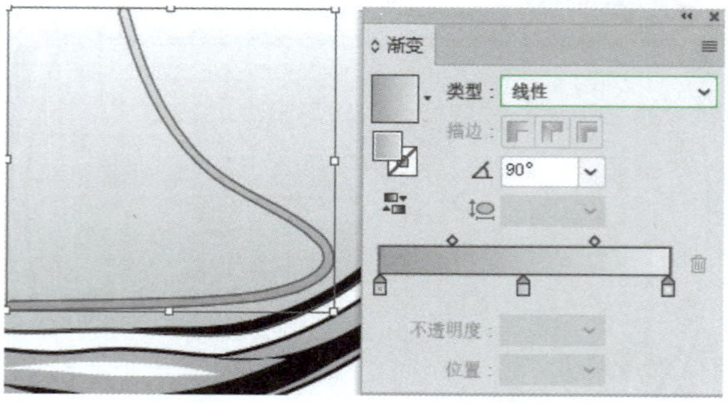

图 6-3-21　扩展画笔填充渐变色

步骤 20　使用“圆角矩形”绘制图形，使用“钢笔工具”下的“锚点转换工具”对下面的锚点进行转换，填充线性渐变色，由左至右为(C17，M2，Y35，K0)，白色，如图 6-3-22 所示。

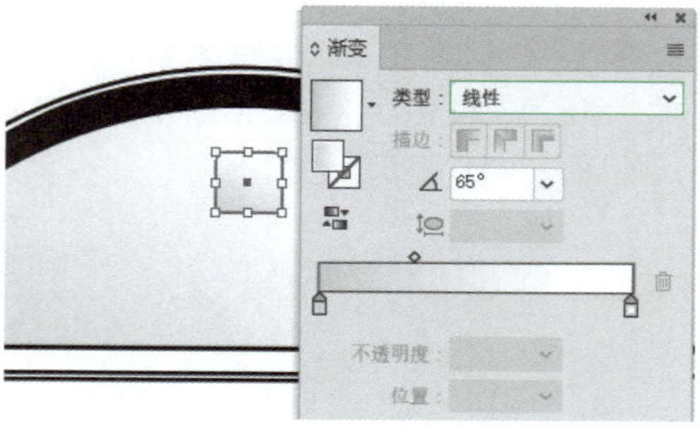

图 6-3-22　转换锚点后的圆角矩形

步骤 21　将绘制的圆角矩形复制一个，填充上一步的渐变色，角度修改为 45°，如图 6-3-23 所示。

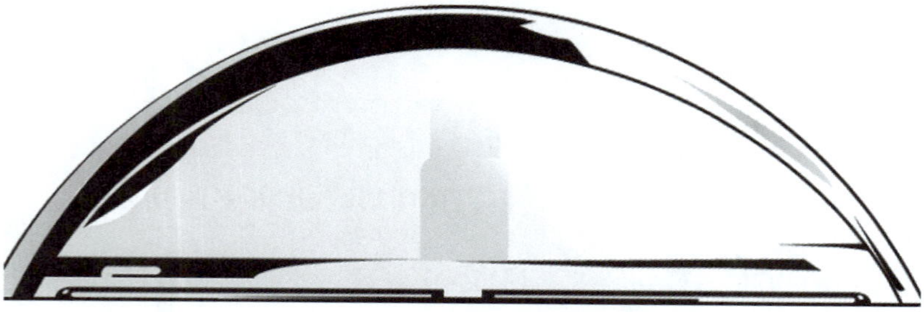

图 6-3-23　复制圆角矩形

步骤 22　使用“钢笔工具”分别绘制如下图形，填充黑色；再用“钢笔工具”绘制两个白色路径图形。绘制矩形，使用“直接选择工具”和“对齐”命令进行锚点调整，填充渐变色，由左至右为(C86，M88，Y41，K39)，(C82，M87，Y12，K2)，(C86，M88，Y41，K39)，(C82，M87，Y12，K2)，(C86，M88，Y41，K39)，如图 6-3-24～图 6-3-26 所示。

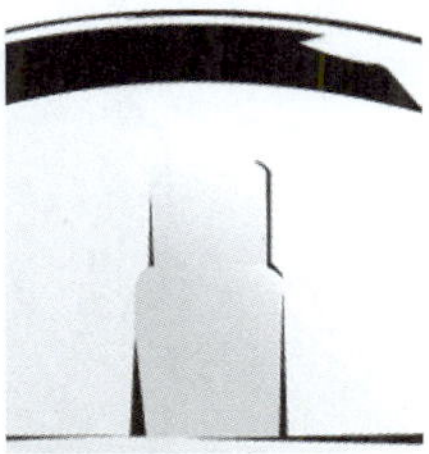
图 6-3-24　绘制图形(3)

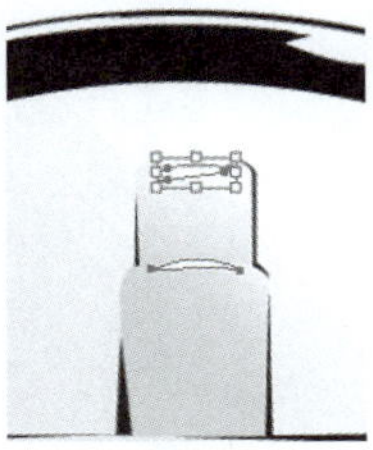
图 6-3-25　锚点调整

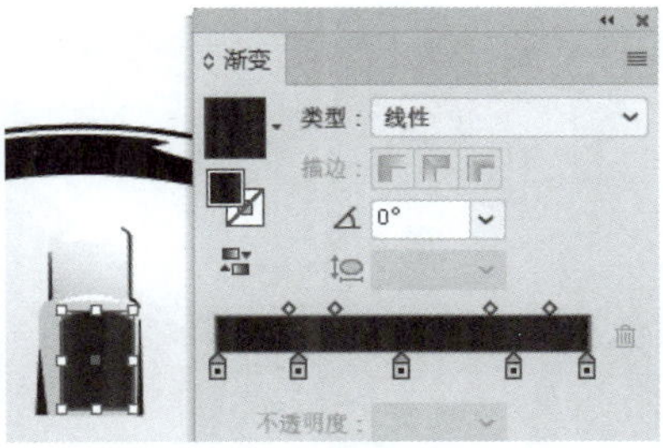

图 6-3-26　填充渐变色(1)

步骤 23　使用“椭圆工具”和“钢笔工具”绘制白色图形。使用“矩形工具”绘制矩形，填充线性渐变色，由左至右为(C10，M1，Y20，K43)，黑色；再使用“钢笔工具”和“矩形工具”绘制一些图形并进行修饰，如图 6-3-27～图 6-3-29 所示。

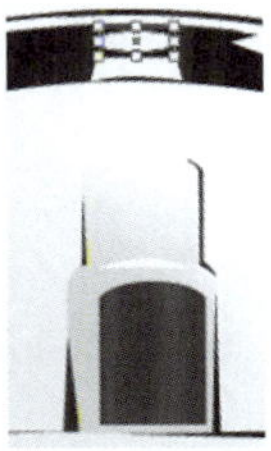
图 6-3-27　绘制图形(4)

图 6-3-28　填充渐变色(2)

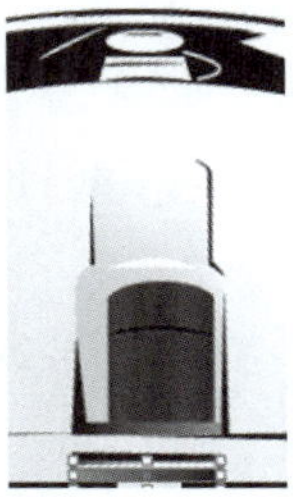
图 6-3-29　修饰图形

步骤 24　使用“钢笔工具”绘制图形作为瓶体，填充线性渐变色，由左至右为(C48，M11，Y90，K2)，(C51，M12，Y82，K2)；复制瓶体，调整后填充线性渐变色，由左至右为(C38，M11，Y73，K2)，(C43，M9，Y63，K1)，如图 6-3-30、图 6-3-31 所示。

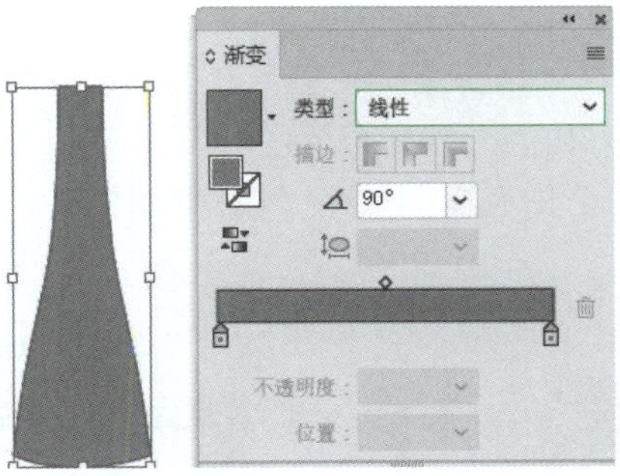

图 6-3-30　瓶体

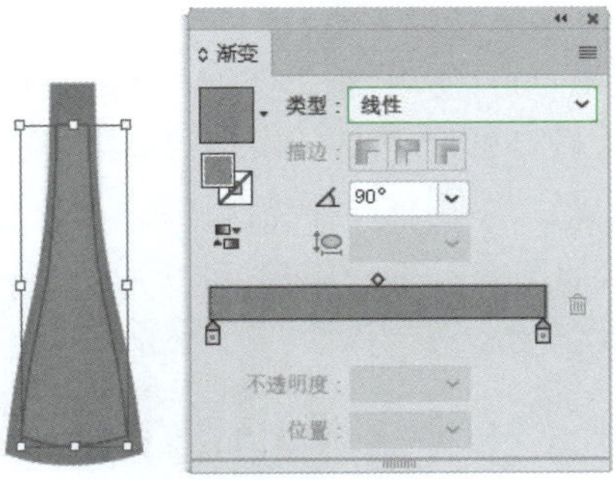

图 6-3-31　填充渐变色(3)

步骤 25　使用“钢笔工具”继续绘制图形，填充线性渐变色，由左至右为(C31，M10，Y20，K1)，(C30，M11，Y36，K2)，(C34，M11，Y53，K2)，(C38，M11，Y73，K2)；选择中间的渐变图形，执行“高斯模糊”命令，半径为 7 像素；选中最里面的图形，执行“高斯模糊”命令，半径为 10 像素。如图 6-3-32～图 6-3-34 所示。

步骤 26　选中这两个高斯模糊后的图形，执行“对象”→“混合”→“建立”命令，效果如图 6-3-35 所示。

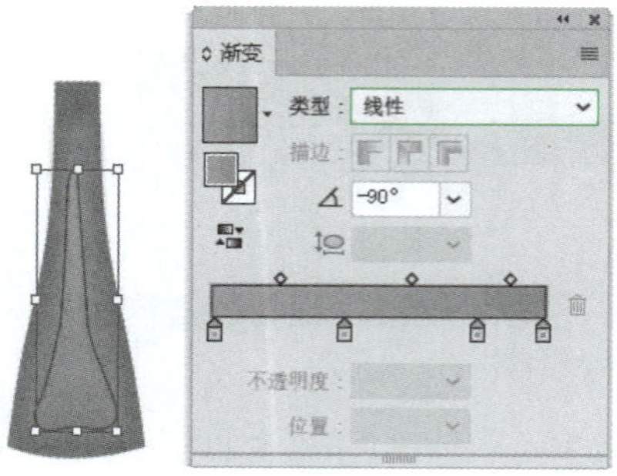

图 6-3-32　填充渐变色(4)

图 6-3-33　中间图形模糊

图 6-3-34　内部图形模糊

步骤 27　绘制矩形，使用“直接选择工具”把下面两个节点向里边移动一个像素，填充渐变色，由左至右为(C28，M9，Y35，K1)，(C73，M30，Y95，K15)，(C44，M16，Y31，K4)，(C33，M2，Y62，K0)，(C59，M30，Y79，K14)，如图 6-3-36 所示。

步骤 28　使用“矩形工具”绘制矩形，填充线性渐变色，由左至右为(C60，M21，Y86，K6)，(C60，M21，Y86，K6)，(C52，M9，Y87，K1)，如图 6-3-37 所示。

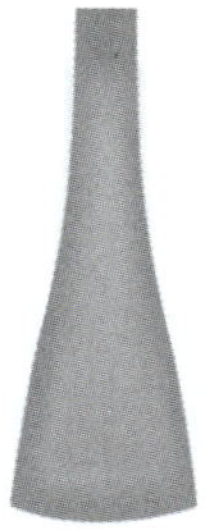

图 6-3-35　混合

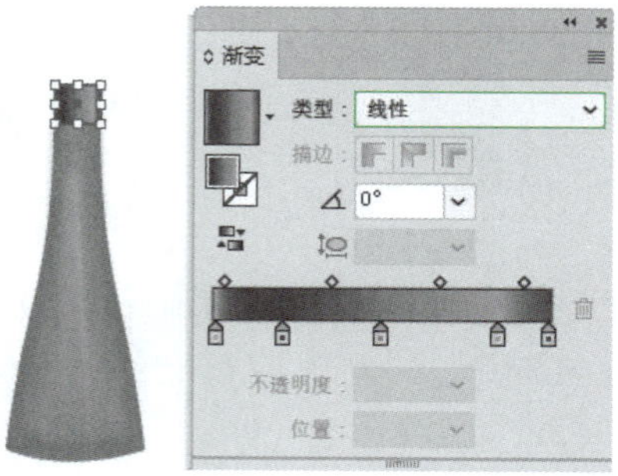

图 6-3-36　填充渐变色(5)

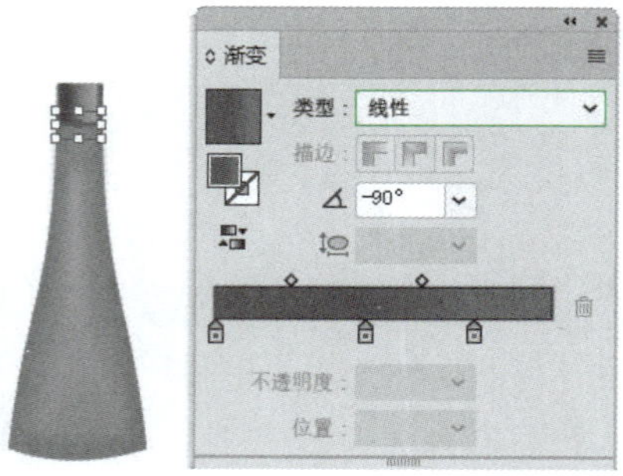

图 6-3-37　填充渐变色(6)

步骤 29　使用“钢笔工具”绘制瓶口，填充线性渐变色，由左至右为(C18，M3，Y22，K0)，(C42，M11，Y51，K2)，(C24，M4，Y35，K0)，如图 6-3-38 所示。

步骤 30　在瓶口处绘制图形，填充白色；选中该图形，执行“高斯模糊”命令，半径为 2 像素，如图 6-3-39、图 6-3-40 所示。

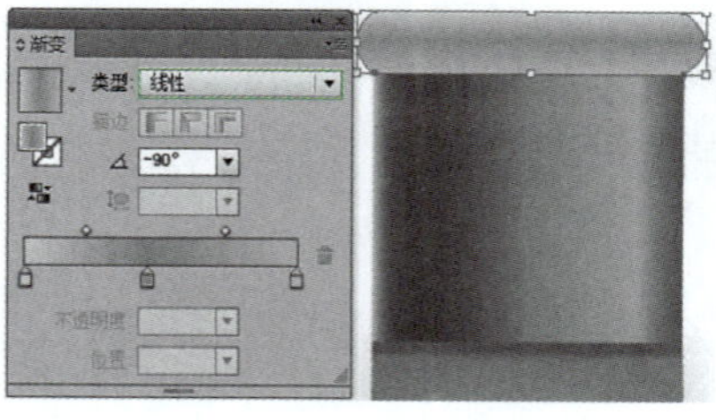

图 6-3-38　瓶口填充

图 6-3-39　绘制图形(5)

图 6-3-40　模糊

步骤 31　使用“钢笔工具”绘制图形，选择工具箱中的“网格工具”，在该图形上添加网格，然后用“直接选择工具”选中中上部的两个节点，填充色为(C30，M11，Y36，K2)，如图 6-3-41、图 6-3-42 所示。

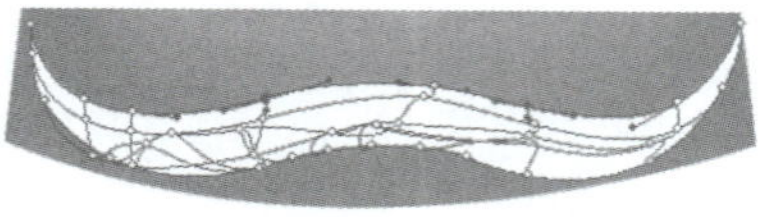

图 6-3-41　添加网格

图 6-3-42　颜色填充

步骤 32　使用同样的方法对其他的节点进行颜色填充，填充完毕后执行“高斯模糊”命令，半径为 3.0 像素，如图 6-3-43 所示。

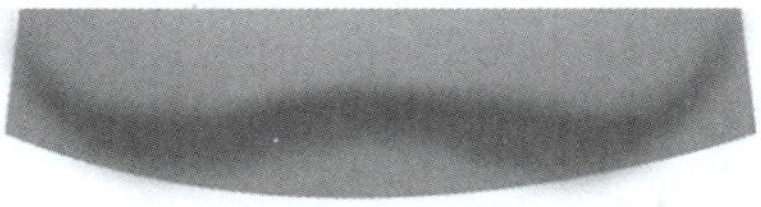

图 6-3-43　模糊效果

步骤 33　在瓶底部绘制如下图形，填充线性渐变色，由左至右为（C51，M12，Y82，K2），（C48，M11，Y89，K2），然后右击鼠标，选择“排列”→“置于底层”命令，如图 6-3-44 所示。

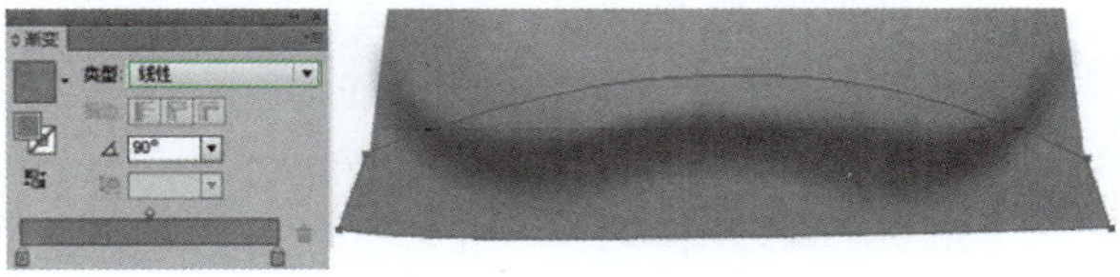

图 6-3-44　图形填充

步骤 34　使用“钢笔工具”绘制花瓣图形，填充线性渐变色，由左至右为（C8，M2，Y15，K0），（C2，M1，Y1，K0），（C18，M3，Y32，K0），（C10，M1，Y13，K0）；用同样的方式绘制另一半，填充渐变色值同上，渐变位置略有不同，如图 6-3-45、图 6-3-46 所示。

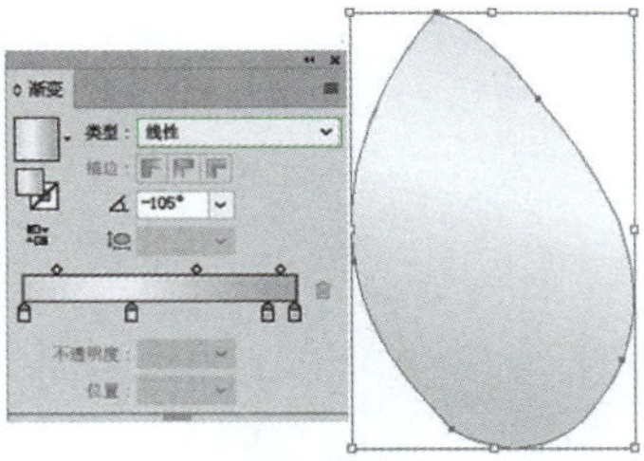

图 6-3-45　绘制花瓣(1)

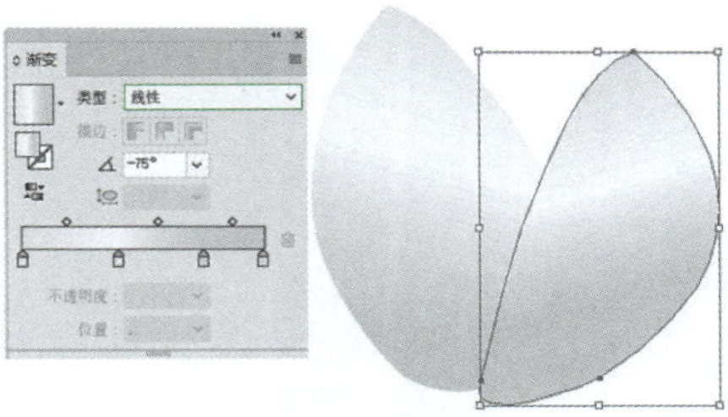

图 6-3-46　绘制花瓣(2)

步骤 35　继续绘制另外两个花瓣，填充线性渐变色，由左至右为（C22，M8，Y28，K0），（C20，M4，Y30，K0），（C27，M9，Y37，K0），如图 6-3-47 所示。

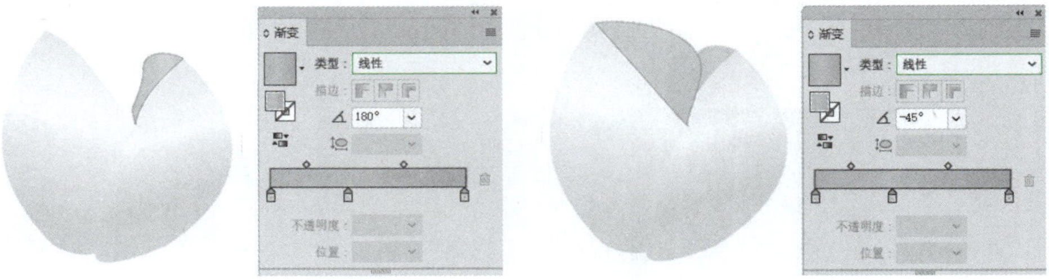

(a)　(b)

图 6-3-47　花瓣填充

步骤 36　按照上述步骤依次绘制瓣体上其他图形，渐变色值参考源文件“香水瓶. ai”，如图 6-3-48 所示。

步骤 37　将绘制的花瓣编组，然后同绘制的瓶体再一起编组，效果如图 6-3-49 所示。

步骤 38　输入英文单词“BEAUTY”，效果如图 6-3-50 所示。

图 6-3-48　绘制花瓣纹理

图 6-3-49　瓶体编组

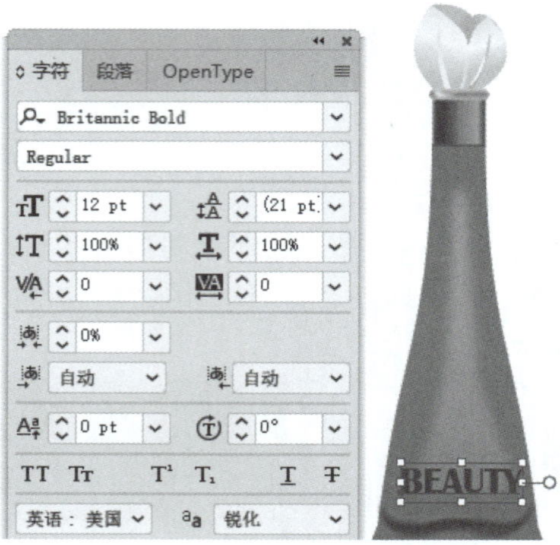

图 6-3-50　字符设置

步骤 39　锁定"瓶"图层，新建"图层 3"，放置在最下层作为背景层，绘制一个白色的无描边的圆形和一个填充色为(C13，M95，Y0，K0)的五角星；选中两个图形，执行"对象"→"混合"→"建立"命令，再执行"高斯模糊"命令，半径为 15 像素。如图 6-3-51、图 6-3-52 所示。

图 6-3-51　绘制图形(6)

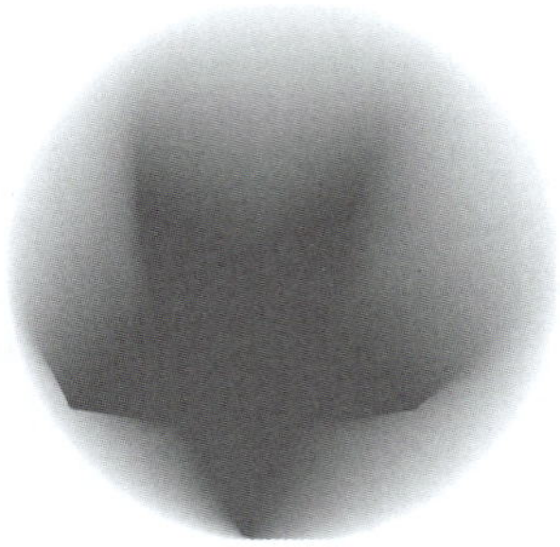

图 6-3-52　模糊效果

步骤 40　使用"光晕工具"绘制光晕，使用"矩形工具"绘制一个黑色填充的矩形，如图 6-3-53 所示。

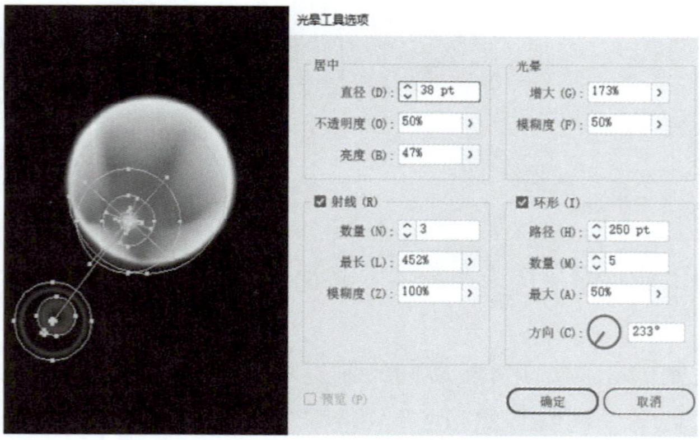

图 6-3-53　添加光晕

步骤 41　使用"钢笔工具"绘制如下图形，填充白色，选中图形，执行"高斯模糊"命令，半径为 20 像素，如图 6-3-54 所示。

步骤 42　使用“文字工具”输入说明文字，文字颜色值为(C0，M20，Y100，K0)，字体、大小和位置参考源文件，如图 6-3-55 所示。

图 6-3-54　绘制图形

图 6-3-55　输入文字

步骤 43　再对该图形进行调整，最终效果如图 6-3-1 所示。

任务 2　制作音乐季广告

任务描述

广告是品牌展示的最佳方式之一，可以传播品牌文化，提升品牌效应，本次任务讲解如何进行品牌广告的设计，效果如图 6-3-56 所示。

设计要点

1. 使用“褶皱工具”对不规则图形进行处理。
2. 使用“钢笔工具”和“椭圆工具”绘制相关的元素。
3. 使用“直接选择工具”对锚点进行细微调整。
4. 掌握“风格化”→“圆角”命令的应用和“轮廓化描边”命令。

微课

制作音乐季广告

任务实施

具体步骤请扫描二维码获取。

操作步骤

制作音乐季广告

图 6-3-56　音乐季广告效果

任务3　绘制七夕卡

任务描述

卡片是营销手段中必不可少的,设计得体的卡片可以直接获得良好的营销效果,下面就以七夕节活动卡为例做讲解,效果如图 6-3-57 所示。

图 6-3-57　七夕卡效果

微课

绘制七夕卡

设计要点

1. 使用"矩形工具"和"椭圆工具"绘制月亮、星星。
2. 使用"钢笔工具"绘制人物和桥梁。
3. 创建画笔,绘制花丝。
4. 使用"符号工具"制作牡丹花。
5. 使用"外发光"命令对文字进行处理。
6. 通过图层混合模式、不透明调整进行效果处理。

操作步骤

绘制七夕卡

任务实施

具体步骤请扫描二维码获取。

项目4　插画设计

能力目标

会使用“钢笔工具”、“矩形工具”、“画笔工具”、“椭圆工具”和“褶皱工具”；会使用“高斯模糊”命令；会使用网格渐变填充。

知识目标

掌握“钢笔工具”的构图技巧；掌握“网格工具”渐变填充的技巧；掌握“高斯模糊”命令的使用技巧；掌握“褶皱工具”和“晶格化工具”的使用方法和技巧。

职业素养

插画有个性的主题和鲜明的色彩，在设计中应发散思维，合理运用特效工具，来配合图案的夸张效果。在设计的同时，培养学生的艺术鉴赏能力，提高学生的设计理念，锻炼学生的艺术表现力。

任务1　绘制四联卡通

任务描述

四联卡通在出版物中经常用到，它不但能直观地突出主题思想，增加趣味性，而且还能增强艺术的感染力，效果如图 6-4-1 所示。

设计要点

微课

绘制四联卡通

1. 使用“钢笔工具”构图。
2. 使用“画笔工具”进行线条修饰。
3. 用网格渐变填充突出明暗。
4. 利用“高斯模糊”命令让细节部分更生动逼真。

图 6-4-1　四联卡通效果

任务实施

步骤 1　启动 Illustrator CC 2018，执行“文件”→“新建”命令，新建一个名称为“四联卡通”，宽度为 555 px、高度为 1630 px 的 RGB 图形文件。

步骤 2　使用“矩形工具”绘制一个宽度为 555 px、高度为 1 630 px 的矩形，填充色为(R255，G252，B233)，无描边。

步骤 3　再绘制一个宽度为 520 px、高度为 377 px 的矩形，填充色为(R239，G182，B175)，无描边，如图 6-4-2 所示。

步骤 4　选中该矩形，使用“晶格化工具”、“褶皱工具”对边缘进行处理，再配合“锚点转换工具”对四个角点进行处理，如图 6-4-3 所示。

图 6-4-2　绘制矩形

图 6-4-3　晶格化、褶皱处理矩形

步骤 5　把处理后的矩形复制三个，填充色分别为(R196，G216，B157)，(R237，

G203,B157),(R157,G200,B191),并分别放置在不同的图层。

步骤 6　锁定复制的矩形,复制第一个所绘制的矩形,使用“钢笔工具”在该矩形的左下角绘制一个不规则图形,填充色为(R255,G252,B233),无描边;选中该图形和复制的矩形,打开“路径查找器”面板,执行“交集”命令,再执行“扩展”命令,如图 6-4-4 所示。

图 6-4-4　执行“扩展”命令

步骤 7　按照上述步骤对复制的另外三个矩形进行处理,同时锁定所有处理完的矩形。

步骤 8　使用“钢笔工具”绘制图形面部,填充色为(R258,G239,B190),无描边,如图 6-4-5 所示。

步骤 9　使用“钢笔工具”继续绘制图形耳朵,填充色为(R258,G239,B190),无描边。选中该图形,选择“网格工具”,在该图形上添加网格,如图 6-4-6、图 6-4-7 所示。

图 6-4-5　绘制面部

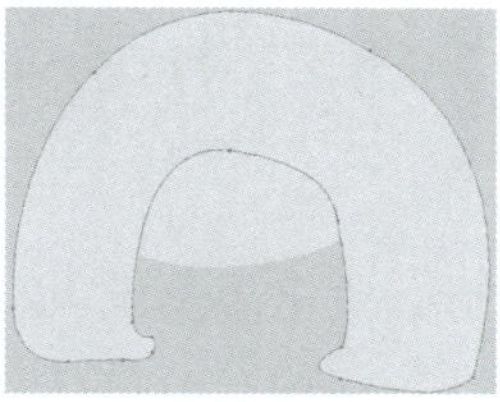
图 6-4-6　绘制耳朵

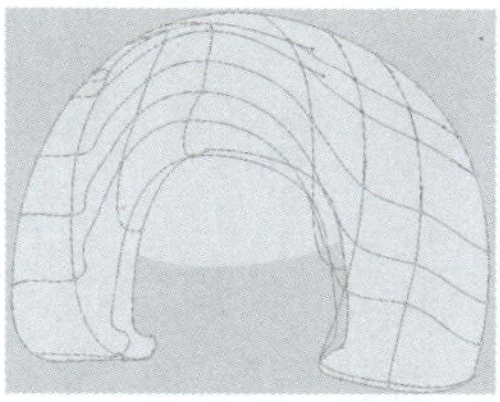
图 6-4-7　添加网格

步骤 10　使用“直接选择工具”选中上一步绘制的网格的中间的几个锚点,填充色为(R221,G212,B160),如图 6-4-8 所示。

步骤 11　选中步骤 8 绘制的图形进行复制,并缩放,填充色为(R247,G211,B171);选中该图形,执行“效果”→“模糊”→“高斯模糊”命令,“半径”设为 10 像素,如图 6-4-9 所示。

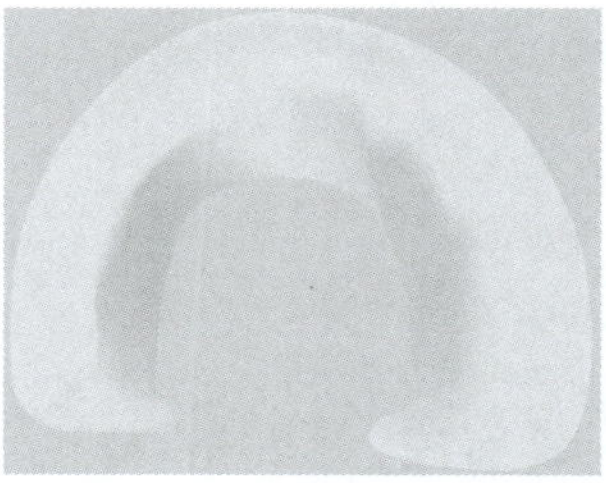
图 6-4-8　填充网格渐变色

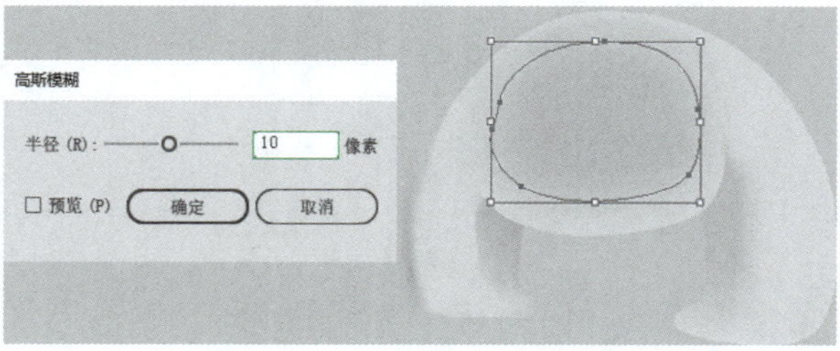

图 6-4-9　对面部进行模糊处理

步骤 12　使用“钢笔工具”绘制两个线条作为腮红,无填充,描边色为(R244,G180,B160),描边粗细分别为 3 pt、5 pt,如图 6-4-10 所示。

步骤 13　选中绘制的两个线条，执行“效果”→“模糊”→“高斯模糊”命令，“半径”为 1 像素，如图 6-4-11 所示。

图 6-4-10　绘制腮红

图 6-4-11　对腮红进行模糊处理

步骤 14　使用“圆角矩形工具”绘制两个圆角矩形作为眼睛，填充色为(R118，G87，B82)，无描边，使用“旋转工具”对两个圆角矩形进行调整；使用“钢笔工具”绘制线条作为嘴巴，无填充，描边色为(R220，G184，B149)，描边粗细为 2 pt，如图 6-4-12、图 6-4-13 所示。

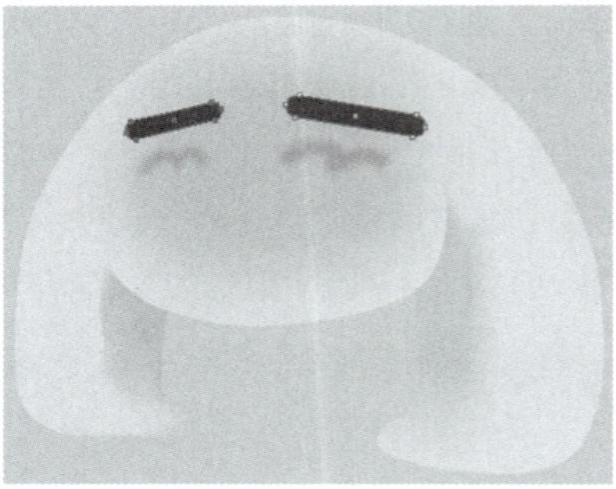

图 6-4-12　绘制眼睛

图 6-4-13　绘制嘴巴

步骤 15　使用“钢笔工具”绘制心形作为鼻子，填充色为(R118，G87，B82)；使用“椭圆工具”绘制圆形，填充白色，放置在心形的左上角，如图 6-4-14 所示。

步骤 16　使用“钢笔工具”绘制线条作为面部轮廓，无填充，描边色为(R156，G141，B119)，描边粗细为 1 pt，如图 6-4-15 所示。

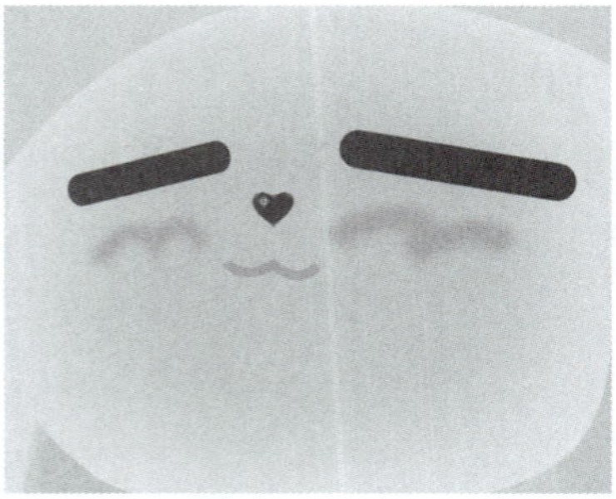

图 6-4-14　绘制鼻子

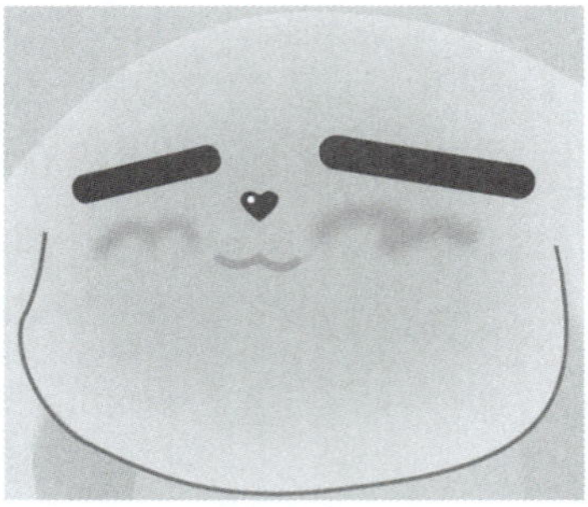

图 6-4-15　绘制面部轮廓

步骤 17　使用“钢笔工具”再绘制两个线条作为耳朵轮廓线，无填充，描边色为(R156，G141，B119)，描边粗细均为 1 pt，如图 6-4-16 所示。

步骤 18　使用“椭圆工具”绘制两个椭圆形作为毛发，填充色为(R83，G56，B55)，无描边；再使用“直接选择工具”和“锚点转换工具”对椭圆形进行调整，如图 6-4-17 所示。

图 6-4-16　绘制耳朵轮廓线

图 6-4-17　绘制毛发

步骤 19　使用“钢笔工具”分别绘制两个图形作为右手和胸部，胸部填充色为(R191，G182，B154)，右手填充色为(R228，G218，B172)，无描边，如图 6-4-18 所示。

步骤 20　使用“钢笔工具”绘制线条作为裤子边，无填充，描边色为(R89，G97，B141)，描边粗细为 1 pt，如图 6-4-19 所示。

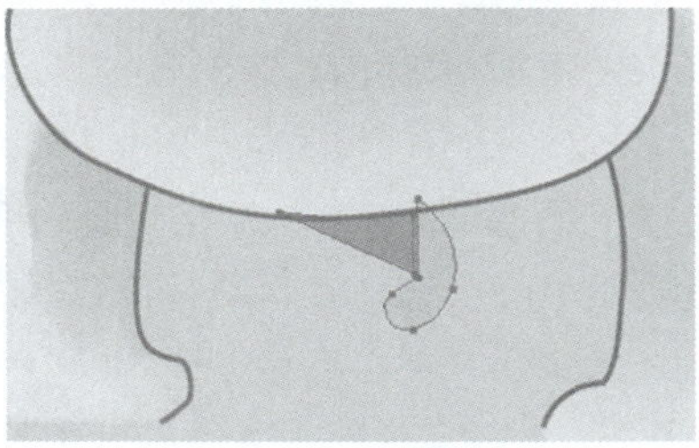

图 6-4-18　绘制右手和胸部

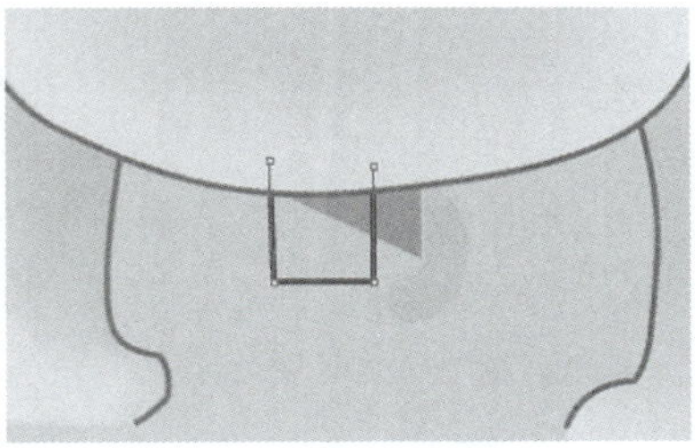

图 6-4-19　绘制裤子边

步骤 21　使用“钢笔工具”分别绘制两个图形作为裤子和左手，裤子填充色为(R112，G121，B160)，左手填充色为(R228，G219，B171)，无描边，如图 6-4-20 所示。

步骤 22　使用“钢笔工具”绘制图形作为投影，填充色为(R193，G158，B154)，无描边，如图 6-4-21 所示。

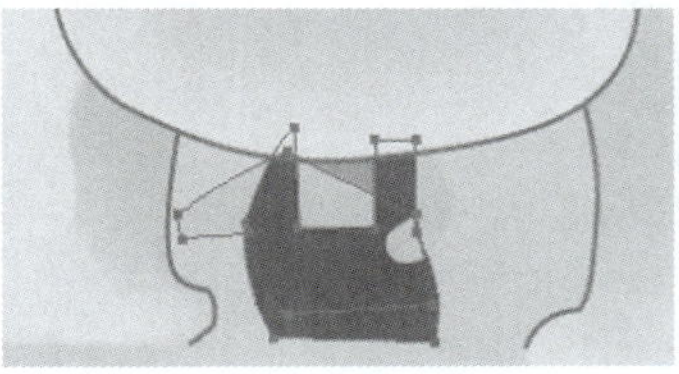

图 6-4-20　绘制裤子和左手

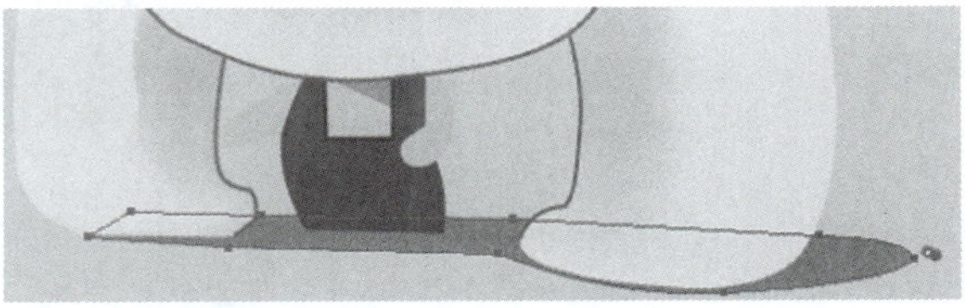

图 6-4-21　绘制投影

步骤 23　使用“椭圆工具”绘制两个椭圆形作为脚部，填充渐变色，由左至右为(R204，G198，B169)，(R209，G206，B167)，无描边，如图 6-4-22 所示。

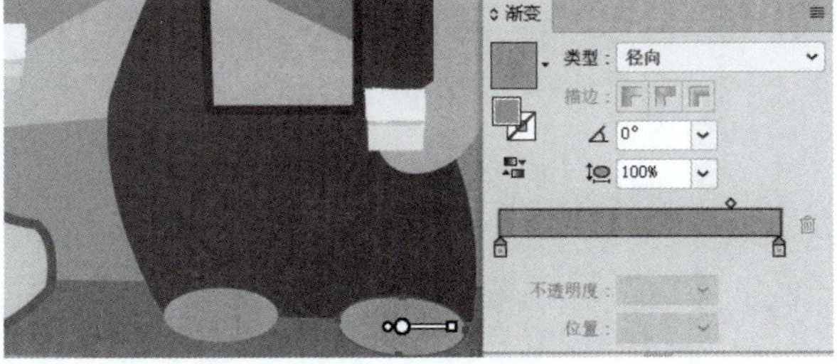

图 6-4-22　绘制脚部

步骤 24　使用“钢笔工具”绘制三个图形作为三层蛋糕，填充色值由下至上分别为(R248，G249，B178)，(R234，G230，B180)，(R255，G250，B237)，无描边，选中最上部的图形，使用晶格化工具调整边缘，如图 6-4-23 所示。

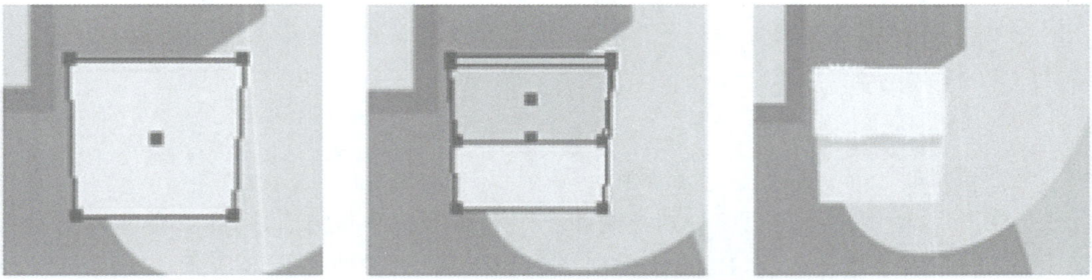

(a)　(b)　(c)

图 6-4-23　绘制三层蛋糕

步骤 25　用同样的方式绘制左手托住的四层蛋糕，填充色值由下至上分别为(R235，G224，B179)，(R250，G236，B200)，(R234，G230，B180)，(R255，G250，B237)，无描边，如图 6-4-24 所示。

步骤 26　使用“椭圆工具”绘制圆形作为蛋糕上的水果，选择“渐变工具”由圆形的左上部向右下部拖拉鼠标进行渐变填充，由左至右为白色，(R191，G27，B0)，如图 6-4-25 所示。

图 6-4-24　四层蛋糕图

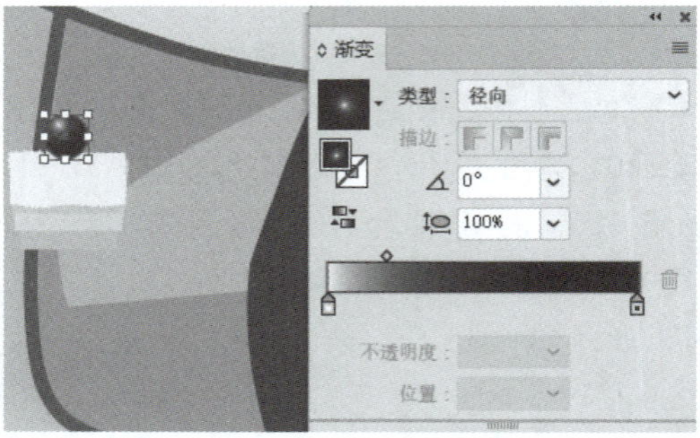

图 6-4-25　蛋糕上的水果

步骤 27　动物小狗绘制完成，并对其进行编组，如图 6-4-26 所示。

图 6-4-26　小狗效果图

步骤 28　用同样的方式绘制另外的一只小动物，如图 6-4-27 所示。

步骤 29　使用“铅笔工具”绘制多个线条，无填充，描边色为(R116，G81，B77)，描边粗细为 1 pt。使用“钢笔工具”和“椭圆工具”绘制骷髅头，如图 6-4-28 所示。

图 6-4-27　绘制另一只小动物

图 6-4-28　绘制骷髅头

步骤 30　使用“文字工具”分别输入“我”“乐于分享!”,填充色为(R250,G245,B216),黑体。第一联最终效果如图 6-4-29 所示。

图 6-4-29　第一联最终效果

步骤 31　按照第一联的绘制方法分别绘制其他三联。最终效果如图 6-4-30～图 6-4-31、图 6-4-32 所示。

图 6-4-30　第二联

图 6-4-31　第三联

图 6-4-32　第四联

任务 2　绘制唯美插图

任务描述

插画的风格多种多样，唯美风格让人赏心悦目，心旷神怡，同时也升华了作品的艺术感，效果如图 6-4-33 所示。

图 6-4-33　唯美插画最终效果

微课
绘制唯美插图

设计要点

1. 使用“钢笔工具”构图。
2. 使用网格渐变填充突出明暗。
3. 使用“高斯模糊”命令让细节部分更生动逼真。

任务实施

具体步骤请扫描二维码查看。

操作步骤
绘制唯美插图

项目5　海报设计

能力目标

熟练使用“钢笔工具”、“矩形工具”、“画笔工具”和“椭圆工具”；会使用“高斯模糊”命令；会使用网格渐变填充。

知识目标

掌握“钢笔工具”的构图技巧；掌握“网格工具”渐变填充的技巧；掌握“高斯模糊”命令的使用技巧。

职业素养

海报的设计应突出重点，简单的排版同样可以表达出理想的效果。在设计过程中不应一味追求复杂的设计效果，应培养学生理解作品内在含义的能力，提升艺术表现力和创作的能力。

任务1　制作端午节海报

任务描述

海报又名“招贴”或“宣传画”，属于户外广告，分布在各街道、影剧院、展览会、商业闹市区、车站、码头、公园等公共场所，国外也称之为“瞬间的街头艺术”。海报与其他广告相比，具有画面大、内容广泛、艺术表现力丰富、视觉效果强烈的特点。端午节是中国重要的传统节日之一，也是纪念伟大的爱国诗人屈原的日子。本例端庄大方，使人一目了然，效果如图6-5-1所示。

设计要点

1. 使用“文字工具”、“钢笔工具”、“矩形工具”和“椭圆工具”等绘制图形。
2. 恰当利用素材(图 6-5-2),进行合理的版式设计。
3. 利用渐变填充修饰部分细节。

图 6-5-1　端午节海报

微课

绘制端午节海报

(a)　(b)　(c)

图 6-5-2　素材

任务实施

步骤 1　启动 Illustrator CC 2018,执行“文件”→“新建”命令,弹出“新建文档”对话框,设置新建文档属性,大小为 A4,颜色模式为 CMYK,如图 6-5-3 所示。

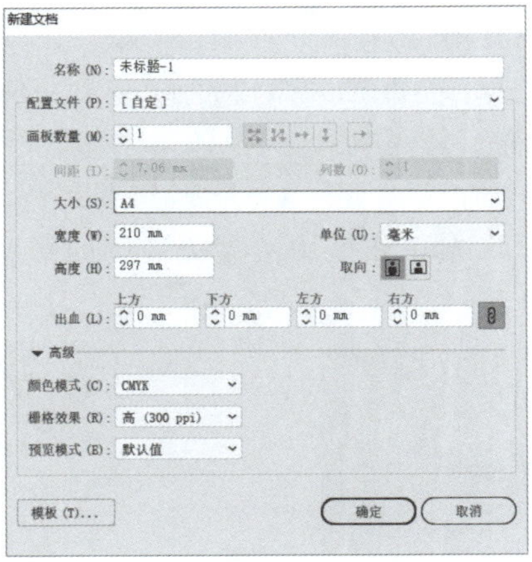

图 6-5-3　“新建文档”对话框

步骤 2　选择“矩形工具”，在工作区中拖出一个页面大小的矩形。

步骤 3　选择“渐变工具”，设置为“径向”渐变填充，设置 CMYK 值分别为：A(8.63%，7.45%，86.27%，0)，B(1.57%，37.25%，90.2%，0)，无描边，如图 6-5-4 所示。

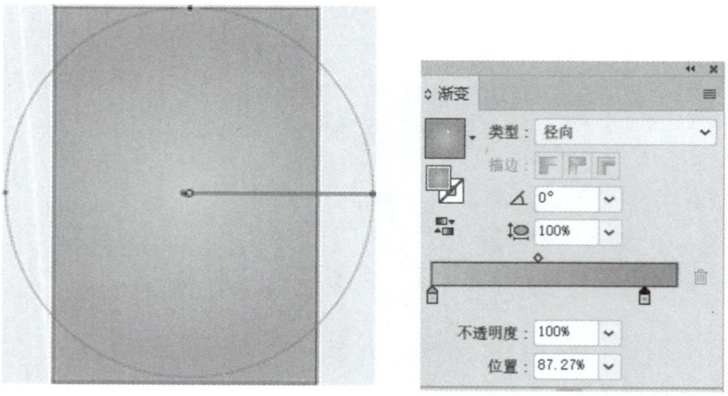

(a)　　(b)

图 6-5-4　设置径向渐变

步骤 4　选择“椭圆工具”，分别在工作区中拖出几个椭圆形，两个圆环设置描边粗细分别为 8 pt、4 pt，描边色为白色，填充色均为无。其余设置填充色为白色，无描边。将其编组，在属性栏中设置不透明度为 81%，如图 6-5-5 所示。

步骤 5　选择“选择工具”，按住 Alt 键不放，按鼠标左键复制出多个星星，并调整大小、角度与位置。调整后的效果如图 6-5-6 所示。

图 6-5-5　制作星星

图 6-5-6　复制调整后的效果

步骤 6　选择“文字工具”，在工作区分别输入“端”“午”“节”三个字。“端”设置字体为“华文行楷”，字体大小为 190 pt，颜色为黑色；“午”设置字体为“华文行楷”，字体大小为 140 pt，颜色为黑色；“节”设置字体为“创艺繁楷体”，字体大小为 72 pt，颜色为白色；然后调整三个字的位置如图 6-5-7 所示。

步骤 7　选择“钢笔工具”，在工作区中绘制无规则的形状，封闭路径，并设置填充色为红色，如图 6-5-8 所示。

图 6-5-7　调整文字位置

图 6-5-8　绘制无规则形状

步骤 8　在选择“直排文字工具”，设置字体为“文鼎中特广告体”，字体大小为 18 pt，颜色为白色，在工作区输入“龙舟香粽传真情欢乐畅享端午伴缤纷佳节礼连连良装满百送惊喜”，然后设置行距为 30 pt。调整位置，效果如图 6-5-9 所示。

步骤 9　选择“直线段工具”，在工作区中拖出一个竖直的线段，描边颜色为白色，粗细为 2 pt。再复制出 4 条线，同时选中 5 条线，然后单击“垂直顶对齐”按钮，再单击“水平居中分布”按钮，效果如图 6-5-10 所示。

图 6-5-9　输入文字(1)

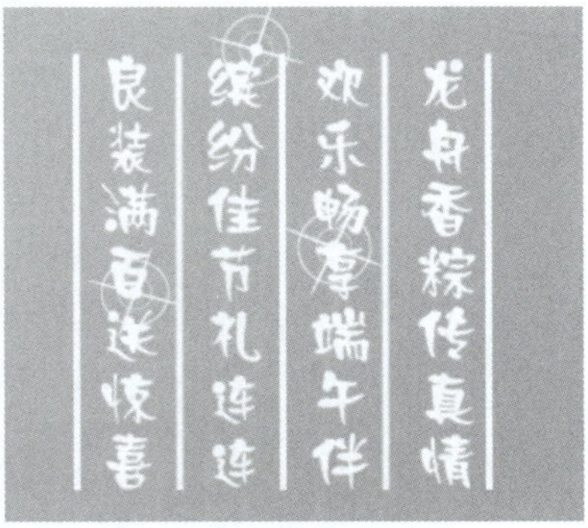

图 6-5-10　设置竖线条

步骤 10　选择“文字工具”，设置字体为“创艺繁楷体”，字体大小为 48 pt，颜色为白色，在工作区输入“融融端午情团圆家万兴”，如图 6-5-11 所示。

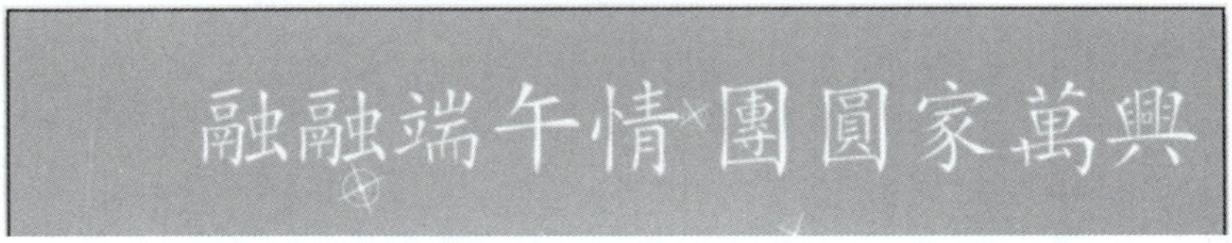

图 6-5-11　输入文字(2)

步骤 11　选择“光晕工具”，在工作区中拖出一个光晕形状，选择“移动工具”，按住 Alt 键不放，按鼠标左键复制出一个光晕形状，并调整大小与位置，效果如图 6-5-12 所示。

步骤 12　执行“文件”→“置入”命令，置入 3 个图片素材，并调整大小与位置，如图 6-5-13 所示。

图 6-5-12　添加光晕效果

图 6-5-13　置入素材

步骤 13　选择“文字工具”，在工作区输入“粽”，设置字体为“华文行楷”，字体大小为

40 pt，颜色为红色；再选择“直排文字工具”，在工作区输入“飘香”，设置字体为“方正硬笔行书简体”，字体大小为 40 pt，颜色为黑色，然后调整位置，如图 6-5-14 所示。

图 6-5-14　设置文字

步骤 14　在工具箱选择“文字工具”，在工作区输入“Dragon Boat Festival”，设置字体为“华文行楷”，字体大小为 40 pt，颜色为黑色，如图 6-5-15 所示，最终效果如图 6-5-1 所示。

图 6-5-15　输入文字(3)

任务 2　制作音乐节海报

任务描述

将海报的主色调构思为浅蓝色到深蓝色的径向渐变，以表现音乐会中跳跃、自我释放和时尚的氛围。“2014”字样、音乐符号及蝴蝶花饰图案的组合，诠释了此次音乐会时尚个性的主题，效果如图 6-5-16 所示。

图 6-5-16　音乐节海报

设计要点

1. 标题文字的绘制。
2. 修饰图案的绘制。
3. 背景和信息文字的添加。

任务实施

具体步骤请扫描二维码查看。

微课　　操作步骤

制作音乐节海报　　制作音乐节海报

任务 3　制作香水海报

任务描述

本任务是以香水瓶为主题的海报设计。海报主色调以蓝色和紫色为主，表现女性的温柔和宁静的特质。圆形的瓶身象征着女性特有的圆润气质，点点星光和背景的荷花图案正好突出了女性对于美好事物的追求与渴望。海报整体上给人宁静而又清新的感觉，使人仿佛置身于香水所带来的美妙境界中，效果如图 6-5-17 所示。

图 6-5-17　香水海报

设计要点

1. 使用“钢笔工具”、“套索工具”和“网格工具”绘制图形。
2. 使用渐变填充、混合对瓶身进行细节绘制。
3. 对节点填充颜色、高斯模糊。

任务实施

具体步骤请扫描二维码查看。

微课　　操作步骤

制作香水海报　　制作香水海报

上机实训

实训

模块6实训

参考文献

［1］ 唯美世界，编著. Illustrator CC 从入门到精通 PS 伴侣［M］. 北京：水利水电出版社，2018.

［2］ 创锐设计. Illustrator CC 平面设计实战从入门到精通［M］. 北京：机械工业出版社，2018.

［3］ ［美］Brian Wood. Adobe Illustrator CC 2019 经典教程［M］. 北京：人民邮电出版社，2020.

［4］ 李军. Illustrator CC 中文版平面设计与制作［M］. 北京：清华大学出版社，2021.